新工科应用型人才培养系列教材·电子信息类

电信工程及管理专业概论

主　编　邓华阳　刘文晶

副主编　易红薇　王　喆

西安电子科技大学出版社

内 容 简 介

本书以通信工程项目建设所需基本技能为中心，以通信工程建设案例为切入点，深入浅出地讲解了电信工程及管理专业所必需的基本知识。全书从完整的电信网络架构出发，重点介绍了电信工程技术、通信工程建设、通信工程管理相关的理论、知识、方法和技能。全书共四篇(10 章)，第一篇主要介绍电信工程及管理专业的培养目标、人才素质要求、知识分类以及当下的就业环境；第二篇主要讲述电信工程技术所涉及的基础理论与方法；第三篇主要讲述通信工程建设所涉及的基础理论与方法；第四篇主要讲述通信工程管理所涉及的基础理论与方法。

本书可作为高等学校电信工程及管理专业的教学用书以及"1+X"课程的教材，也可作为各类通信工程或者项目管理专业学生的自学参考用书。

图书在版编目(CIP)数据

电信工程及管理专业概论 / 邓华阳，刘文晶主编. —西安：
西安电子科技大学出版社，2021.6
ISBN 978–7–5606–6060–8

Ⅰ. ①电⋯　Ⅱ. ①邓⋯　②刘⋯　Ⅲ. ①通信工程—高等学校—教材　Ⅳ. ①TN91

中国版本图书馆 CIP 数据核字(2021)第 090263 号

策划编辑　李惠萍
责任编辑　师　彬　李惠萍
出版发行　西安电子科技大学出版社(西安市太白南路 2 号)
电　　话　(029)88202421　88201467　　邮　　编　710071
网　　址　www.xduph.com　　　　　　　电子邮箱　xdupfxb001@163.com
经　　销　新华书店
印刷单位　陕西天意印务有限责任公司
版　　次　2021 年 6 月第 1 版　　2021 年 6 月第 1 次印刷
开　　本　787 毫米×1092 毫米　1/16　印　张　15.5
字　　数　364 千字
印　　数　1~3000 册
定　　价　49.00 元

ISBN 978–7–5606–6060–8 / TN

XDUP 6362001–1

如有印装问题可调换

前　　言

　　电信工程及管理是面向信息行业的宽口径交叉学科，电信工程及管理专业人才的培养对我国具有十分重要的战略意义。2019 年，政府工作报告中提出"加强新一代信息基础设施建设"。2020 年，中央经济工作会议再次提出"加强战略性、网络型基础设施建设"。由此可以看出，电信工程已经在我国经济活动中占有十分重要的地位，为我国国民经济的发展提供了重要的驱动力以及国际竞争力。我国通信行业每年有万亿元的工程投资，这需要大量的工程技术和工程管理人才，而我国目前还缺乏系统培养工程及管理专业人才的体系。基于这一现实，在全国范围内有 5 所高校在第一批次开展了此专业教育与人才培养工作。

　　结合新工科标准，为满足我国电信工程及管理专业人才培养的需要，我们以我国电信工程及管理专业所面临的新形势、新发展与新特点为主线，完成了本书的编写工作。通过对本书的学习，电信工程及管理专业的学生在大学一年级时就能领先一步了解自己所学专业的重要现实意义、应用环境，本专业涉及的基本知识和专业基本内容，初步建立本专业的一些基本概念。本书共分为四篇，第一篇主要介绍电信工程及管理专业的培养目标、人才素质要求、知识分类以及当下的就业环境等；第二篇从电信工程技术出发，主要介绍通信网、传送网和移动通信网所必需的专业技术知识；第三篇主要介绍通信工程建设中所必需的通信工程制图、工程经济学、通信建设工程概预算及通信建设工程规划与设计等专业知识；第四篇主要介绍通信工程管理所必需的专业知识。本书具有如下特点：

　　(1) 内容全面。本书从通信网全网发展需求出发，以通信工程建设具体案例为主线，全面讲述了与电信工程及管理相关的基本技术、建设流程、管理体系三个方面的重要知识。同时，本书在编写过程中注重全面而概况性的介绍，减少细节性的描述，帮助学生建立完整的电信工程框架，达到从宏观上对电信工程及管理的全面认识，进而能够有针对性地对电信工程及管理所涉及的各部分技术要点进行深入学习。

　　(2) 便于自学。为了充分调动学生的学习主动性和能动性，本书在写法上既注意概念的严谨与清晰，又特别注意使用易读易懂的方法阐述问题，用通俗易懂的比喻解释问题，使复杂的技术问题变得浅显易懂，便于自学。

　　本书可作为高等学校电信工程及管理专业教学用书以及"1+X"课程的教材，也可作为各类通信工程或者项目管理专业学生的自学参考用书。建议在一年级开设电信工程及管理专业课程时使用本书，总学时为 16～32 学时。本书的第 1 章、第 3 章、第 5 章由刘文晶老师编写，第 2 章、第 4 章由易红薇老师编写，第 6 章、第 9 章、第 10 章由邓华阳老师编写，第 7 章、第 8 章由王喆老师编写。

　　希望本书的编写与出版对我国电信工程及管理专业本科生的培养与教育产生积极的推动作用。当然，由于编者水平有限，书中缺点和不足在所难免，恳请广大读者批评指正。

编　者
2021 年 2 月

目　录

第三篇　通信工程建设

第四篇　通信工程管理

第一篇 专业要求

第1章 专业介绍与专业素质要求

2020 年，工业和信息化部发布了《关于推动 5G 加快发展的通知》，要求各地各单位在做好疫情防控工作的同时，全力推进 5G 网络建设、应用推广、技术发展和安全保障，充分发挥 5G 新型基础设施的规模效应和带动作用，支撑经济社会高质量发展。

本章将从电信行业的发展、电信工程及管理专业简介、培养目标、人才素质要求、就业环境及专业知识分类几个方面进行介绍。

1.1 电信行业的发展

电信行业已广泛渗透到国家的政治、经济和人民生活的各个方面，辐射范围宽泛，对社会发展有着深刻、积极的作用。电信行业的发展已由早期的以固定电话业务为主发展到数据和互联网业务快速增长的新时代，新兴的 5G、物联网、大数据、云计算、人工智能等业务正逐步成为行业发展新动力。电信行业一直在不断向前发展、创新完善，规模和用户数也在不断增加，在国家发展和经济增长中发挥着重要作用。

电信行业产业链如图 1.1 所示，它由运营商、电信设备供应商、终端设备供应商、工程公司、设计/监理公司等单位共同组成。这个产业链中，运营商占据着核心地位，它根据市场需求制定行业发展策略，控制着产业链的发展方向；而电信设备供应商、终端设备供应商、工程公司、设计/监理公司只能根据运营商的要求提供相关的产品和服务，

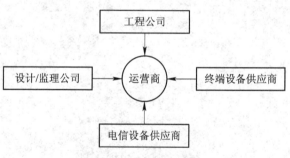

图 1.1 电信行业产业链

它们在这个产业链中的地位是不可或缺的，同时也要根据运营商的要求调整产品结构，确定发展战略。因此，在电信行业的发展过程中，产业链中的各个环节要制定发展战略就需要与产业发展相结合，充分发挥自身在产业链中的作用。

电信设备供应商在传统产业链中处于"基石"角色，在现代电信产业生态系统中它一如既往地充当了电信技术进步的原动力，但其自身也在发生裂变，或者侧重于移动通信业务设备，或者立足于固话业务设备，并在推动技术进步的同时也影响着市场需求与选择。

运营商在传统产业链中扮演"轴心"角色，在现代电信产业生态系统中同样是关键角色。它是领导者和组织者，是可以重新整合各方关系的最强力量，是最有能力承担产业演进的推动者，并且可以通过组织各个部分的分工合作和密切配合来实现多赢。

终端设备供应商在现代电信产业生态系统中是连接用户的最直接媒介，它发展的程度直

接决定整个生态系统服务能力的高下。终端早已不再仅是一个电话机，它可以融合照相机、计算机、收音机、摄像机、钱包、词典、电视等功能，只要能想到的都可以融合在终端里面。

工程公司主要为运营商提供相应通信设备的安装、调测、开通、维护等全方位服务。设计/监理公司为运营商提供以电信工程为对象的工程设计/监理服务。电信工程设计是工程建设的基础与先导，电信工程监理提升了工程管理的效率。

1.2　电信工程及管理专业简介

1.2.1　专业介绍

电信工程及管理专业简称电管专业，是在通信工程、电子信息工程、电子信息科学与技术等专业的基础上，根据信息产业对电信工程及管理专业人才的需求而设置的。也可以这样理解，在社会对电信行业的新要求下，产生了一个新兴专业——电信工程及管理专业。

进入 21 世纪以来，我国的信息产业发展迅猛，在相当长的时间内，企业及社会对电信工程及管理专业的人才需求仍将保持旺盛。电信工程及管理专业毕业生具有工程技术适应性强、就业面广、就业率高、毕业生实践能力强等特点，可以在相关企事业单位从事电子产品的生产、经营与技术管理和开发工作。电信工程及管理专业人才已经成为信息社会人才需求的热点。信息产业作为一项新兴的高科技产业，近年来在国家政策扶持、企业大力投资的情况下得到了高速发展，为电信工程及管理专业创造了良好的外部环境。

随着近年来计算机技术以及信息通信技术的快速发展，以前的专业设置已不能适应新形势下对人才的要求，电信工程及管理专业的设置不仅反映了学科的发展趋势，而且适应了信息时代对信息类人才的根本要求。对于推动信息科学的发展，电信工程及管理人才在经济建设主战场发挥着非常重要的作用。

电信工程及管理专业是面向信息行业的宽口径交叉学科，具有覆盖面宽、多学科交叉渗透、应用性强的特点。该专业根据现代信息社会需求，培养既具有通信技术、通信系统和信息网方面的基础知识，又具备管理理论基础知识，能在通信领域中从事建设运营、管理，能开拓市场的高素质复合型人才。也就是说，电管专业实际上培养的是具备"通信工程专业背景+工程建设能力+工程管理能力"的高素质复合型人才。

1.2.2　学科体系

自国务院学位委员会公布学科门类、一级学科及二级学科划分目录和细则以来，国务院先后批准了一批博士及硕士授予单位，并批准了一批博士和硕士点及博士生导师，且在 1985 年批准建立全国首批博士后流动站，这标志着我国高校学科建设进入新的发展时期。在最新修改的学科专业分类中，共有 12 个学科门类，88 个一级学科，382 种二级学科(专业)。

电信工程及管理专业属于"工科"学科，是一级学科最多的学科门类，共有 32 个一级学科。电信工程及管理所属的专业类为"电子信息类"，学科编号为 0807。电子信息类专业下设 6 个基本专业和 10 个特设专业。电信工程及管理专业编号为 080715T，其所在学科体系如图 1.2 所示。

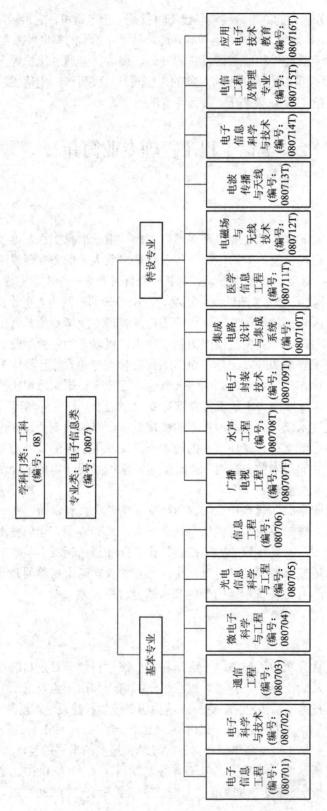

图 1.2 电信工程及管理专业学科体系

学科门类：工科（编号：08）

专业类：电子信息类（编号：0807）

基本专业

电子信息工程（编号：080701）

电子科学与技术（编号：080702）

通信工程（编号：080703）

微电子科学与工程（编号：080704）

光电信息科学与工程（编号：080705）

信息工程（编号：080706）

特设专业

广播电视工程（编号：080707T）

水声工程（编号：080708T）

电子封装技术（编号：080709T）

集成电路设计与集成系统（编号：080710T）

医学信息工程（编号：080711T）

电磁场与无线技术（编号：080712T）

电波传播与天线（编号：080713T）

电子信息科学与技术（编号：080714T）

电信工程及管理专业（编号：080715T）

应用电子技术教育（编号：080716T）

1.2.3　专业定位

电信工程及管理专业定位包括以下内容：

(1) 专业设置适应现代信息产业的社会需求。

教育部要求面向地方和区域社会经济发展的需要，要创造条件加快发展社会和人力资源市场急需的专业。近年来，我国信息产业快速发展，为了适应信息产业快速发展对应用型人才的需求，培养大量电信工程及管理应用型高级工程技术人才迫在眉睫。

信息产业是一个综合性产业，已成为带动国民经济增长的新的先导产业与支柱产业，是我国发展最快、最活跃，并已参与了国际竞争的产业。要在竞争中取胜，最关键的是人才，显然，高校电信工程及管理专业是相关行业领域各类多层次人才的主要来源。但是，面对全球科技迅猛发展与经济全球化的形势，以及国家全面建设惠及十几亿人口的小康社会的要求，我们发现，在通信、电子信息和广播电视领域，我国与世界上发达国家的先进水平仍有不小的差距。为了我国信息事业的可持续发展和抢占该领域中高新技术的制高点，就必须统筹教育、科研、开发、人才、资金和市场等各种资源和要素，其中人才培养是极其重要的一个环节。在新的历史条件下，开展电信工程及管理专业的发展研究是非常必要的，这对于建立学科专业规范，培养出有知识、有能力、有素质，并且适合我国电信工程及管理领域不同层次发展要求的有用人才，具有重要的指导意义和战略意义。由于电信工程及管理类人才具有广泛的社会适用性，尤其是本科生，在经济建设领域的需求量较大，设置本科电信工程及管理专业可缓解电信工程及管理类人才严重短缺的状况，促进经济的发展。

(2) 以行业需求为导向，确立专业建设的指导思想。

根据教育部关于教育要面向现代化、面向世界、面向未来的指导思想，电信工程及管理专业建设的指导思想是：坚定不移地贯彻执行党的教育方针和社会主义办学方向，致力于培养人格高尚、专业基础扎实、实践能力强、创新精神突出的工程应用型高级人才；以市场需求为导向，以质量和特色促发展，走可持续发展道路，抓好专业建设工作，更好地为国民经济和社会发展服务。

(3) 专业定位形成信息与相关技术结合的鲜明特色。

电信工程及管理专业建设应符合专业建设的定位，以信息技术为依托，培养既具有通信技术、通信系统和信息网方面的基础知识，又具备管理理论基础知识，能在通信领域中从事运营、管理，也能开拓国际市场的高素质复合型人才。本专业紧紧围绕信息技术特色并紧密结合国家和地方经济建设需要，突出通信与信息工程建设和科学管理的融合，以工程设计、工程施工、工程概预算、工程管理、技术开发、运营维护和技术支持为电信工程及管理专业的人才培养定位，形成"通信与信息工程建设+管理"的鲜明特色，为国家和地方经济发展建设输送更多、更优秀的工程应用型高级人才。

1.2.4　专业建设目标

电信工程及管理专业建设目标如下：

(1) 建成一支科研水平高、专业实践能力强、教学效果好，能教书育人的专兼结合的应用型教师队伍。

(2) 建立产学研用一体化的创新人才培养机制，进一步完善电信工程及管理岗位群所要求的专业理论课程体系和实践课程体系。

(3) 形成"课程实训+专业见习+岗位模块实训+毕业论文+创业教育+顶岗实习"六位一体的专业实践教学模式。

(4) 在专业方向上形成专业特色、专业优势，理论与实践并重，培养有较强市场适应力的高质量的应用型人才。

1.3   电信工程及管理专业培养目标和培养方案

1.3.1   培养目标

教育部高等学校教学指导委员会对电信工程及管理类学科专业制定的电信工程及管理专业培养目标、培养方案和主干课程教学基本要求，科学定位了人才培养目标和培养规格。

本专业遵循"加强基础、注重实践、培养能力、重在应用"的原则，培养具备扎实的信息与通信工程、电子科学与技术、管理科学与工程基础知识，知识面广，思维活跃，工程能力强，基本素质好，能在通信、电子信息和广播电视领域及国民经济各部门从事电信工程及管理类工作的应用型高级工程技术人才。

当前，电信工程及管理专业的培养目标主要包括以下内容：

(1) 电信工程及管理专业主要涉及电信工程技术、通信工程建设、通信工程管理三个领域。

(2) 电信工程及管理专业培养从事通信技术研究、设计开发、工程管理、工程建设的行业高级复合应用型人才。

(3) 电信工程及管理专业注重综合素质和创新能力的培养，重视教育与社会需求相结合、理论与实践相结合，旨在培养知识结构合理、具有创新精神及坚实工科背景的高级复合应用型人才。

(4) 电信工程及管理专业以信息产业人才需求为导向，以电信工程技术及管理专业能力为主线，以提高应用型人才的素质为目标，培养能在电信工程领域从事技术、管理等相关多岗位工作，具有继续学习能力、创新性潜质及广阔视野的高级复合应用型人才。

(5) 电信工程及管理专业课程体系由公共基础课程、工程基础课程、专业基础课程、专业课程以及实践教学五部分组成，总体按信息与通信工程、电子科学与技术、管理科学与工程三大类考虑设置课程，体现信息时代技术特色，以及当代工程师应同时具备软、硬件技术知识的要求。

1.3.2   培养方案

当今社会对电信工程及管理专业的学生提出了很高的要求，既要求他们掌握通信与信息技术、系统和网络等方面的基础理论，又要熟悉通信工程建设与管理技术。因此，本专业以培养学生具备通信与信息技术、系统和网络等方面的基础知识及通信工程建设与管理方面的基础知识为主导，拓宽基础学科的范围和基础教学的内涵，突出工程应用的实践能力教育，使课程内容充分反映本专业相关产业和领域的新发展、新要求；加强通识教育，注重文理渗透理工结合，体现学科交叉；发挥学生的特长，在使学生达到专业培养的基本规格要求的同时，充分尊重学生的个性，开展多样化、有特色的教育。本专业的培养方案是：构建综合知识结构完整的人才培养体系，实现人才培养模式多元化，努力培养"宽口径、厚基础、强能力、高素质"的应用型工程技术人才。

结合上述内容，电信工程及管理专业人才培养方案的指导思想和基本原则如下。

1. 指导思想

电信工程及管理专业培养方案制定的指导思想是：立足信息技术相关行业，服务地方经济社会发展，发挥信息学科优势，深化教育教学改革，加强基础，拓宽专业口径，优化课程体系，改革教学内容，树立以学生为主体的教育思想，激励学生的成才欲望，把思想政治素质、业务素质和身体心理素质的培养结合起来，构筑一个融知识、能力、素质为一体的教育体系，为学生的终身学习和继续发展奠定基础，为社会培养能适应 21 世纪发展需要并具有创新精神和实践能力的德、智、体、美全面发展的应用型高级工程技术人才。

2. 基本原则

电信工程及管理专业遵循"加强基础、注重实践、培养能力、重在应用"的原则，构建适应人才需求的人才培养规格和课程教学体系，创新人才培养模式，形成体系开放、机制灵活、渠道互通、选择多样的与国际接轨的人才培养方案。其基本目标是：培养适应社会主义现代化建设要求，掌握信息与通信工程、电子科学与技术、管理科学与工程的基础理论和专业知识，具备工程建设与科学管理的能力，能在通信、电子信息和广播电视领域从事工程设计、工程施工、工程概预算、工程管理、技术开发、运营维护和技术支持等工作的应用型高级工程技术人才。

本专业通过信息技术与工程管理相融合，优化人才培养方案，合理设置课程体系，具体体现在以下三个方面：

(1) 电信工程及管理专业满足对计算机能力的要求；

(2) 通信技术与电信工程及管理专业课程内容相融合；

(3) 管理科学与工程和电信工程及管理专业课程内容相融合。

1.4　电信工程及管理专业人才素质要求

人的素质，按心理学解释是指"人的先天的主要在神经系统和感觉器官方面的生理解剖特点"，是人的心理发展的生理条件。按教育学解释，人的素质则是指"人在先天生理基础上受后天环境、教育影响，通过个体自身的认识与社会实践，养成的比较稳定的身心发展的基本品质"。顺着这个思路去探索电信工程及管理专业对所培养人才应有的素质要求，应该是有志于学习电信工程及管理专业的青年学生今天应该追求的基本品质。电信工程及管理专业人才素质要求体现在以下方面。

1. 工程知识

电信工程及管理专业人才应该能够掌握本专业所需的工程概预算、通信工程项目管理、通信建设工程规划与设计、工程制图与 CAD、移动通信原理与技术、光纤通信原理与技术等专业知识，并将所学知识运用于解决通信工程问题。

2. 问题分析

电信工程及管理专业人才应该能够综合运用数学、自然科学和工程科学的基本原理和方法，并通过文献研究，对复杂工程问题进行识别、分析和表达，以获得有效结论。

3. 设计/开发解决方案

电信工程及管理专业人才应该能够设计针对复杂工程问题的解决方案，设计满足特定需求的系统，并能够在设计环节中体现创新意识，考虑社会、健康、安全、法律、文化以及环境等因素。

4. 研究

电信工程及管理专业人才应该能够基于科学原理，采用科学方法对复杂工程问题进行研究，包括设计实验、分析与解释数据，并通过信息技术综合得到合理有效的结论。

5. 使用现代工具

电信工程及管理专业人才应该能够针对复杂工程问题，开发、选择与使用恰当的技术、资源、现代工程工具和信息技术工具，包括对复杂工程问题的预测与模拟，并能够理解其局限性。

6. 工程与社会

电信工程及管理专业人才应该能够基于工程相关背景知识进行合理分析，评价专业工程实践和复杂工程问题解决方案对社会、健康、安全、法律以及文化的影响，并理解应承担的责任。

7. 环境和可持续发展

电信工程及管理专业人才应该能够理解和评价针对复杂工程问题的专业工程实践对环境、社会可持续发展的影响。

8. 职业规范

电信工程及管理专业人才应该具有人文社会科学素养、社会责任感，能够在工程实践中理解并遵守工程职业道德和规范，履行责任。

9. 个人和团队

电信工程及管理专业人才应该具备良好的团队合作能力，能够在多学科背景下的团队中承担负责人及团队成员的角色，并承担其责任与义务。

10. 沟通

电信工程及管理专业人才应该能够就复杂工程问题与业界同行及社会公众进行有效沟通和交流，包括撰写报告和设计文稿、陈述发言、清晰表达和答辩；能够掌握一门外语，并具备一定的国际视野，能够阅读相关的外文资料，也能够在跨文化背景下进行沟通和交流。

11. 项目管理

电信工程及管理专业人才应该理解并掌握工程管理原理与经济决策方法，并能在多学科环境中应用。

12．终身学习

电信工程及管理专业人才应该具有自主学习和终身学习的意识，能够追踪相关领域的发展动态，有不断学习和适应发展的能力。

13．思想和情感

电信工程及管理专业人才在政治品质方面，要热爱祖国，拥护中国共产党和国家的路线方针，懂得政策，有法制观念，对思潮有辨别力；在思想品质方面，要懂得马列主义、毛泽东思想、邓小平理论、"三个代表"重要思想和科学发展观的基本原理，树立辩证唯物主义世界观，走与工农群众、与生产劳动相结合的道路；在道德品质方面，应遵纪守法，有良好的品德修养和文明的行业准则，有鲜明的职业道德。

14．心理和体魄

电信工程及管理专业人才应该具备勤奋、严谨、求实、进取的学风，谦虚、谨慎、朴实、守信的作风，以及健全的体魄、良好的体能、旺盛的精力、活跃的思路。

15．意识和意志

电信工程及管理专业人才在实践意识方面，应坚持一切从实际出发，实践是检验真理的唯一标准；在质量意识方面，应对质量方针政策、现象、原因、危害有全面认识并能确保质量；在协作意识方面，能与周围群众协同工作，协调配合；在竞争意识方面，应力争上游，在相互竞争中求发展；在创新意识方面，应少墨守成规，多追求新意境、新见解；在意志品德方面，应有克服困难、调节行动、顽强实现预定目标的信心与决心。

1.5　电信工程及管理专业就业环境

随着社会的进步和技术的发展，国家越来越重视通信、电子信息和广播电视领域的技术和应用工作，加强了政策环境建设，选择了重点领域加强引导和鼓励，广泛调动了各方面的积极性。经过不懈努力，信息技术与管理工程已经渗透到各个行业和主要领域，在我国信息化建设和经济社会发展过程中发挥了重要作用。在重点行业、重点企业已推广应用了各类生产控制系统和生产管理系统，进一步提高了传统产业生产的智能化和集约化水平，并且运用先进信息技术，使传统产业实现技术升级、效率提升，推动其实现节能降耗。"十三五"期间，信息产业持续快速发展，销售收入由 6070 亿元增长到 3.84 万亿元，工业增加值由 1330 亿元增长到 9000 亿元；出口额由 550 亿美元增长到 2680 亿美元，占全国出口总额的 35%；五年累计合同利用外资约 1000 亿美元；部分产品产销量居世界前列；结构调整初见成效，软件、集成电路等核心基础产业迅速发展；产业集聚效应进一步显现。

知识经济的核心是技术，而信息技术正对全球经济效率的提高和社会生活方式的变革起着巨大作用。国际上，信息技术及其产业已经成为体现国家整体竞争实力的战略性产业。在这样的大环境下，电信工程及管理专业对区域经济建设的推动作用和带动作用非常明显，培养合格的电信工程及管理专业人才对经济发展的造血功能具有深远的现实意义。从行业和地区的实际出发，我们应制定具有行业和地区特点的人才培养规划，建设规范的人才教育培养体系，重点培养既熟悉信息技术又熟悉应用领域专业技术的复合型人才，逐步提升行业从业人员的信息技术应用水平，改善行业人才结构。

根据前面所说的行业特点，现在电信行业发展的重点趋势主要在：

(1) 光传输网。随着人们生活质量的提高，人们对于网络传输的速度以及质量的要求也更加严格。为满足这些要求，光纤传输网络仍旧是需要重点发展建设的方向。

(2) 通信业务网。通信行业的业务向多方向、多种类发展，为使通信行业的业务发展更加全面，相应的通信业务网也将建设相应的平台。

(3) 通信制造业。在通信行业不断发展的同时，通信制造业也需要不断地进行革新，进行各种通信产品方面的相关开发及设计。

(4) 5G 通信的发展。随着 4G 通信的普及，我国的通信行业已经进入 5G 通信的开发及实践阶段。只有不断地对通信技术进行开发和更新，我们才能够更好地满足客户的要求，从而得到更好的发展。

在新兴市场的变化中，电信行业对人才的能力要求越来越高，对电信工程及管理方面的人才需求也越来越大，只懂电信技术或者只懂管理的大有人在，但是具备两方面知识的人却少之又少。图 1.3 给出了电信工程及管理专业毕业生的主要就业方向。

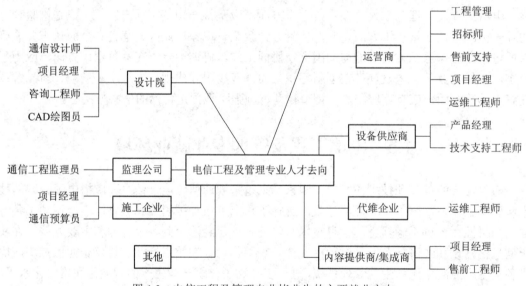

图 1.3　电信工程及管理专业毕业生的主要就业方向

1.6　电信工程及管理专业知识分类

为了将电信工程及管理专业所涉及的知识分类更直观地表达出来，这里以一个完整的工程建设项目为例，对本专业所涉及的知识进行分解，以帮助学生对电信工程及管理专业所包含的知识体系有个更清晰的认识。

图 1.4 给出了一个完整的电信工程及管理的项目流程。

(1) 立项环节主要工作内容包括：项目组负责计划完成建设需求并组织项目立项，编制项目建议书或可行性研究报告，明确工程建设内容及规模、建设方案、总体进度要求、维护部门、投资估算金额等内容。由计划部门组织立项评审，评审通过后进行立项批复。

(2) 采购环节主要工作内容：项目组负责采购的部门完成采购并签订合同。

(3) 设计环节主要工作内容：对于建设规模较大、涉及新技术或建设方案复杂的工程，采用初步设计和施工图设计两阶段设计；对于建设规模较小、技术成熟或套用标准设计的工程，采用一阶段设计。具体如下：

① 两阶段设计。

初步设计的内容主要包括：工程概述、业务需求、建设方案、设备配置及选型原则、局站建设条件和工艺要求、设备安装要求、安全与防火要求、运行维护、工程进度安排、概算编制、图纸等。

施工图设计的内容主要包括：工程概述、网络资源现状及分析、建设方案、设备配置、工程实施要求、施工注意事项、验收指标及要求、运行维护、预算编制、图纸等。

② 一阶段设计。

一阶段设计包括初步设计和施工图设计的相关内容。

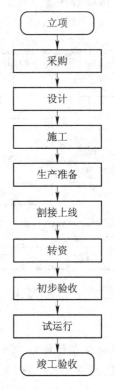

图 1.4　电信工程及管理的项目流程

(4) 施工环节主要工作内容包括：建设单位组织设备安装调测；维护部门负责现网数据整理、资源调度；建设单位组织联调测试，完成设计及合同要求的内容，具备验收测试条件；维护部门进行验收测试并对测试结果进行确认；验收测试完成后，建设单位和维护部门进行资产核查。

(5) 生产准备环节主要工作内容包括：为实现系统顺利割接上线，确保工程及时投产及时见效，同时确保割接上线后网络稳定运行和客户体验，必须做好建立系统运维制度和流程、明确维护职责和人员、组织开展人员培训等准备工作。

(6) 割接上线环节主要工作内容包括：建设单位组织割接上线，系统割接上线成功后，即开始承载现网的实际业务。

(7) 转资环节主要工作内容包括：负责财务部分的完成，与财务部门在要求时间内完成转资。

(8) 初步验收环节主要工作内容包括：建设单位编制初步验收报告，并组织初步验收评审，评审通过后报建设主管部门批复。

(9) 试运行环节主要工作内容包括：试运行期根据系统运行维护及监控结束出具试运行报告，对于试运行期间的工程建设遗留问题进行解决。

(10) 竣工验收环节主要工作内容包括：试运行报告提交后，项目组编制竣工验收报告，并组织竣工验收评审，评审通过后上报建设主管部门批复；建设单位在竣工验收完成后 15 日内向通信主管部门进行竣工验收备案。

以上是项目各流程的主要工作内容，表 1.1 对流程中所需要的各专业知识进行了归纳整理。

表 1.1 项目各流程所需要的专业知识对应关系

立项	工程经济学、电信网、传送、移动通信、网络规划	
采购	项目招投标管理	项
设计	电信网、传送网、移动通信、工程制图、概预算、设计	目
施工	工程制图、电信网、传送网、移动通信、概预算	
生产准备	电信网、传送网、移动通信	管
割接上线	电信网、传送网、移动通信	
转资		理
初步验收	电信网、传送网、移动通信	
试运行	电信网、传送网、移动通信	
竣工验收	工程制图、电信网、传送网、移动通信	

思 考 题

1. 简述电信工程及管理专业的就业前景。

2. 谈谈你个人对电信工程及管理专业的理解。

3. 你认为自己性格上有哪些优缺点？结合电信工程及管理专业的特点，简述你在大学期间准备如何提高自己的综合素质。

4. 你为什么报考工科？为什么报考电信工程及管理专业？你所了解的学习本专业后未来从事的职业是什么？谈谈自己对未来的设想。

第二篇　电信工程技术

第2章 通信网概述

通信网被称为使现代社会得以正常运行的神经系统。作为对信息进行传递和交换的网络，通信网不仅将我们带进信息时代，而且深刻地影响和改变着我们的生活方式。通信网的广泛使用，已成为这个时代的显著标志，而最新通信技术的应用，更成为衡量一个国家综合实力的重要因素。

本章将介绍通信网的基本概念，主要内容包括通信与通信网的定义、分类与拓扑结构、通信网的典型业务、通信网的基本实现技术以及通信网的发展历程及发展趋势等。

2.1 通信相关的基本概念

2.1.1 信息、消息和信号

1. 什么是信息

在人类历史的长河中，人们为满足生产和生活的需要，彼此之间需要进行大量的沟通与交流，这些沟通与交流被统称为信息的传递。从古代的烽火台、驿站到现代的电报、电话、传真、电子信箱、广播、电视等，都是传递信息的手段和方式。随着人类社会生产力的发展与科学技术的进步，信息被认为是人类社会重要的资源之一，在政治、军事、生产乃至人们的日常生活中起着十分重要的作用。谁掌握了信息，谁就拥有未来，信息是决策的基础。

信息在不同的场合有各种不同的定义。简单地说，信息是经过加工的数据，或者说，信息是数据处理的结果。从工程观点来讲，信息的概念可以概括为：信息是对客观世界中各种事物的运动状态和变化的反映，是客观事物之间相互联系和相互作用的表征，表现的是客观事物运动状态和变化的实质内容。任何地方都有信息存在，人们在各种社会活动中通过现象获取信息，并逐步地认识事物的属性。

从物理学上来讲，信息与物质是两个不同的概念，信息不是物质，虽然信息的传递需要能量，但是信息本身并不具有能量。信息最显著的特点是不能独立存在，信息的存在必须依托载体。

2. 什么是消息

语言、文字、图像等信息是不能直接在通信系统中传递的，必须借助于适当的载体，以便人们进行交换、传递和存储。为此，需在信息传递的发送端将它们转换成电(光)信号(即信源)来携带语言、文字、图像等信息，并将此电信号经通信系统传送至接收端，接收端再将此电信号还原成语言、文字、图像等信息，从而达到信息传递的目的。

携带信息的载体被称为消息，它是信息的物质表示。消息是某事件发生与否的论断，传递或交换消息也就是传递或交换信息。

3．模拟信号与数字信号

在现代通信系统中，为了使消息适合在通信系统中传输和处理，需要将消息变换为电(或光)的形式，称为电(或光)信号，简称信号。电信号最常用的形式是电流或电压。按照消息变化为信号的处理方法不同，信号可以被分为典型的两大类，即模拟信号和数字信号。

1) 模拟信号

模拟信号是指用连续变化的物理量(最常见就是电信号)所表达的信息，如温度、湿度、压力、长度、电流、电压，等等。我们一般又把模拟信号称为连续信号，它在一定的时间范围内可以有无限多个不同的取值。通常，我们可以将模拟信号描述为：在时间上和幅度上连续变化的信号。

例如：信号中常见的语音信号可表示为函数形式，如图 2.1 所示，$u(t)$ 是语音的函数，t 表示时间；因为其自变量 t 的取值是连续的，$u(t)$ 函数值也是连续的，所以这种信号称为模拟信号(有时也称为连续信号)。

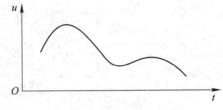

图 2.1　模拟信号

模拟信号的主要优点是：具有精确的分辨率，即在理想情况下，它具有无穷大的分辨率；模拟信号处理方法通常较简单，可以直接通过模拟电路组件(例如运算放大器等)实现。但是，模拟信号有许多不利于处理的缺点：模拟信号的抗干扰能力很差，它总是受到噪声(信号中不希望得到的随机变化值)的影响。这样，当模拟信号被多次复制，或长距离传输之后，这些随机噪声的影响可能会变得十分显著，从而使其在处理和传输过程中产生严重失真，对信号的传输距离和接收效果产生严重的影响，而且要试图减小甚至避免这些影响难度极大。

2) 数字信号

数字信号指自变量是离散的、因变量也是离散的信号。这种信号的自变量用整数表示，因变量用有限个数字中的一个数字来表示。通常，我们可以将数字信号描述为：在时间上和幅度上均离散的有限个值的信号。数字信号最典型案例为：在计算机中，数字信号的大小常用有限位的二进制数表示。数字信号的取值是离散变化的，如图 2.2 所示。

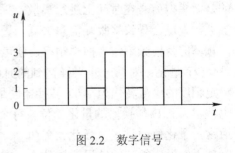

图 2.2　数字信号

数字信号的主要特点是状态的离散性，这些离散值可以用二进制数或 N 进制数表示。二进制数的 1 和 0 具体用什么样的电信号来表示是非常灵活的。例如：可以用电压的通与断、电压的正负极性、正弦振荡频率的高与低、正弦振荡的相位是否反转等方法表示。而且，对于仅有 0 和 1 两种状态的信号，在传输过程中因干扰而造成错误接收的可能也会大大降低。因此，当人们逐渐认识到了数字信号潜在的巨大优越性之后，绝大多数采用模拟信号来实现的系统都逐步演变为基于数字信号来进行处理和传输的系统。如今，数字蜂窝移动通信网、大数据、云计算、数控机床、高清数字电视等，无一不是基于数字信号来实现的。

　　然而，正如前面所提到的，我们日常社会活动中由消息而得到的最原始的信号，如声音、图像、文字、温度、湿度、压力、长度、电流、电压等，在初始用信号来表征时，依然是模拟信号，因此为了使信号处理与传递抗干扰能力更强，准确性和可靠性更高，我们需要人为采取信号转换的方法，即在保证足够高精度的前提下，将模拟信号转换为数字信号，以便进一步的处理和传输。这种转换称为模/数(A/D)转换(通常在发送设备中完成)；相反的转换则称为数/模(D/A)转换(通常在接收设备中完成)。例如，我们的手机就是最典型的同时具有以上两项转换功能的设备。

　　模拟信号转换为数字信号(A/D)需要经过信号的采样、信号的量化与信号的编码三个基本步骤来实现。A/D 处理过程如图 2.3 所示。

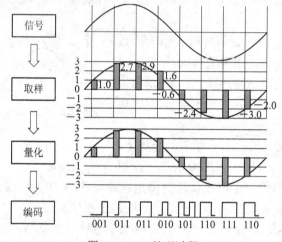

图 2.3　A/D 处理过程

　　(1) 采样：按照特定的时间间隔，在原始的模拟信号上逐点采集瞬时值的过程。其目的是对模拟信号在时间上进行离散。采样频率的选取需要综合考虑，太高会导致实现难度加大，太低会导致接收端信息失真，无法恢复原信号。例如：对语音信号而言，采用其最高频率的两倍频率作为抽样频率，就可在接收端经 D/A 无失真地还原模拟语音信号。

　　(2) 量化：对第一步采样得到的时间离散的信号在幅度上再离散化的过程。量化是将特定幅度的信号转化为 A/D 转换器的最小单位的整数倍(可以理解为标尺)，这个最小单位也被称为 A/D 转换器的量化单位。每个采样值代表一次采样所获得模拟信号的瞬时幅度。通常，量化位数越多，量化误差(即采样得到的瞬时值与用量化单位所表示的量化值之差)就越小，量化得到的结果就越准确。在实际的量化过程由于需要近似处理，因此一定存在量化误差，这种误差在接收端 D/A 转换时又会再现，通常称这种误差所产生的噪声为量化噪声。显然，减小量化单位，可以降低量化误差。但是，当量化单位减小时，又会增加实现的复杂度，所以需要适当选择量化单位。

　　(3) 编码：按照数字信号的定义来考察，量化后的信号已经是数字信号了。再进行编码的目的，则是为了用最易于传输和处理的 0 与 1 的二进制表达方式来表征该数字信号，这样就可方便地在数字逻辑电路或者以计算机作为控制部件的设备中进行处理和传输了。编码在早期常采用并行比较型电路和逐次逼近型电路来实现，目前主要采用基于单片机控制的 A/D 转换器实现。

　　在通信系统中采用数字信号进行传输和处理，不但可以实现高质量的长距离传输，而且在信息传输和交换、业务处理等方面也带来了电路实现容易、处理方便以及便于通过纠错编码进一步增强抗干扰能力、提高了安全性等诸多优点。

2.1.2　通信、通信系统和通信网

1. 通信

　　在利用电信号传递信息后，通信被单一解释为信息的传递，即由一地向另一地进行信息的传输与交换，其目的是传输消息。在各种通信方式中，早期将利用"电"来传递消息的通信方法称为电信(Telecommunication)。这种通信方式具有迅速、准确、可靠等特点，且几乎不受时间、地点、空间、距离的限制，因而得到了快速发展和广泛应用。如今，在自然科学中，"通信"与"电通信"几乎是同义词。近年来，随着利用光信号传递信息的方式越来越普及，通信的定义有所扩展，即：通信是指利用电信号或光信号的形式传送、发射或者接收语音、文字、数据、图像以及其他形式信息的过程。

2. 通信系统

1) 通信系统的基本组成

　　将通信过程中所需要的一切技术设备的总和称为通信系统。实际应用中存在各种类型的通信系统，它们在具体的功能和结构上各不相同，但都可以抽象成图 2.4 所示的一般模型。其基本组成包括信息源(简称信源)、发送设备、信道、噪声源、接收设备和受信者(也称信宿)等六个部分。

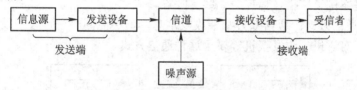

图 2.4　通信系统的一般模型

　　(1) 信源：消息的产生地。其作用是把各种消息转换成原始电信号，称为消息信号或基带信号。电话机、手机、电视摄像机和电传机、计算机等各种数字终端设备就是信源。

　　(2) 发送设备：将信源和信道(传输通道)匹配起来，即将信源产生的消息信号变换为适合信道传输的形式，信道编码或者调制都是最常见的变换方式。调制主要用于需要频谱搬移场合。对数字通信系统来说，发送设备需要进行信源编码和信道编码。信道编码的主要作用是根据信号传输的信道特性不同，选择各种适当的编码方式以确保信息在传输通道上传输的可靠性、准确性。

　　(3) 信道：传输信号的物理媒质。

　　(4) 噪声源：通信系统中各种设备以及信道中所固有的干扰。为了分析方便，把各处的噪声集中抽象为噪声源加入信道中。

　　(5) 接收设备：完成发送设备的反变换，即进行解调、译码、解码等。它的任务是从带有干扰的接收信号中正确恢复相应的原始基带信号。

　　(6) 信宿：传输信息的归宿点(接收点，与信源相对应)。其作用是将复原的原始信号转

换成相应的信息。

2) 通信系统的分类

通信系统从不同角度观察，有以下不同的多种分类方法：

(1) 按传输媒质不同，通信系统可分为以下两类：

• 有线通信系统：传输媒质为导线、电缆、光缆、波导、纳米材料等形式的通信。其特点是媒质能看得见，摸得着(如明线通信、电缆通信、光缆通信、光纤光缆通信)。

• 无线通信系统：传输媒质看不见、摸不着(如电磁波)的一种通信形式。常见的有微波通信、短波通信、移动通信、卫星通信、散射通信等。

(2) 按信道中传输的信号不同，通信系统可分为以下两类：

• 模拟通信系统：利用模拟信号进行通信的系统。

• 数字通信系统：利用数字信号进行通信的系统。

(3) 按信号的工作频段不同，通信系统可分为长波通信系统、中波通信系统、短波通信系统和微波通信系统等。

(4) 按调制方式不同，通信系统可分为以下两类：

• 基带传输系统：信号没有经过调制而直接送到信道中去传输的通信方式。

• 频带传输系统：信号经过调制后再送到信道中传输，接收端有相应解调措施的通信方式。

(5) 对于点对点之间的通信，按消息传送的方向，通信方式可分为单工通信、半双工通信及全双工通信三种。三种通信方式的特点如图 2.5 所示。

• 单工通信方式：消息只能单方向进行传输的一种通信工作方式(如图 2.5(a)所示)。单工通信的典型案例有广播、遥控、无线寻呼等。

• 半双工通信方式：通信双方都能收发消息，但不能同时进行收和发的工作方式(如图 2.5(b)所示)。对讲机、收发报机等属于这种通信方式。

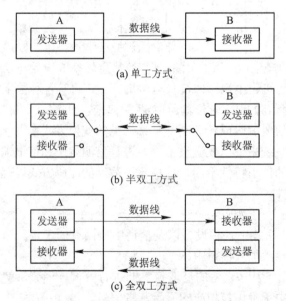

图 2.5　单工、半双工和全双工工作方式

• 全双工通信方式：通信双方可同时进行双向传输消息的工作方式(如图 2.5(c)所示)。
全双工通信方式的信道必须是双向信道。普通电话、手机等为其最典型的应用形式。

3．通信网的产生

图 2.4 所示的通信方式仅能满足点到点的通信需求，这只是通信的一个特殊案例。实际的通信要实现任意用户间的通信，即需要将多个用户按照一定的方式连接在一起，使任意用户之间都能够进行通信。最简单的实现方法就是在任意两个用户之间进行点到点的连接，从而构成一个网状网的结构，如图 2.6(a)、(b)所示。这种方法为任意两个用户之间提供了一条专用的通信线路，达到了任意用户之间通信的目的。但是，从图中也可明显地看出这种方法完全不适用于构建现代化社会的大型通信网络。其主要原因有：构建网状网成本太高，是不现实的；信道资源无法共享，线路资源的浪费巨大；难以实施集中的控制、计费和维护管理。

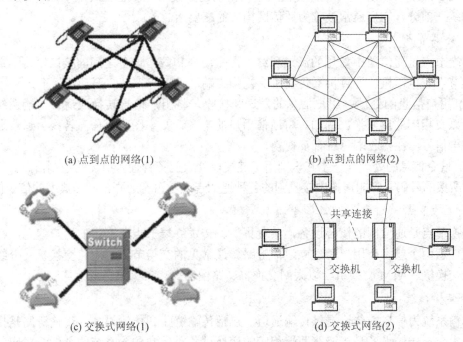

(a) 点到点的网络(1)   (b) 点到点的网络(2)

(c) 交换式网络(1)   (d) 交换式网络(2)

图 2.6   点到点的网络与交换式网络

实际的通信网都是采用在网络中引入交换节点来满足任意两个用户之间通信需求的，故称为交换式网络。在图 2.6(c)、(d)中用户之间不再直接连接，用户终端可以通过用户线与交换节点相连，而交换节点之间则通过中继线相连。任意两个用户之间需要通信时，由交换机为他们进行转接，进而提供物理或逻辑的连接。在网络中，交换节点负责用户的接入、用户通信连接的创建、信道资源的分配、用户信息的转发以及必要的网络管理与控制功能等。

交换式网络的主要优点是：连接线减少，从而极大降低了骨干网的建设成本；交换节点的引入增加了网络扩容的方便性，便于网络的控制与管理。实际的通信网都是交换式网络，为用户建立的通信连接往往涉及多段线路、多个交换节点的配合。

2.2　通信网的基本概念

2.2.1　通信网的定义与构成要素

1. 通信网的定义

现代通信网是将一定数量的节点(包括终端节点、交换节点等)和连接这些节点的传输系统有机地组织在一起，按约定的信令或协议完成任意用户间信息交换的通信体系。

2. 通信网的构成要素

从图 2.6(c)和图 2.6(d)可知，交换式通信网的组成硬件至少包括终端节点、交换节点、传输系统三部分，它们通常被称为通信网构成的三要素。

1) 终端节点

终端节点是通信网中信息的源点和终点，是用户和网络设备之间的接口设备。最常见的终端节点有电话机、计算机、传真机、视频终端、手机等。其主要功能如下：

(1) 用户信息的处理：用户信息的发送和接收，将用户信息转换成适合传输系统传输的信号以及相应的反变换。例如：将通信用户的声音、文字图像等信息转换为适合通信网传输的电信号，在接收端再进行反变换。

(2) 信令信息的处理：产生和识别用于连接建立、业务管理等所需的控制信息。例如打电话时所拨的号码、呼叫连接中接收到的各种通知音或者语音通知，都是典型的信令信息。

2) 交换节点

交换节点是通信网的核心设备，负责集中、转发终端节点所产生的用户信息，在需要通信的任意两个或多个用户间建立通信链路。最常见的交换节点有电路交换机、分组交换机、软交换机、ATM 交换机、以太网交换机、路由器等。

3) 传输系统

传输系统为信息的传输提供传输通道，包括传输链路和传输设备。传输链路是指信号传输的媒介，传输设备是指链路两端相应的变换设备。通常传输系统的硬件组成应包括线路接口设备、传输媒介、交叉连接设备等。

构建任何一个实际的网络都需要包含上述三要素。但由以上三要素构成的网络仅仅是最基本和最简单的网络，是通信网的最初形式。随着用户业务需求的逐步增加，通信网也在逐步发展，不断出现新的网元。现代的通信网在实际构成时要复杂得多，不仅包含以上三要素，还需要包含诸如业务节点、控制节点、应用服务器、媒体网关、各种用户数据库等诸多设备，方能完成独立的业务控制、承载连接、应用服务等功能。而且，当多种业务融合在一个通信网时，需要增加更多的新设备。例如，为了满足用户随时随地通信的需求，移动通信网中需要增加用于用户移动性管理的数据库 HLR(归属位置寄存器)、VLR(访问位置寄存器)以及对用户进行鉴权认证和加密的 AUC(鉴权中心)等。

总而言之，从构成实体来看，实际的通信网是由软件和硬件按特定方式构成的一个通信系统，每一次通信都需要软、硬件设施的协调配合才能完成。从硬件构成来看，通信网最基本的三要素为终端节点、交换节点和传输系统，它们完成通信网的接入、交换和传输等基本功能；而软件设施则包括信令、协议、控制、管理、计费等，它们主要完成对通信网的控制、管理、运营和维护以及计费等。

2.2.2　通信网的功能结构

现代通信网的业务需求和功能需求越来越多，导致其实际网络组成日趋复杂。通常可以从垂直和水平两个不同的角度去理解和认识实际通信网。

1．垂直角度的通信网构成

垂直角度实为从功能的角度来认识通信网。一个完整的现代通信网可分为相互依存的三部分，即业务网、传送网和支撑网，如图 2.7 所示。业务网是直接面向用户，为用户提供各种通信业务的网络；而传送网、支撑网则是为业务网服务的。业务网可以看作传送网和支撑网的用户。

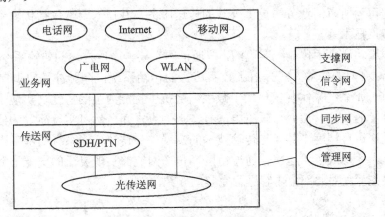

图 2.7　现代通信网的功能结构

1) 业务网

业务网负责向用户提供语音、数据、图像、多媒体、租用线、VPN 等各种通信业务，如常用的固定电话网(PSTN)、互联网(Internet)、移动通信网(PLMN)等。最初的业务网大多是为某种业务独立设计的，不同的业务网为用户提供不同的业务，如表 2.1 所示。

表 2.1　主要业务网的类型

业务网	基本业务	交换节点设备	交换技术
传统电话网	电话业务	数字程控交换机	电路交换
IP 电话网	电话业务	软交换机、媒体网关	分组交换
移动通信网 PLMN	移动话音、数据	移动交换机	电路/分组交换
Internet	综合业务	路由器、服务器	分组交换
以太网	本地高速数据(≥10 Mb/s)	网桥、交换机	分组交换
数字数据网 DDN	数据专线业务	DXC 和复用设备	电路交换
帧中继网 FR	局域网互联(≥2 Mb/s)	帧中继交换机	帧交换
ATM 网络	综合业务	ATM 交换机	信元交换
分组交换网(X.25)	低速数据业务(≤64 kb/s)	分组交换机	分组交换

随着网络技术的发展，业务网逐步向提供综合业务方向演进，不同的业务网也逐步融合成一个网络。例如：目前传统的固定电话网络正逐步由基于电路交换的传统电话网演进到基于分组交换的 IP 电话网；而目前的互联网、第四代移动通信网都可提供包括语音、数据、图像、视频、多媒体等综合业务。与此同时，部分网络由于技术的原因正在逐渐消失，例如传统电话网、X.25 分组交换网、帧中继网(FR)、数字数据网(DDN)、ATM 网络等在我国已经基本退服。

构成一个业务网的主要技术要素有网络拓扑结构、交换节点技术、编号计划、信令协议、路由选择、业务类型、计费方式、服务性能保证机制等，其中交换节点设备是构成业务网的核心要素。在以下的内容中将作全面介绍。

2) 传送网

传送网负责按需为交换节点、业务节点等之间提供信息的透明传输通道，包括分配互连通路和相应的管理功能，如电路调度、网络性能监视、故障切换等。传送网独立于具体的业务网，它可为所有的业务网提供公共的传送服务。其技术要素包括传输介质、复用体制、传送网节点技术等。

最初的传送功能是由传输线实现的，即通信网三要素中所描述的传输系统。自 20 世纪 80 年代开始，典型的传输方式采用了数字信号的传输系统，即脉冲编码调制(Pulse Code Modulation，PCM)系统来实现。借助于数字信号抗干扰能力强的特性，实现了复杂通信网的远距离高质量的传输。然而，采用电信号在点到点之间虽然可实现简单的信号传递，但管理不便，无法进行调度。随着光传输技术的发展，在传统传输系统的基础上引入管理和交换功能之后，才形成了传送网。通过组网，传送网能够实现灵活的支配、调度、管理等功能。本书将在后续对此部分内容进行完整的介绍。

3) 支撑网

支撑网不直接面向用户，而是负责提供业务网正常运行所必需的信令、同步、网络管理、业务管理、运营管理等功能，以提供用户满意的服务。支撑网包括同步网、信令网和管理网。

(1) 同步网。同步网处于数字通信网的最底层，负责实现各网络节点设备之间和节点设备与传输设备之间信号的时钟同步、帧同步以及全网的网同步，保证地理位置分散的物理设备之间数字信号的正确接收和发送。对于同步的概念，后续内容将进行详细介绍。

(2) 信令网。信令是指在通信网各节点之间，为协调配合完成业务的处理而彼此传送的各种控制信息。对于采用公共信道信令体制的通信网，存在一个逻辑上独立于业务网的信令网，它负责在网络节点之间传送与业务相关或无关的控制信息流。在传统的电话网和蜂窝移动通信网络中，曾广泛采用 7 号信令网来实现，但是目前随着网络全 IP 化进程的推进，7 号信令网正在被以 TCP/IP、SIP、HTTP 等为典型代表的互联网的多个协议所取代。

(3) 管理网。管理网的主要目标是实时或近实时地监视业务网的运行情况，并相应地采取各种控制和管理手段，以达到在各种情况下充分利用网络资源、确保通信服务质量的目的。

2．通信网的水平划分

通信网的水平划分是指从网络覆盖区域的角度来认识通信网的构成，如图 2.8 所示。从垂直划分的构成可知，通信网中面向用户的是业务网，传送网和支撑网则不直接面向用户。从业务网所覆盖的物理位置来看，可分成用户驻地网(Customer Premises Network，CPN)、接入网(Access Network，AN)和核心网(Core Network，CN)三部分，而所有这三部分都需要同步网、信令网以及管理网的支撑。

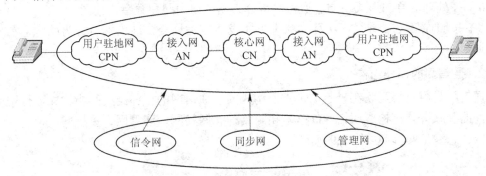

图 2.8　通信网的水平划分

用户驻地网(CPN)是业务网在用户端的延伸，一般是指用户终端至用户网络接口之间的部分，由完成通信和控制功能的用户驻地布线系统组成。其功能是使用户终端可以灵活方便地接入网络。CPN 属用户所有，其部署和管理一般由用户完成。CPN 可能非常简单，例如传统电话网中最初的 CPN 只包含电话机，也称为用户驻地设备(CPE)；也可能是很复杂的用户网络，例如企业内部局域网或家庭网络等。

核心网(CN)顾名思义就是网络的核心，是网络的主干部分，负责给用户提供各种业务。CN 一般由高速的骨干传输网和大型高速交换节点构成，是数据进行交换、转发、接续、路由的地方，用户的数据在核心网上被高速地传递和转发。

接入网负责使用有线或者无线的方式将大量的用户逐级汇接到核心网中，以实现与网络的连接。接入网是整个网络的边缘部分，与用户距离最近，是网络的"最后一公里"。用户业务需求和接入环境等的多样性，使得接入网的介质种类丰富，技术多样。例如：传统电话网最初的接入方式采用铜线，仅传递用户的模拟话音，此时的接入网实质上是树形的用户环路；随着业务需求的增加和网络技术的发展，需要在接入网部分同时传递语音、数据等信息，此时的接入网就成为一个公共的传送承载平台。

2.2.3　通信网的类型与拓扑结构

1．通信网的类型

现代通信网从各个不同的角度出发，可有各种不同的分类，常见的有以下几种：

(1) 按实现的功能不同，可将完整的通信网分为业务网、传送网和支撑网，如图 2.7 所示。

(2) 按提供的业务类型不同，通信网可分为电话通信网、电报通信网、电视网、数据通信网、综合业务数字网、计算机通信网和多媒体通信网。当前的通信网正向着集多种业务于一网的业务全融合方向发展。

(3) 按传输方式不同，通信网可分为光纤通信网、长波通信网、载波通信网、无线电通信网、卫星通信网、微波接力网和散射通信网。

(4) 按服务区域不同，早期的通信网又分为农话通信网、市话通信网、长话通信网和国际长途通信网。对于数据通信网而言，往往会按照空间距离不同分为局域网、城域网和广域网。

(5) 按运营方式和服务对象不同，通信网可分为公用通信网和专用通信网。

(6) 按处理信号的形式不同，通信网可分为模拟通信网和数字通信网。

(7) 按照通信终端是否可在移动状态下完成通信米划分，通信网可分为固定通信网和移动通信网。

2. 通信网的拓扑结构

通信网是由一组互联在一起的节点所构成的，通信网的拓扑结构是指构成通信网的节点之间的互联方式。构成通信网的基本拓扑结构有网状网、环型网、星型网、树型网、复合型网、总线型网等，如图 2.9 所示。

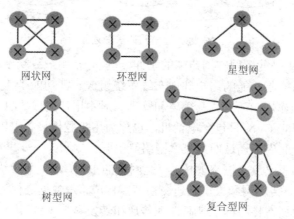

图 2.9　通信网的拓扑结构

网状网又称"全互联网"或"各个相连网"，它是一种完全互联的网，网内任意两节点间均有线路直接相连。其优点是线路冗余度大，网络可靠性高，任意两点间可直接通信；缺点是线路利用率低，网络成本高，且网络扩容也不方便。网状网结构通常用于节点数目少，可靠性要求又很高的场合。

星型网又称辐射网，与网状网相比，它增加了一个中心转接节点，其他节点都与转接节点有线路相连。其优点是降低了传输链路的成本，提高了线路的利用率；缺点是网络的可靠性差，一旦中心转接节点发生故障或转接能力不足，全网的通信都会受到影响。通常在传输链路费用高于转接设备，可靠性要求又不高的场合采用星型网结构，这样可以降低建网成本。

复合型网是由网状网和星型网复合而成的。它以星型网为基础，在业务量较大的转接交换中心之间采用网状网结构，因而整个网络结构比较经济，且稳定性较好。因为复合型网兼具了星型网和网状网的优点，所以目前在实际规模较大的局域网和电信骨干网中广泛采用分级的复合型网结构。

总线型网的结构如图 2.10(a)所示，它属于共享传输介质型网络，网中的所有节点都连接至一个公共的总线上，任何时候都只允许一个用户占用总线发送或接收数据。该结构的优点是需要的传输链路少，节点间通信无需转接节点，控制方式简单，增减节点也很方便；缺点是网络服务性能的稳定性差，节点数目不宜过多，网络覆盖范围也较小。总线型网的结构主要用于计算机网络的局域网中。

环型网的结构如图 2.10(b) 所示。该结构中所有节点首尾相连，组成一个环。环型网可以是单向环，也可以是双向环。该网的优点是结构简单，容易实现，双向自愈环结构可以对网络进行自动保护；缺点是节点数较多时转接时延无法控制，并且环型结构不好扩容，每加入一个节点都要破坏原有传输链路。环型网的结构目前主要用于计算机局域网、光纤接入网、城域网、光传输网等网络中。

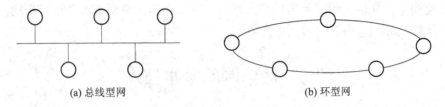

(a) 总线型网　　　　　　　　(b) 环型网

图 2.10　总线型网和环型网

2.2.4　通信网的业务与服务质量

1. 通信网的业务

目前，各种网络为用户提供了大量的不同业务。参考 ITU-T 建议的方式，根据所处理的信息类型不同，通信网的业务分为音频、视频、图像和数据四大类。各种通信业务最大的区别在于带宽需求差异大，如图 2.11 所示。

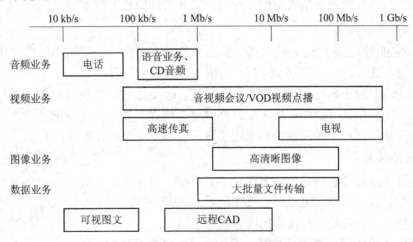

图 2.11　各类通信业务的带宽需求

目前，伴随着现代通信技术的飞速发展，通信网所提供的业务越来越呈现出移动性(包括终端移动性、个人移动性)、带宽按需分配、多媒体性以及交互性等显著的特征。

2. 通信网的服务质量

通信网组建的目的是在任意两个网络用户之间提供有效而可靠的信息传送服务，因此有效性和可靠性是其最主要的质量指标。其中，有效性是指在给定的信道内传送信息的多少，可靠性则是指信息传送的准确程度。具体来说，一般可通过可访问性、透明性和可靠性这三个方面来衡量通信网的服务质量。

可访问性是指网络保证合法用户随时能够快速、有保证地接入网络以获得信息服务，并在规定的时延内传递信息的能力。它反映了网络保证有效通信的能力。

透明性是指网络保证用户业务信息准确、无差错传送的能力，它反映了网络保证用户信息具有可靠传输质量的能力。实际中常使用用户满意度和信号的传输质量来评定透明性。

可靠性是指整个通信网连续、不间断地稳定运行的能力，它通常由组成通信网的各系统、设备、部件等的可靠性来确定。网络可靠性设计不是追求绝对可靠，而是在经济性、合理性的前提下，满足业务服务质量要求即可。可靠性指标主要有失效率、平均故障间隔时间、平均修复时间、系统不可利用度等。

2.3　通信网的基本技术

通信网的基本功能是将用户信息从一个实体准确无误、甚至还要求实时地传递到另一个实体。要在结构复杂的网络中按用户需求完成通信，同时还要兼顾通信质量、通信成本以及通信的可靠性等诸多因素，其功能实现离不开大量的基本技术。通信网最基本的技术有交换技术、传输技术、接入技术以及一系列支撑技术。

2.3.1　通信网的交换技术

交换设备是交换式通信网中最核心的设备，其使用的交换技术、控制方式等对通信网的性能影响巨大。交换技术是通信网中最为重要而基础的核心技术。

1. 交换的相关概念

交换(Switching)又称接续，是在通信的源和目的点之间，按照用户的要求建立通信信道以实现信息传送。在用户通信结束后，则断开此通道的过程。

在交换式通信网中，通信双方都不直接相连，而是通过交换设备对信息进行交换和转发。交换设备需要根据一定的策略分配链路带宽、缓存等资源，完成信息的传递，实现通信。根据资源复用方式、面向连接和无连接等可以对不同交换技术进行区分。

1) 资源复用方式

复用是指多路信号在同一线路上传输，其主要目的是为了提高信道的利用率。复用方式就像公路划分多个车道，可提供多部车辆同时通行一样。为了在接收端能够将不同用户的信号区分开来，必须使不同用户的信号具有不同的特征。

从物理信道的多路复用方式来看，通常包括频分复用(FDM)、时分复用(TDM)和码分复用(CDM)三种典型的复用方式。

(1) 频分复用。所谓频分复用，就是把一条物理通道的可用频段划分成不同的小段，各路信号用不同的载频调制后，占据不同的小频段。这样，按照不同的频段也就将一条物理信道分成若干条通信信道(如话路)，各信道信息可同时在此物理信道上相互无干扰的传输。老式的模拟通信(载波通信)方式大量采用此方法以提高信道利用率；1 G 和 2 G 蜂窝移动通信系统的无线信道上也采用了此方法划分信道，也被称为频分多址(FDMA)技术。

(2) 时分复用。所谓时分复用，就是把一条物理通道按照不同的时刻分成若干条通信信道(如话路)，各信道按照一定的周期和次序轮流使用物理通道。这样，各路信号在信道上会占用不同的时间小段(称为时隙)。脉冲编码调制(PCM)通信是典型的时分多路复用的通信系统。而传统的固定电话网(PSTN)就大量采用此复用方式，通常也被称为时分多址(TDMA)技术，在 2G 数字蜂窝移动通信系统中得到了广泛使用。

(3) 码分复用。所谓码分复用，就是在一条物理通道上，通过对不同用户的信息加上特定的信道代码来区分，以确保互不干扰地在同一个物理通道上传输。它也被称为码分多址(CDMA)技术，在 3G 移动通信系统中得到了广泛应用。

从另一个角度来看，即根据分割后的子信道(频带或时隙)是否静态地分给某个用户专用，信道复用技术又被称为静态复用或动态复用。

(1) 静态复用又称同步复用，是指将分割后的子信道(频带或时隙)静态地分给某个用户专用。典型的同步复用方式就是上面介绍的频分复用和时分复用。其原理示意图分别如图2.12 和图 2.13 所示。

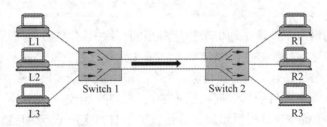

图 2.12　静态复用方式(频分复用)

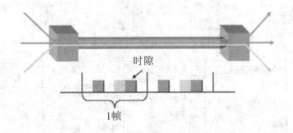

图 2.13　静态复用方式(时分复用)

静态复用的优点是：一旦为某用户分配了信道，该用户的服务质量便不会受网络中其他用户的影响。但是，为了保证用户所需带宽，静态复用必须按信息最大速率分配信道资源，这就降低了信道利用率。从通信的实际行为来考察，当两个用户通信时，总是一收一发的状态，故通信中任何一个用户所占用信道的真正使用率不到 50%。

(2) 动态复用又称统计复用，是指在给用户分配资源时，不像静态复用那样固定分配，而是采用动态分配(按需分配)，即只有在用户有信息传送时才分配资源。这样，每个用户所使用的资源不再是专用的，因此线路的利用率较高。于是，在高速传输线上形成了各用户分组的交织传输，输出数据的时间不是固定分配，而是根据用户的需要进行分配。这些用户数据的区分不像同步时分复用那样靠位置来区分，而是靠各个用户数据分组头中的"标记"来区分。动态复用如图 2.14 所示。

　　动态复用的优点是可以获得较高的信道利用率。由于每个终端的数据使用一个自己独有的"标记"，可以把传送的信道按照需要动态地分配给每个终端用户，因此提高了传送信道的利用率。这样，每个用户的传输速率可以大于平均速率，最高时可以达到线路的总的传输能力。

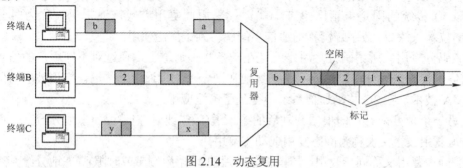

图 2.14　动态复用

2) 面向连接和无连接

　　根据传递用户信息时是否预先建立源端到目的端的连接来划分，网络的控制方式可分为面向连接和无连接。

　　在面向连接的网络中，两个通信节点间典型的一次数据交换过程包含三个阶段：连接建立、数据传输和连接释放，如图 2.15 所示。其中，连接建立和连接释放阶段传递的是控制信息，用户信息则在数据传输阶段传输。三个阶段中最复杂和最重要的阶段是连接建立，该阶段需要确定从源端到目的端的连接应走的路由，并在沿途的交换节点中保存该连接的状态信息，这些连接状态信息说明了属于该连接的信息在交换节点时应被如何处理和转发。数据传输完后，网络负责释放连接。图 2.16 给出了面向连接网络的传送原理。

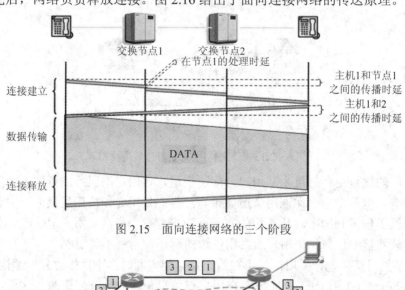

图 2.15　面向连接网络的三个阶段

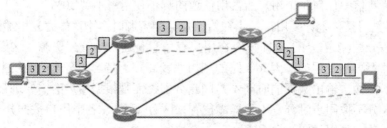

图 2.16　面向连接网络的传送原理

　　在无连接的网络中，信息传输前无需在源端和目的端之间建立通信连接。不管是否来自同一信息源，交换节点将分组信息看成互不依赖的基本单元并独立地处理每个分组，并且为其寻找最佳转发路由，因而来自同一数据源的不同分组可通过不同的路径到达目的地。无连接网络的信息传送过程示例，分别如图 2.17 和图 2.18 所示。

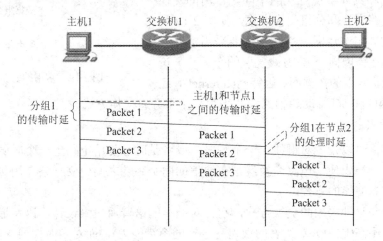

图 2.17　无连接网络的信息传输过程

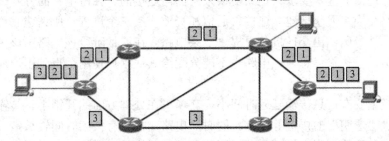

图 2.18　无连接网络的选路与数据传输

　　面向连接和无连接两种方式各有优缺点，适用于不同的场合。面向连接方式适用于大批量可靠的数据传输业务，但网络控制机制复杂，建立阶段会增加传输建立时间，且节点的故障将会导致通信中断。传统的 PSTN 网络就是典型的面向连接的工作机制。无连接方式控制机制简单，适用于突发性强、数据量少的数据传输业务，以及控制面控制指令的传输，并能够很好地规避节点故障所带来的影响。互联网的数据传输就是典型的无连接方式。

　　3) 资源预留

　　当一台终端经网络向另一台终端发送信息时，需要经过一系列的节点和通信链路进行传输。"交换"背后的思想是：网络根据用户实际的需求为其分配通信所需的资源，用户有通信需求时，网络为其分配资源；通信结束后，网络回收所分配的资源，供其他用户使用，从而达到网络资源共享、降低通信成本的目的。其中，网络负责管理和分配的最重要的资源就是通信线路上的带宽资源和节点的缓存资源。

　　为了实现资源的"按需分配"，网络需要一套控制机制。因此，从资源分配的角度来看，不同网络技术之间的差异主要体现在分配、管理网络资源的策略上，它们直接决定了网络中交换、传输、控制等具体技术的实现方式。一般来讲，简单的控制策略资源利用率不高，若要提高资源利用率，则需要以提高网络控制复杂度为代价。现有的各类交换技术都根据实际业务的需求，在资源利用率和控制复杂度之间作了某种程度的折中。

2．交换方式的分类及特点

交换方式是指交换节点所采用的接续技术。根据交换的思想和具体实现方式的不同，常用的交换方式可分为电路交换和分组交换方式，如图 2.19 所示。在传统的固定电话网(PSTN)中主要采用电路交换方式；而在通信网向全 IP 方式发展的今天，无论是固定电话网、专用的数据网、因特网(Internet)，还是 2G、3G、4G 和 5G 移动通信网，几乎都采用了分组交换方式。

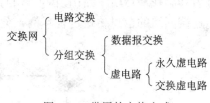

图 2.19   常用的交换方式

1) 电路交换方式

所谓电路，可以是一对铜线、一个频段，或者是时分复用电路上一个时隙，它是承载用户信息的物理层媒质。电路交换就是在通信的两个终端之间建立一条专用传输通道，完成通信双方信息交换的方式。

电路交换是早期采用的交换方式，它针对最早的语音通信来设计。语音通信的特点是对差错率要求不高(因为人对语音的误差有一定的容错能力)，而对实时性要求较高。

针对语音通信的基本要求，电路交换采用面向连接的、独占电路的方式来满足实时性的要求。电路交换主要包括建立连接、通信和释放连接三个过程。所谓建立连接，是根据用户所拨的电话号码，由交换机负责提供一条电路。在通话阶段该电路由该用户独占，即使他们不讲话，不传输信息，该电路也不能分配给其他用户使用，直到用户通信结束，才会释放。

电路交换主要有信息传输延迟时间小、交换机在处理方面的开销小、传输效率高、可在用户间提供"透明"的传输等优点。同时，电路交换也有接续时间较长，传输较短信息时传送不经济，电路利用率低，各种不同速率、代码格式，通信协议的用户终端直接互通受限，存在呼损，通信易因某段物理连接故障而中断等缺点。

2) 分组交换方式

随着计算机技术与应用的不断发展与普及，数据通信的需求越来越多，但数据与语音的传输要求不同，采用上述的电路交换方式不能很好地满足数据通信的要求。数据通信对实时性要求不高，可以在分钟甚至小时级，例如发送一封电子邮件有几分钟的时间延迟，人们是可以接受的。但对差错率要求极高，一般要求误码率达到 10^{-9}，同时还要进行差错控制，保证数据的完全正确。例如，从网上下载一个 zip 文件，若错了一个关键的位，则整个数据包都无法解包使用。分组交换方式能够很好地满足数据通信的上述要求。

分组交换方式采用存储转发的方式进行交换，首先将需要传送的信息划分为一定长度的分组，并以分组为单位进行传输和交换。在每个分组中都有一个分组头，含有可供选路的信息和其他控制信息。

分组交换方式具有灵活性强、转发延时小、效率高、节省存储空间、成本低等优点。但是也存在附加信息多、影响效率、需要分割报文和重组报文、增加端站点的负担等缺点。

分组交换有两种方式：虚电路(面向连接)方式和数据报(无连接)方式。

(1) 虚电路方式。所谓虚电路方式，是指两个用户在进行通信之前要通过网络建立逻辑上的连接。一次通信具有呼叫建立、数据传输和呼叫清除三个阶段。分组按已建立的路径顺序通过网络，在预先建好的路径上的每个节点都知道把这些分组引导到哪里去，不再需要路由选择判定。这种方式进行分组的顺序容易保证，分组传输时延比数据报小，而且不容易产生数据分组的丢失，是一种面向连接的交换方式。早期的帧中继、ATM 交换就是其典型代表。

(2) 数据报方式。数据报方式是独立地传送每一个数据分组，是典型的无连接方式。每个分组都包含终点地址的信息，每个节点都要为每个分组独立地选择路由，因此，一份报文包含的不同分组可能沿着不同的路径到达终点。

数据报方式在用户通信时不需要有呼叫建立和释放两个阶段，对短报文的传输效率较高，对网络故障的适应能力较强，但属于同一报文的多个分组要独立选路，故不能保证分组按序到达，因此目的站点需要按分组编号重新排序和组装。目前，常用的基于 IP 的通信方式就是其典型的代表。

3．交换实现的基本原理

1) 电路交换的基本原理

数字信号因抗干扰能力非常强而成为目前通信网中信号传输的主要方式。所以，在通信网中无论传输和交换均以数字化的方式进行。同时，为了提高传输通道利用率，数字信号的传输采用了多种不同的复用技术。在电路交换方式中最常用的就是时分复用的方式。脉冲编码调制(PCM)的时分复用方式则是其典型代表。

(1) PCM 时分复用的原理。

PCM 的实现分抽样、量化、编码和复用几个步骤。其中的前三个步骤已经在 2.1 节中介绍过，下面介绍时分复用的实现原理。

PCM 的时分多路复用基本原理如图 2.20 所示。

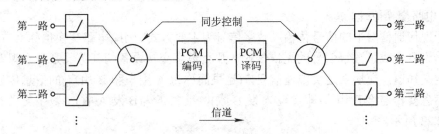

图 2.20　PCM 时分多路复用基本原理

在图 2.20 中，多路信号复用在一个物理通道上传输时，每一路的信道都在指定的时间内接通，其他的时间为别的信道接通(实现了分时共享物理信道)。为了使发端各话路与收端各话路能一一对应，以保证正常通信，收、发端的旋转开关必须同频、同相工作。同频是指二者的旋转速度完全相同；同相是指发端旋转开关接第一路信号时，收端旋转开关也必须连接第一路。如果信号错位，第一路信号接到第二路上，显然收到的各路信号就混乱了，也就根本无法实现正确的通信。因此，为了各路信道能够协调一致地工作，在发送端需传送一个同步信号，利用该控制信号来确保发端和收端协调工作。

常用的 PCM 基本结构包括 32 路系统和 24 路系统，我国及欧洲采用 PCM30/32 系统，美国和日本采用 24 路系统。下面简要介绍 PCM30/32 系统中帧和时隙的概念。

PCM30/32 系统帧结构(即时分复用结构)如图 2.21 所示。所谓帧,代表时分复用的各路信号都按照固定的顺序传送一次的时间周期。一个复帧由 16 帧组成,分别记作 F0～F15;每帧分为 32 个路时隙(对应 32 个时间小段,每个时隙是一路信号传送一次的时间),将它们分别记作 TS0～TS31;每个时隙包含 8 bit,时隙 TS0 用于传送帧同步信号,时隙 TS1～TS31 用于传送最多 31 个路话音信号。在使用随路信令方式的早期 PSTN 中,TS16 必须用于传送复帧同步码及随路信令方式下 30 个话路(对应 TS1～TS15、TS17～TS31)的线路信令信号。随着公共信令信道的方式完全取代了随路信令方式,复帧的概念已经淡化了,相应的 TS16 已经回归为普通话路时隙。

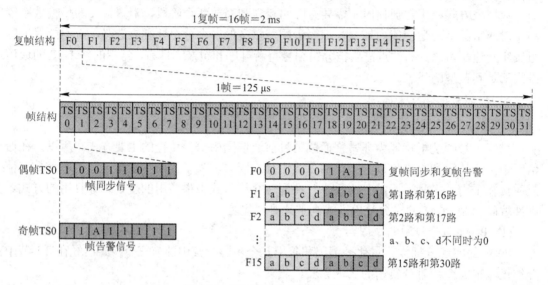

图 2.21　PCM 30/32 系统的帧结构

(2) 电路交换原理。

由于现代通信网中的信号传输以数字信号为主要方式,因此电路交换也称为数字交换。既然传输设备完成了数字信号的无错传输,那么数字交换设备的任务又是什么呢?从前面交换的定义知道:交换就是实现通信双方(这里简称为 A 用户和 B 用户)的信息传递,即 A 用户的信息要传递给 B 用户(即实现 A 发 B 收),反之亦然(B 发 A 收)。数字交换的实现原理如图 2.22 所示。

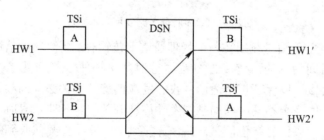

图 2.22　数字交换的实现原理

根据前面对数字信号传输特点的介绍,我们可以这样理解图 2.22 中要进行通信的双方用户:当用户信息传输时,通信双方分别被安排一个特定时分复用线(即物理传输线路)和该线路上的特定时隙。假设本次通话的两用户分别为 A 用户和 B 用户,在进入数字交换网络(DSN)时，本次通话 A 用户分配时分复用线 HW1 上的时隙 TSi，B 用户分配时分复用线 HW2 的时隙 TSj，A、B 用户发出的话音信息分别用 A 和 B 来表示，且 A 用户无论发送还是接收信号均在 HW1 和 TSi，B 用户类似，收、发均在 HW2 和 TSj。

所以，要实现双向通信，DSN 完成的功能就是将 HW1、TSi 中的 A 用户信息传递到 HW2、TSj，则在此时隙接收的 B 用户就能接收到了。在图 2.22 中，左上方信息 A 经过 DSN 从右下方输出，代表的就是这个过程。同理，B 用户信息也可通过 DSN 传递给在 HW1、TSi 接收的 A 用户。

综上所述，数字交换网络在实现信息交换时，完成了两个任务，即信息所在时分复用线交换和信息所在时隙的交换。为此，当实现 DSN 功能时，可以分别用空分接线器(Space Switch)来实现时分复用线的交换，用时间接线器(Time Switch)来实现时隙交换，两者配合起来就可以实现任意时分复用线上任意时隙之间的信息交换。

2) 分组交换的基本原理

当以分组交换方式进行信息传输时，首先将要传送的完整信息(通常称为报文)划分为一定长度的分组，并以分组为单位进行传输和交换，如图 2.23 所示。在划分的每个分组中都有一个分组头，含有可供选路的信息和其他诸如分组重装、差错检测与校正等控制信息。

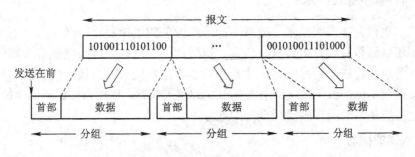

图 2.23　分组的形成

分组交换采用存储转发的方式进行交换。分组中所携带的选路信息，就是分组交换机转发分组包的地址信息。典型的分组数据包在通信网内实现传输和交换的过程如图 2.24 所示。

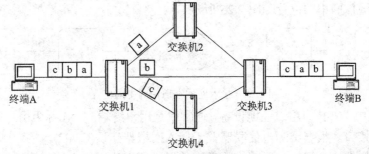

图 2.24　分组交换的实现方式

在图 2.24 所示的分组交换的实现方式中，终端 A 要向终端 B 发送数据报文。为适应网络的传输与处理，首先在终端 A 中按照一定的分组规则，组成除了需传送的数据外，还携带有选路信息以及其他控制信息的 a、b、c 三个数据包，并依次发送给交换机 1。交换机 1～4 均采用存储转发的方式进行数据包的交换，并按照终端用户 A 的要求，根据目前网络中资源实际占用的情况，为每个数据包独立选择到达终端 B 的最佳传送通道。本例中，交换机 1 根据三个数据包的选路信息，选择数据包 a 经交换机 2 传送，数据包 b 经交换机 3 传送，数据包 c 经交换机 4 传送。然后，交换机 2 和交换机 4 同样根据数据包中的选路信息将数据包 a、c 送达交换机 3。由于数据包 a、c 需要经过两次交换机的转发方可到达交换机 3，因此，三个数据包在送达终端 B 时会有错序的可能。但是，在数据终端 A 中具有根据每个分组中加入的序号控制信息进行正确的重组还原的能力，从而可以正确完成三个数据包按顺序接收。

2.3.2　通信网的传输技术

传输设备是通信网的三大构成要素之一，传输技术是指为各类业务网提供信息传送手段的各种实现技术。实现传输的传输网是通信网不可或缺的基础设施，它负责将通信网中的各类交换机、路由器、各种网络终端等大量的业务节点连接起来，提供任意两点之间信息的透明传输，同时完成带宽的调度管理、链路故障的自动切换保护等功能。传送网涉及的技术包含传输介质、复用体制、传输组网、管理维护等方面的内容。这将在第 3 章详细介绍。

2.3.3　通信网的接入技术

接入技术也称为接入网技术。随着各种通信业务的迅速发展，通信用户不仅需要进行电话业务，还需要传输计算机数据、传真、电子邮件、图像、有线电视等多媒体服务。实现将多种业务综合传送给用户的方法就是建设宽带用户接入网。接入网解决的是从通信网的核心网节点到单位、小区直至每个家庭用户的接入问题，也称为通信网的"最后一千米"问题，此处也正是通信用户感受最直接的地方。

1．接入网的概念

接入网(AN)又称为用户接入网，是指核心网络到用户终端之间的所有设备，位于通信网的末端，其长度一般为几百米到几千米，因而被形象地称为信息高速公路的"最后一千米"。

接入网在通信网中的位置如图 2.25 所示。

图 2.25　接入网的在通信网中的位置

在图 2.25 中，CPE 为用户驻地设备，通常就是用户终端；UNI 称为用户网络接口，SNI 称为业务节点接口。根据国际电信联盟关于接入网框架建议(G.902)，接入网是在业务节点接口与用户网络接口之间的一系列为传送实体提供所需传送能力的实施系统，可经由标准化的管理接口(Q3)配置并管理。

接入网部分包含用户线传输系统、复用设备、数字交叉连接设备和用户网络接口设备等。其主要功能包括交叉连接、复用、传输等，它们一般为独立于核心网的设备，不包括交换功能以及信令的处理功能。

2．接入网的种类

目前，用户接入网采用的技术众多，归纳起来，主要接入技术可分为有线接入网技术和无线接入网技术两大基本类型，并且在此基础上还可以细分。接入网的基本分类如图 2.26 所示。

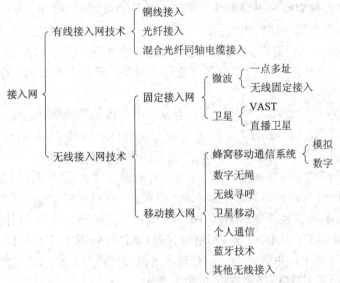

图 2.26　接入网的基本分类

3．常用接入技术

1) 有线接入网技术

有线接入网技术主要包括铜线接入、光纤接入以及混合光纤同轴电缆接入等几种方式。

(1) 铜线接入。铜线接入是 20 世纪 80 年代的主要接入方式，因其采用金属铜作为导体而得名，也因此使线路成本偏高。较为典型的接入技术是：通过采用数字信号处理技术来提高双绞铜线的传输容量，并提供多种业务的 ADSL(非对称数字用户线)和 VDSL(甚高速数字用户线)接入技术。

ADSL 是一种非对称宽带接入方式，它在 20 世纪 90 年代到 21 世纪 00 年代广泛被电信运营商所采用，成为家庭宽带用户接入的主流技术。ADSL 的上、下行速率是非对称的，可为用户提供较高的下行速率(最高可达 8 Mb/s)和较低的上行速率(640 kb/s)，其传输距离为 3～6 km，因此非常适合用作家庭和个人用户的互联网接入。这种宽带接入技术与LAN(局域网)接入方式相比，由于充分利用了现有的电话用户线所使用的铜线资源，使运营商不需要重新铺设线缆，节约了大量投资而受到运营商青睐，从而被广泛采用。

VDSL 是在 ADSL 基础上的改进技术，也是一种非对称的数字用户环路，能够实现更高速率的接入。其上行速率最高可达 6.4 Mb/s，下行速率最高可达 55 Mb/s，但传输距离较短，一般为 0.3～1.5 km。由于 VDSL 的传输距离较短，因此特别适合于光纤接入网中与用户相连接的"最后一公里"。因为有较宽的带宽，所以 VDSL 可同时传输多种宽带业务，如高清晰度电视(HDTV)、高清晰度图像以及可视化计算等。

(2) 光纤接入。光纤接入是指局端与用户之间完全以光纤作为传输媒质来实现用户信息传送的方式。20 世纪 90 年代，运营商加快了"光进铜退"的进程，光纤距用户端越来越近，在"智能化小区"的概念中，光纤到户成为考查的重要指标，甚至有"光缆到桌面 (FTTD)"的需求。

根据光网络单元(ONU)放置的位置不同，光纤接入方式可分为光纤到路边(FTTC)、光纤到大楼(FTTB)、光纤到用户(FTTH)或光纤到办公室(FTTO)等形式。

FTTC：主要为住宅用户提供服务，光网络单元(ONU)设置在用户住宅附近的路边，从 ONU 出来的电信号再采用同轴电缆传送视频业务，用双绞线传送电话业务到各个用户。

FTTB：它的 ONU 设置在大楼内的配线箱处，主要用于综合大楼、远程医疗、教育及大型娱乐场所，为大中型企事业单位及商业用户服务，提供高速数据、电子商务视图文等宽带业务。

FTTH：将 ONU 设置在用户住宅内，为家庭用户提供各种综合宽带业务。FTTH 是光纤接入网的最终目标，每用户都需一对光纤和专用的 ONU，因而成本较高，目前城市中的绝大多数小区均已实现 FTTH。该项工程改造正在逐步向农村延伸。

(3) 混合光纤同轴电缆接入(HFC)。混合光纤同轴电缆也是宽带传输的一种传输介质，它是采用光纤和同轴电缆混合组成的接入网。目前，CATV(有线电视，为 $75\ \Omega$ 的同轴电缆，也称为 CATV 电缆)网就是典型的 HFC 网络。其主干部分采用光纤，用同轴电缆经分支器接入用户家中。HFC 的一大优点是可利用现有的 CATV 网，从而大大降低了网络接入成本。在原有 CATV 的基础上，以光纤为主干传输，经同轴电缆分配给用户的混合光纤同轴电缆接入，目前广泛用于 HDTV(高清电视)的信号传输。

2) 无线接入网技术

无线接入网技术是指从交换节点到用户终端部分或全部采用无线手段的接入技术，如利用卫星、微波等传输手段向用户提供各种业务的一种接入技术。典型的无线接入系统主要由控制器、操作维护中心、基站、固定用户单元和移动终端几个部分组成。无线接入系统具有建网费用低、扩容可按需而定、运行成本低等优点，所以在发达地区可以作为有线网络的补充，能迅速及时替代有故障的有线系统或提供短期临时业务；在发展中或边远地区可广泛替换有线用户环路，节省时间和投资。无线接入技术的发展经历了从模拟到数字、从低频到高频、从窄带到宽带的发展历程，其种类众多，应用形式各异。以下简要介绍几种典型的无线接入网技术。

(1) 无线局域网(WLAN)。无线局域网指应用无线通信技术将计算机终端互联起来，构成可以通信和实现资源共享的网络体系。它具有不受电缆束缚，能解决因有线网布线困难等带来的问题，并且组网灵活，扩容方便，与多种网络标准兼容，应用广泛等优点。WLAN 既可满足各类便携机的入网要求，也可实现计算机局域网远端接入、图文传真、电子邮件等多种功能，目前主要使用 2.4 GHz 频段和 5 GHz 频段，传输速率可达 600 Mb/s(理论值)。无线局域网由于可移动及高速的数据传输，目前广泛地应用于餐饮及零售、医疗、企业、监视系统、大楼之间、仓储管理、货柜集散场以及临时性的展示会场等应用场景。

(2) 蓝牙技术。蓝牙的英文名称为"Bluetooth"，是一种无线数据和语音通信开放的全球协议规范，是固定和移动设备建立通信环境的一种特殊的低成本、近距离(一般 10m 内)无线连接技术。蓝牙使今天的一些便携移动设备和计算机设备能够不需要电缆就连接到互联网，有效地简化了移动通信终端设备之间的通信。

通过这种协议，能使包括移动电话、PDA、无线耳机、掌上电脑、笔记本电脑、相关外设和家庭 Hub 等包括家庭 RF 的众多设备之间进行信息交换、数据共享、因特网接入、无线免提、同步资料、影像传递等。

蓝牙的基本通信速度为 750 kb/s，但 4 Mb/s IR 端口的产品已经非常普遍，而且 16 Mb/s 的扩展也已经被批准，从而使数据传输变得更加迅速高效，提供了在各种设备间方便快捷、灵活安全、低成本、低功耗的数据通信和语音通信手段。它正作为一种新兴的短距离无线通信技术，有力地推动着低速率无线个人区域网络的发展，成为无线个人区域网通信的主流技术之一。

(3) 无线光接入系统(FSO)。无线光接入系统是光通信与无线通信的结合，通过大气而不是光纤来传输光信号。这一技术既可以提供类似光纤的速率，又不需要频谱这样的稀有资源。其主要特点：传输速率高，从 2～622 Mb/s 的高速数据传输；传输距离为 200 m～6 km 的范围；由于工作在红外光波段，对其他传输系统不会产生干扰，安全性强；信号发射和接收通过光仪器，无需天馈线系统，设备体积较小。

(4) 蜂窝移动通信系统。尽管有多种无线接入方式，但由蜂窝移动通信系统提供的无线接入方式仍然毫无悬念地成为目前最受用户青睐的一种方式。目前，蜂窝组网全球无缝覆盖的特点，确保了任何人可在任何时候、任何地方与任何人进行任何形式的通信(通信的目标：5W(Whoever、Wherever、Whenever、Whomever、Whatever)。更详细的关于蜂窝移动通信网知识，我们将在后续章节中进行介绍。

2.3.4 通信网的支撑技术

一个完整的通信网络除了应有传递与交换各种消息信号的业务网络之外，还需要有若干个起支撑作用的支撑网络，以确保业务网络最佳运行。通信支撑网络和网络管理手段是否可靠高效，已经成为衡量现代通信网性能的十分重要的条件。现代通信网包含三个最基本的支撑网，即信令网、数字同步网和电信管理网。

1. 信令网

在现代通信网中，完成通信用户的接续需要有一套完整的控制信号和操作程序，用以产生、发送和接收这些控制信号的硬件及相应执行控制、操作等程序的全部软、硬件部件称为现代通信网的信令系统。

按信令的工作区域的不同，信令可分为用户线信令和局间信令。用户线信令是用户和交换机之间的信令，在用户线上传输；局间信令是交换机之间的信令，在中继线上传输。按其传输技术不同，信令又可分为随路信令方式和公共信道信令方式两种。随路信令方式因其效率低，传送速度慢已完全被公共信道信令方式所取代。公共信道信令方式是将信令通路与话音通路分开，将若干条电路的信令集中在一条或几条专用于传送信令的通道上传送。这些信令通道就叫作信令信道，其在通信网中构成专用于传输与处理信令的链路，并和设备构成了独立于通信业务网络的信令网络。7 号信令是一种典型的局间公共信道信令方式。

7 号信令方式用于在 PSTN 中的程控交换机之间传送通话所需的信令信息。因此，在传送语音信息的电话网之外还存在一个独立的 7 号信令网。随着现代通信网络业务的不断拓展，作为国际性的标准化通用公共信道信令方式，7 号信令网也在不断地完善自身的功能，除了传送 PSTN 电话的呼叫控制等电话信令之外，还可支持综合业务数字网的局间信令、智能网业务和移动通信业务相关的信令、其他如网络管理和维护等方面的信令等。

7 号信令系统的功能分为消息传递部分(MTP)和用户部分(UP)。

消息传递部分(MTP)的基本功能是将用户发出的消息信令单元正确地发送到用户指定的目的信令点的指定用户，即完成 7 号信令消息的准确可靠的传送任务。为此，该部分分成三级来实现，即 MTP-1、MTP-2 和 MTP-3。MTP-1：信令数据链路功能。它规定了信令链路的物理电气特性及接入方法，提供全双工的双向信令传输通道。在采用 PCM 数字传输信道时，每个方向的传输速率可以是 64 kb/s 或者 2 Mb/s。MTP-2：信令链路功能。其基本功能是将第一级中透明传输的比特流划分为不同长度的信令单元(SU)，并通过差错检测及重发校正的纠错方法确保信令单元的正确传输。MTP-3：信令网功能。它由两部分功能组成，即信令消息处理和信令网管理。信令消息处理的功能是根据信令单元中的地址信息，将信令单元送至指定的目的信令点的相应用户部分。而信令网管理功能则是对每条信令路由及信令链路的状态进行监视。当发现故障时，则会根据信令网的状态数据和信息控制信令路由和信令网的结构，完成信令网的重新组合，从而恢复信令消息的正常传递。

用户部分(UP)的基本功能是将业务处理所需要传递的控制信息，采用特定的格式表征，然后利用 MTP 功能实现正确传输。由于通信网中存在大量的不同业务，因此用户部分也存在多种不同的信令协议。例如：综合业务数字网用户部分(ISUP)用于处理 ISDN 中的呼叫控制信令消息；移动应用部分(MAP)用于在数字蜂窝网络中传输移动性相关的控制信息。

7 号信令系统的功能实现，可以十分形象地理解为日常生活中的邮局为用户传递邮件的过程，如图 2.27 所示。

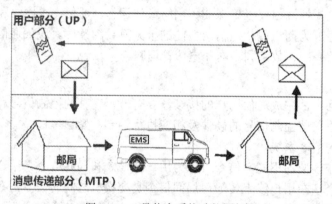

用户部分（UP）

邮局   邮局

消息传递部分（MTP）

图 2.27　7 号信令系统功能图解

由图 2.27 可见，MTP 的功能等同于邮局，即确保邮件能够按照发信人所提供的地址准确无误地送达收信人；而 UP 的功能则是按照一定的语言和格式完成所需要传递信息的正确表达与编写，然后交给发送端邮局(即发送端信令设备的 MTP 功能)完成传递，在接收端邮局(即接收端信令设备的 MTP 功能)再根据邮件地址送达正确的收件人。本案例中的邮件内容就等同于通信设备之间所要传送的各种业务控制信息(即信令)。

7 号信令网由信令点(SP)、信令转接点(STP)以及连接它们的信令链路所组成。SP 是信令消息的源点和目的地点，它可以是各种交换局、数据库等，也可以是各种特服中心，如运行、管理、维护中心等。STP 是将一条信令链路上的信令消息转发至另一条信令链路的信令转接中心，又可分为独立信令转接点(只具有信令消息转接功能的信令转接点)和混合信令转接点(既具有信令点功能又具有信令转接点功能)。信令链路是专门用于在信令点之间传输信令信息的数据通信通路。一条信令链路可传送几百条甚至几千条话音电路的信令信息。所以，7 号信令具有极高的传输效率。

2．数字同步网

同步是指信号之间的频率或相位保持某种严格的关系，即在相对应的有效瞬间内以相同的平均速率出现。在数字通信网中，传输链路和交换节点上流通和处理的都是数字信号的比特流，都具有特定的比特率。为实现链路之间以及链路与交换节点之间的连接，最重要的是使它们具有相同的时钟频率，所以，数字网同步就是使数字网中各数字设备内的时钟源相互同步。

数字同步网是现代通信网一个必不可少的重要组成部分。它能实现准确地将同步信息从基准时钟向同步网各同步节点传递的功能，即通过调节网中的时钟以建立并保持同步，从而满足电信网传递业务信息所需的传输和交换性能要求。数字同步网由各节点时钟和传递同步定时信号的同步链路构成。数字同步网的基本功能是准确地将同步信息从基准时钟向同步网的各下级或同级节点传递，从而建立并保持同步。它是开放数据业务和信息服务业务的基础。

数字同步网的同步实现方式主要有准同步方式、主从同步方式和互同步方式三种。

(1) 准同步方式。准同步方式实为不同步方式。在此方式下，各局都具有独立的时钟，且互不控制，没有任何同步的机制，为了确保两个节点之间的时钟偏差在允许的误差范围内，通常要求各节点都采用高精度和高稳定度的时钟，例如铯原子钟。准同步方式常用于相互不愿意受到对方制约的国际节点之间。

(2) 主从同步方式。主从同步方式是指在网内某一主交换局(通常是等级较高的如国际局、长途交换局等)设置高精度时钟源，并以此作为主基准时钟频率来控制其他各局从时钟的频率，也就是数字网中的同步节点和数字传输设备的时钟都受控于主基准同步信息。主从同步方式与电话网的等级制结构相适应，很容易形成一个全同步网。由于从节点的时钟跟踪基准时钟状态，因而从节点的压控振荡器可使用精度较低的振荡器，使从节点的时钟系统成本降低。此方式目前是国内数字通信网的常见同步方式。

(3) 互同步方式。互同步方式指网内各局都设置自己的时钟，在网内各局相互连接时，它们的时钟是相互影响、相互控制的，各局设置多输入端加权控制的锁相环电路，在各局时钟的相互控制下，如果网络参数选择适当，则全网的时钟频率可以达到一个统一的稳定频率，从而实现网内时钟的同步。此方式由于需要各个节点彼此相互同步，会导致同步过程复杂，因此仅适合于小型网络。现代通信网很少使用互同步方式。

3．电信管理网

现代通信网目前正处在迅速发展的过程中，网络的类型、网络提供的业务不断地增加和更新。归纳起来，电信网的发展具有网络的规模越来越大，网络的结构越来越复杂而形成了一种复合结构，各种提供新业务的网络发展迅速以及在同一类型的网络上存在着由不同厂商提供的多种类型的设备等特点。

电信管理网(TMN)是对各类型电信网的运行实现集中监控、实时调度的自动化管理手段。TMN 从三个方面定界电信网络的管理，即管理业务、管理功能和管理层次。图 2.28 为 TMN 的功能示意图。

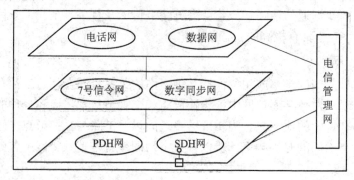

图 2.28   电信管理网(TMN)

TMN 采用分层管理的概念，将通信网络的管理划分为四个管理层次，即事务管理层、业务管理层、网络管理层和网元管理层。

从网络经营和管理角度出发，为支持通信网络的操作维护和业务管理，TMN 定义了多种管理业务，包括性能管理、故障管理、配置管理、计费管理、安全管理、用户管理、用户接入网管理、交换网管理、传输网管理和信令网管理等。

2.4   通信网的发展

1. 通信网的发展历程

1) 有线通信的发展

通信网的起源与发展始于现代通信的发展。1837 年，美国人莫尔斯发明了电报机，标志着通信方式由原始的利用烽火、击鼓、旗语等作为表现信息和传递信息的手段的古代通信，进入到了近代通信阶段。1857 年，横跨大西洋海底电报电缆完成。但是电报只能传达简单的信息，且操作需要专业人员完成。直到 1875 年，贝尔发明了史上第一部电话机，才真正开启了普通用户使用现代通信手段的大门。之后的近百年间，有线通信方式逐渐发展与普及，固定电话成为千家万户离不开的主要通信方式，固定电话网也被视作现代通信中发展最快，普及率最高的标志性网络。而且，其中的按用户需求进行通话连接的关键设备交换机也经历了人工交换机、机电式交换机、数字程控交换机到软交换机等几个不同的典型发展阶段。

2) 无线通信的发展

俄国人波波夫和意大利人马可尼在 1895 年成功研制了无线电接收机，奠定了无线通信发展的基础。仅仅在两年后的 1897 年，马可尼就在一个固定站和一艘拖船之间完成了移动状态下进行无线电通信的实验，这一年也被称为移动通信的元年。可以说，移动通信几乎伴随着无线通信的出现而诞生，也由此揭开了移动通信辉煌发展的序幕。之后的一个多世纪的时间里，移动通信经历了从专用移动通信系统到公用移动通信系统；从小容量大区制组网、人工接续系统到大容量小区制蜂窝组网、自动接续系统发展的过程。尤其是在进入 21 世纪以后，移动通信与数据通信技术紧密结合，开启了方便快捷的移动互联网的新时代。

在移动通信技术发展的同时，其他的无线通信技术，如广播通信、微波通信以及卫星通信技术等也相继得到了广泛的应用和发展。

3) 数据通信的发展

1955 年，美国为了大战的需要，开发了第一台军用电子计算机。当计算机并非单机运行，而是彼此之间需要进行数据互传时，数据通信就开始了。1969 年，冷战时期的美国又为防备对手苏联的攻击，建立了阿帕网(ARPANET)以预防遭受攻击时通信的中断。1983 年，美国国防部将阿帕网分为军网和民网，进而渐渐扩大为今天无处不在的互联网(Internet)。互联网又称为国际网络，是指数据网络与数据网络之间所串联而成的遍及全球的庞大网络，这些网络以一组通用的协议相连，形成逻辑上的单一巨大国际网络。1993 年，美国宣布兴建信息高速公路计划，整合电脑、电话、电视媒体等形形色色的通信终端，使传统的固定电话网络、蜂窝移动通信网络与互联网日益紧密地联系在一起。据中国互联网络信息中心发布：截至 2020 年 12 月中国网民规模达 9.89 亿，互联网普及率达到 70.4%。

2. 通信网的发展趋势

现代通信网无论从业务提供还是技术发展来看，始终处于不断完善与发展演进之中。当前，用户的需求已从单一的语音业务向个性化、多样化、专业化和体验化的信息服务发展。就目前发展的热点趋势来看，移动互联网无疑是未来通信网络发展的最强劲的驱动力。与此同时，现代通信网络也将向着全 IP 化、宽带化、移动化、融合化的趋势飞速发展。

思　考　题

1. 通信的概念？通信与电信有什么关系？

2. 什么是数字信号？它有哪些典型特点？

3. 试解释通信系统和通信网。两者有什么关系？

4. 试画出数字通信系统的典型结构并解释各部分的基本功能。

5. 构成通信网的三大要素是什么？各自的主要功能是什么？请分别列举出你所知道的各大要素的具体实现技术 1、2 例。

6. 通信网有哪些典型分类与拓扑结构？

7. 通信网有哪些典型的基本实现技术？请解释各自的基本实现原理。

8. 什么是电路交换？什么是分组交换？两者最大的区别是什么？目前的通信网络最常用的是哪种交换方式？为什么？

9. 什么是接入网？它主要解决什么问题？试列举 3~5 种不同的接入网技术，并说明其基本原理。

10. 通信网的支撑技术主要有哪些？各自实现什么功能？通信网实现时能否不考虑此部分？

第3章　传　送　网

传送网是整个通信网络中的基础网络，是各类业务网络的承载网，发挥的作用是传送各个业务网络的信号，使每个业务网络的不同节点、不同业务网之间互相连接在一起，形成一个四通八达的网络，为用户提供各种业务。可以说，没有传送网就无法构成电信网，传送网的稳定程度、质量优劣直接影响到电信网的总体实力。

通过第 2 章内容的学习，我们已经了解传送网在整个电信网中所处的位置。本章主要介绍常用的传送网技术，即 SDH/MSTP、WDM、OTN 以及 PTN 技术。

3.1　传送网的概念

3.1.1　传送网的定义

传送网又称为通信基础网，为了便于理解，当今的通信基础网我们可以看成是一个以光纤传输为主，微波接力、卫星传输为辅的传输网络。在这个传输网络的基础上，根据业务节点设备类型的不同，可以构建不同类型的业务网。通信基础网的带宽正在不断拓宽，它将逐步成为未来宽带通信的传输平台。这里主要从传输介质展开，介绍传送网的概念。

在第 2 章中已经提到，信息的传输需要物理媒介，通常将这种物理媒介称为传输介质。传输介质分为有线和无线两大类。在有线介质中，电磁波信号在某种有形的传输线上传输，目前常用的有线介质有双绞线、同轴电缆和光纤；在无线介质中，电磁波信号在自由空间中传输，无线传输常用的电磁波段主要有无线电、微波、红外线等。目前，传送网中的传输介质以有线传输为主，无线传输为辅，这里主要介绍常用的有线传输介质。

不同传输介质的传输特性是不一样的，需根据工程的实际应用需求(比如传输距离、传输速率、价格)进行合理选择。

1. 双绞线

双绞线是目前局域网最常用的一种电缆，它是由若干对且每对有两条相互绝缘的铜导线按一定规则绞合而成(信息就是在这两根铜线中传送的)，如图 3.1 所示。采用这种绞合结构是为了减少对邻近线对的电磁干扰。为了进一步提高双绞线的抗电磁干扰能力，还可以在双绞线的外层再加上一个由金属丝编织而成的屏蔽层。双绞线既可用于模拟信号传输，也可用于数字信号传输，导线越粗，通信距离越远，但价格也越高。由于双绞线的性能价格比其他传输介质要好，因此使用十分广泛。根据有无屏蔽层，双绞线可分为屏蔽双绞线(Shielded Twisted Pair，STP)与非屏蔽双绞线(Unshielded Twisted Pair，UTP)。

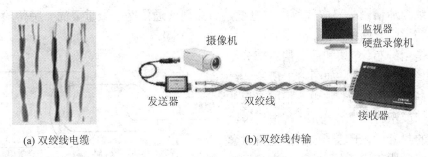

(a) 双绞线电缆   (b) 双绞线传输

图 3.1　双绞线示意图

2．同轴电缆

同轴电缆由内导体、外导体、内外导体之间的绝缘介质和外护层四部分组成(信息主要在内导体中传送)，如图 3.2 所示。内导体为铜线，外导体为铜管或网。在内、外导体间可以填充塑料作为电介质，或者用空气作为介质但同时有塑料支架用于连接和固定内、外导体。由于外导体通常接地，因此它同时能够很好地起到屏蔽作用。电磁场封闭在内、外导体之间，故辐射损耗小，受外界干扰影响小。

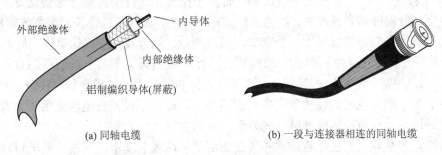

(a) 同轴电缆   (b) 一段与连接器相连的同轴电缆

图 3.2　同轴电缆

同轴电缆的这种结构使其具有高带宽和较好的抗干扰特性，并且可在共享通信线路上支持更多的点。按特性阻抗数值的不同，同轴电缆又分为两种：一种是 50 Ω 的基带同轴电缆，另一种是 75 Ω 的宽带同轴电缆。

(1) 基带同轴电缆。一条基带同轴电缆只支持一个信道，传输带宽为 1～20 Mb/s。它能够以 10 Mb/s 的速率把基带数字信号传输 1～1.2 km。所谓基带数字信号传输，是指按数字信号位流形式进行的传输，无需任何调制。它是局域网中广泛使用的一种信号传输技术。

(2) 宽带同轴电缆。宽带同轴电缆支持的带宽为 300～450 MHz，可用于宽带数据信号的传输，传输距离可达 100 km。所谓宽带数据信号传输，是指可利用多路复用技术在宽带介质上进行多路数据信号的传输。它既能传输数字信号，也能传输诸如话音、视频等模拟信号，是综合服务宽带网的一种理想介质。

3．光纤

金属电缆具有使用方便、价格便宜、寿命长、技术成熟等优点，主要应用于速率较低的短距离信息传输(局域网、用户接入网、用户线和一些专用网)，但也具有传输衰耗较大、容易受噪声干扰影响等缺点。华裔科学家高锟首先提出了光纤可以用于通信的设想，并因此获得了 2009 年诺贝尔物理学奖。光纤具有重量轻、传输容量大、频带宽、抗干扰能力强等优点，现今通信网中已取代原用的电缆，成为现代通信网中最重要的一种传输介质，我国已基本实现全光网络组网。

光纤是由纤芯、包层和涂覆层三部分组成(信息在纤芯中传送)，如图 3.3 所示。纤芯是光纤最中心的部分，它由一根或多根非常细的玻璃或塑料纤维线构成，每根纤维线都有自己的封套。由于这一玻璃或塑料封套涂层的折射率比芯线低，因此可使光波保持在芯线内。环绕一束或多束有封套纤维的外套由若干塑料或其他材料层构成，以防止外

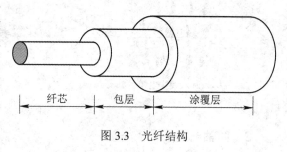

图 3.3 光纤结构

部的潮湿气体侵入，并可防止磨损或挤压等伤害。

根据光纤传输数据模式的不同，光纤可分为多模光纤和单模光纤两种。所谓传输模式，是指光波中光纤的波型，每个模式对应于一种光波波型，不同传输模式具有不同的传输特性参数。

(1) 多模光纤。在一定的工作波长下，有多个模式在光纤中传输，这种光纤称为多模光纤。多模光纤的纤芯直径较大，约为 50～80 μm。由于其纤芯直径较大加之传输模式多，因此使得多模光纤的传输衰耗大、带宽窄，但其制造、耦合及连接都比单模光纤容易。

(2) 单模光纤。光纤中只传输一种模式，叫作单模光纤。单模光纤的纤芯直径较小，为 4～10 μm。通常，纤芯的折射率被认为是均匀分布的。由于单模光纤只传输一种模式，从而完全避免了模式色散，使传输带宽大大增加，因此，单模光纤通常适用于大容量、长距离的光纤通信。目前，单模光纤已成为通信网的主导光纤。

需要注意的是，人们往往将传输和传送相混淆，两者的基本区别是描述的对象不同，即传送是从信息、传递的功能过程来描述，而传输是从信息信号通过具体物理媒质传输的物理过程来描述。传送网主要指逻辑功能意义上的网络，即网络的逻辑功能的集合，而传输网具体是指实际设备组成的网络。在不会发生误解的情况下，传输网(或传送网)也可以泛指全部实体网和逻辑网。

3.1.2 传输网的分层

按照建设及维护模式(或按照覆盖范围)，传输网可以分为省际干线(一级干线)、省内干线(二级干线)和本地传输网三个层面。图 3.4 给出了我国传输网组网示意图。

最高层面为省际干线，用于连接各省的通信网元(比如北京到成都的干线)，主要是在省会城市及业务量较大的汇接节点城市装有相应的传输设备，形成一个以网型结构为主的大容量、高可靠的国家骨干网，以大颗粒业务传送为主。

第二层面为省内干线，用于完成省内各地市间业务网元的连接，传输各地市间业务及出省业务(比如西安到洛阳的干线)，形成一个以网型+环型为主的骨干网结构，以大颗粒业务传送为主，小颗粒业务传送为辅。

第三层面为本地传输网，是以城市为范围组织的网络，用于本地网内各类业务接入、传送承载的基础网络，主要目的是完成城市区域内的电路业务的传送(比如成都)，形成一

个以环型+链型为主的网络结构，以小颗粒业务传送为主。

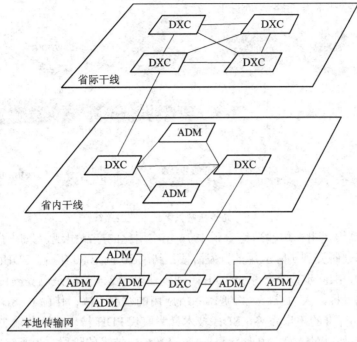

图 3.4　我国传输网组网示意图

3.1.3　传送网和业务网的关系

　　传送网是给业务网服务的。例如：业务网 A 点到 B 点需要一个 100 MB 带宽，传送网分别在 A 点、B 点和业务对接，线路侧再分配给这条业务 100 MB 带宽，业务配置好之后这 100 MB 就传过去了，传输永远在最下层，就是跑腿的。而在传送网内部，传输系统(设备)在上层，光缆在下层，传输系统建立在光缆的基础上，光缆为传输系统服务。

　　为了便于理解传送网和业务网二者之间的关系，这里我们可以把业务网想象成是老板层面，把传输系统想象成是秘书层面，把光缆等物理媒质想象成是快递层面。老板不管秘书怎样将合同送达，他只提要求，合同要在明天上午十点之前送达。相应地，业务网也不关心传送网是怎样组网、怎样保护、怎样管理，它只提要求，比如业务的开通时间要求、起止站点、电路带宽、最大时延等，而各种传输技术的演进、发展也都是为了满足业务的需求，去提高传送网的各方面性能。

3.2　基于 SDH 的传输系统

3.2.1　SDH 技术概述

1. 光传送网的发展历程

3.1 节已经阐述了传送网的概念及重要性,伴随着不断增加的容量需求和业务多样化需求，光传送网技术得到了快速发展，现代电信网络结构的传送网部分主要是以光传送网为主。光传送网关键技术发展路线如图 3.5 所示。

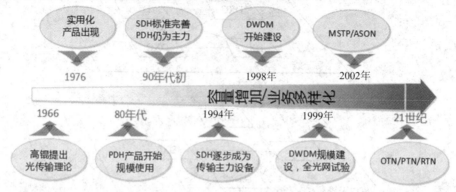

图 3.5   光传送网关键技术发展路线

从 1966 年高锟提出光传输理论，到 1976 年实用化的产品出现，只用了十年时间，这期间是光纤从基础研究到实际应用的开发阶段；到了 20 世纪 80 年代，PDH(Plesiochronous Digital Hierarchy，准同步数字体系)产品开始规模使用，这一阶段是以提高传输速率和增加传输距离为研究目标，大力推广光纤通信系统应用的发展阶段；伴随着 SDH(Synchronous Digital Hierarchy)标准的逐步完善，SDH 技术最终取代 PDH 技术成为传输主力设备，这一阶段是以超大容量、超长距离为研究目标，研究光纤新技术的阶段；为了解决 SDH 系统容量难以进一步提升的瓶颈问题，1999 年 DWDM(Dense Wavelength Division Multiplexing)技术出现，并开始逐步组建全光试验网；2002 年，MSTP/ASON(Multi- Service Transport Platform/Automatically Switched Optical Network)技术的出现使整个光网络变得更加灵活智能；进入 21 世纪以后，伴随着 OTN(Optical Transport Network)、PTN(Packet Transport Network)技术的出现，光传送网正在朝着超高速率、超大容量、超长距离的方向快速演进。

2．SDH 的发展背景

数字传输体制有两种，即 PDH 和 SDH。PDH 早在 1976 年就实现了标准化，在 1990 年以前一直沿用 PDH 体制。随着通信网的发展和用户的需求，基于点对点传输的 PDH 暴露出一些固有的、难以克服的弱点，已经不能满足大容量、高速传输的要求。为了适应现代通信网的发展，产生了高速大容量光纤技术和智能网技术相结合的新体制——SDH。

3．SDH 的定义

SDH 是一个将复接、线路传输及交换功能融为一体的、并由统一网管系统操作的综合信息传送网络，可实现诸如网络的有效管理、开通业务时的性能监视、动态网络维护、不同供应厂商之间的互通等多项功能。它大大提高了网络资源利用率，并显著降低管理和维护费用，实现了灵活、可靠和高效的网络运行与维护，因而在现代信息传输网络中占据重要地位。

SDH 网络现在承载了 2G/3G 移动业务、IP 业务、ATM 业务、远程控制、视频、固话语音等业务，广泛应用于通信运营商、电力、石油、高速公路、金融、家庭、事业单位等。随着 SDH 接入的业务类型不断丰富，SDH 产品也不断更新，最终形成了以 SDH 为内核的 MSTP 产品系列。

4．SDH 的特点

SDH 的核心理念是要从统一的国家电信网和国际互通的高度来组建数字通信网。它是构成综合业务数字网(ISDN)，特别是宽带综合业务数字网(B-ISDN)的重要组成部分。

1) SDH 的优势

SDH 的优势主要体现在以下几个方面：

(1) SDH 有全世界统一的网络节点接口(NNI)，包括统一的数字速率等级、帧结构、复接方法、线路接口、监控管理等，实现了数字传输体制上的世界标准及多厂家设备的横向兼容。

(2) SDH 采用标准化的信息结构等级，其基本模块是速率为 155.520 Mb/s 的同步传输模块(记作 STM-1)。更高速率的同步数字信号，如 STM-4、STM-16、STM-64 可简单地将 STM-1 进行字节间插同步复接而成，大大简化了复接和分接。

(3) SDH 的帧结构中安排了丰富的开销比特，使网络的管理和维护功能大大加强，而且适应将来 B-ISDN 的要求。

(4) SDH 采用同步复用方式和灵活的复用映射结构，利用设置指针的办法，可以在任意时刻，在总的复接码流中确定任意支路字节的位置，从而可以从高速信号一次直接插入或取出低速支路信号，使上下业务十分容易。

(5) SDH 确定了统一的网络部件。这些部件是 TM、ADM、REG 和 DXC，它们都有世界统一的标准。此外，由于用一个光接口代替大量的电接口，因此可以直接经光接口通过中间节点，省去大量电路单元。

(6) SDH 对网管设备的接口进行了规范，使不同厂家的网管系统互联成为可能。这种网管不仅简单而且几乎是实时的，因此降低了网管费用，提高了网络的效率、灵活性和可靠性。

(7) SDH 与 PDH 完全兼容，体现了后向兼容性。同时 SDH 还能容纳各种新的业务信号，如高速局域网的光纤分布式数据接口(FDDI)信号，异步传递模式(ATM)信元，体现了完全的前向兼容性。

2) SDH 的不足

SDH 体系并非完美无缺，其不足主要表现在以下几个方面：

(1) 频带利用率低。SDH 为了得到丰富的开销功能，使得频带利用率不如传统的 PDH 系统高。

(2) 抖动性能劣化。引入了指针调整技术，使抖动性能劣化，必须采取有效的相位平滑等措施才能满足抖动和漂移性能的要求。

(3) 定时信息传送困难。分插、重选路由及指针调整导致定时信息传递困难。

(4) IP 业务对 SDH 传送网结构的影响。当网络 IP 业务量越来越大时，将会出现业务量向骨干网的转移、收发数据的不对称性、网络 IP 业务量大小的不可预测性等特征，对底层的 SDH 传送网结构会产生较大的影响。

5．SDH 的速率

SDH 采用一套标准化的信息结构等级，称为同步传送模块 STM-$N(N=1, 4, 16, 64, \cdots)$，其中最基本的同步传输模块是 STM-1，其速率为 155.520 Mb/s。更高等级的 STM-N 信号是将 STM-1 经字节间插同步复接而成，其中 N 是正整数。SDH 速率等级如表 3.1 所示。

表 3.1 SDH 速率等级

等级	标准速率/(Mb/s)	工程简记
STM-l	155.520	155 Mb/s
STM-4	622.080	622 Mb/s
STM-16	2488.320	2.5 Gb/s
STM-64	9953.280	10 Gb/s
STM-256	39813.320	40 Gb/s

3.2.2 SDH 传送网的分层模型

如前所述，传送网的作用是将业务节点互联在一起，使它们之间可以相互交换业务信息，以构成相应的业务网。然而，对于现代高速、大容量的骨干传送网来说，仅仅在业务节点间提供链路组是远远不够的，健壮性、灵活性、可升级性和经济性是其必须满足的特性。为实现上述目标，SDH 传送网在垂直方向分解成三个独立的层，即电路层(对应 OSI 的链路层和网络层)，通道层和传输媒质层(这两层对应 OSI 的物理层)，如图 3.6 所示。

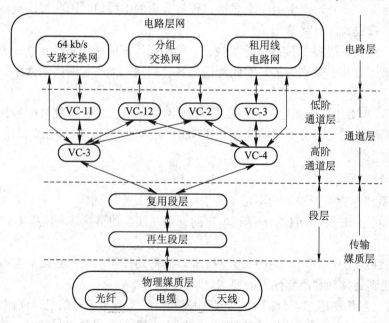

图 3.6 SDH 传送网分层模型

1. 电路层网络

电路层网络直接为用户提供通信业务，例如电路交换业务、分组交换业务、IP 业务、租用线业务等。根据提供的业务不同可以区分不同的电路层网络。

电路层网络的主要节点设备包括用于交换各种业务的交换机，用于租用线业务的交叉连接设备以及 IP 路由器等。

2．通道层网络

通道层网络支持一个或多个电路层网络，为电路层网络节点(如交换机)提供透明的传送通道。VC-12(VC，虚容器)可以看作电路层网络节点间通道的基本传送单位，VC-3/VC-4可以作为局间通道的基本传送单位。通道的建立由 ADM 或 DXC 负责，可提供较长的保持时间。根据业务需求的不同，通道层网络又可进一步划分为低阶通道层网络(VC-12)和高阶通道层网络(VC-3/VC-4)。

3．传输媒质层网络

传输媒质层网络支持一个或多个通道层网络，为通道层网络节点(如 DXC、ADM)间提供合适的通道容量。STM-N 是传输媒质层网络的标准等级容量。

传输媒质层又可进一步分成段层和物理媒质层。

(1) 段层。段层主要负责通道层任意两节点之间信息传递的完整性，可分为复用段层网络和再生段层网络。其中，复用段层网络用于复用段终端之间的端到端信息传送；再生段层网络用于传递再生中继器之间及再生中继器与复用段终端之间的信息。

(2) 物理媒质层。物理媒质层涉及支持网络连接的光纤、金属线对或无线信道等传输介质，以光/电脉冲形式完成比特传送功能。

SDH 从 E1 组成封装到 STM-N，依次经历了通道层、复用段层、再生段层，分别对应业务颗粒 VC、STM-1 和 STM-N，设备要对哪一个层面的帧进行检查、修改，只需对应到各自层面的功能单元去完成即可。

3.2.3　SDH 的网络保护

随着网上传输的信息越来越多，传输信号的速率越来越快，一旦网络出现故障(这是难以避免的，例如土建施工中将光缆挖断)，将对整个社会造成极大的影响。因此网络的生存能力即网络的安全性是当今第一要考虑的问题。SDH 环网因具有很好的自愈能力，而得到了非常广泛的应用。

1．自愈的概念

所谓自愈，是指在网络发生故障(例如光纤断了)时，无需人为干预，网络自动地在极短的时间内(ITU-T 规定为 50 ms 以内)使业务自动从故障中恢复传输，使用户几乎感觉不到网络出了故障。其基本原理是网络要具备发现替代传输路由并重新建立通信的能力。替代路由可采用备用设备或利用现有设备中的冗余能力，以满足全部或指定优先级业务的恢复。综上可知，网络具有自愈能力的先决条件是有冗余的路由、网元强大的交叉能力以及网元一定的智能化。

自愈仅是通过备用信道将失效的业务恢复，而不涉及具体故障的部件和线路的修复或更换，所以故障点的修复仍需人工干预才能完成，比如断了的光缆还需人工接好。

2．自愈环的分类

因为环型网具有较强的自愈功能，当今的传输网主要采用环型拓扑结构。自愈环的分类可按环上业务的方向、网元节点间的光纤数和保护的业务级别来进行分类。

按环上业务的方向不同，可将自愈环分为单向环和双向环两大类；按网元节点间的光纤数不同，可将自愈环分为双纤环(一对收/发光纤)和四纤环(两对收发光纤)；按保护的业务级别不同，可将自愈环分为通道保护环和复用段保护环两大类。

SDH 传送网中环网保护可以提供双纤单向通道保护环、双纤双向通道保护环、双纤单向复用段保护环、四纤双向复用段保护环、双纤双向复用段保护环等。当前组网中常见的自愈环主要是双纤单向通道保护环和双纤双向复用段保护环两种，下面将二者进行比较。

(1) 业务容量。双纤单向通道保护环的最大业务容量是 STM-N，双纤双向复用段保护环的业务容量为 $M/2 \times$ STM-N(M 是环上节点数)。

(2) 复杂性。双纤单向通道保护环无论是从控制协议的复杂性，还是操作的复杂性来说，都是各种倒换环中最简单的，由于不涉及 APS(自动保护倒换)的协议处理过程，因而业务倒换时间也最短。双纤双向复用段保护环的控制逻辑则是各种倒换环中最复杂的。

(3) 兼容性。双纤单向通道保护环仅使用已经完全规定好通道的 AIS(告警指示信号)信号来决定是否需要倒换，与现行 SDH 标准完全相容，因而也容易满足多厂家产品兼容性要求。

双纤双向复用段保护环使用 APS 协议决定倒换，而 APS 协议尚未标准化，所以复用段倒换环目前都不能满足多厂家产品兼容性的要求。

3.2.4 MSTP 传送平台

1. MSTP 的产生背景

传统的 SDH 系统适合传送基于电路交换的 TDM 话音业务。伴随着 2009 年 1 月 7 日工业和信息化部宣布 3 家运营商拥有 3G 牌照，至此移动网络跨入了 3G 时代，用户的感知有了明显不同，我们越来越多的人开始用手机上网了，手机上网速度明显变快了，看视频、听音乐、下载电影都可以游刃有余。此时，高速 Internet 上网、VPN、视频点播、电子商务、高速专线互联以及数据中心互联等新兴业务也在不断涌现，传送网业务的多样化、宽带化趋势对传送网提出了新的要求，MSTP(Multi-Service Transport Platform)技术在此背景的推动下得到了快速发展。MSTP 出现的原因包括：

(1) 基于电路交换的传送网主体 SDH 对基于分组交换的数据业务主体的传送效率低下问题。

(2) 传统的 SDH 提供的接口主要是 PDH 接口形式，并没有直接的以太网接口，导致接口和协议转换成本提高。

(3) 建设单独的 IP 传送网在网络接入层成本过高，与此同时以话音为主的 SDH 容量得不到充分的发挥。

(4) 传统的 SDH 缺乏带宽资源的动态调度和适应能力，因而新业务难以迅速开展。

2. MSTP 的基本概念

MSTP 技术是在 SDH 基础上发展而来的，其定义是指基于 SDH 平台，实现 TDM、ATM 及以太网业务的接入处理和传送，并提供统一网管的多业务综合传送技术。也就是说，MSTP 技术是将传统的 SDH 复用器、数字交叉连接器(DXC)、WDM 终端、二层交换机和 IP 边缘路由器等多个独立的设备的功能进行集成，并可以为这些综合功能进行统一控制和管理的一种网络设备，优化了数据业务对 SDH 虚容器的映射，从而提高了带宽利用率，降低了组网成本。MSTP 技术主要特征包括：

(1) 支持多种业务接口。MSTP 支持话音、数据、视频等多种业务，提供丰富的业务(如：TDM、ATM、和以太网业务等)接口。

(2) 带宽利用率高。MSTP 技术具有以太网和 ATM 业务的透明传输和二层交换能力，支持统计复用，传输链路的带宽可配置，带宽利用率高。

(3) 组网能力强。MSTP 支持链、环(相交环、相切环)，甚至无线网络的组网方式，具有极强的组网能力。

(4) 可实现统一、智能的网络管理，具有良好的兼容性和互操作性。MSTP 技术可以与现有的 SDH 网络进行统一管理(同一厂家)，易于实现与原有网络的兼容与互通。

3．MSTP 的功能模型

基于 SDH 的 MSTP 设备应具有 SDH 处理功能、ATM 业务处理能力和以太网/IP 业务处理能力，关于 MSTP 设备的功能模型在《基于 SDH 的多业务传送节点技术要求》(YD/T 1238—2002)中进行了规定。MSTP 的基本功能模型如图 3.7 所示，MSTP 设备是由多业务处理模块(含 ATM 处理模块、以太网处理模块等)和 SDH 设备构成。多业务处理模块端口分为用户端口和系统端口。用户端口与 PDH 和 SDH 接口、ATM 接口、以太网接口连接，系统端口与 SDH 设备的内部电接口连接。

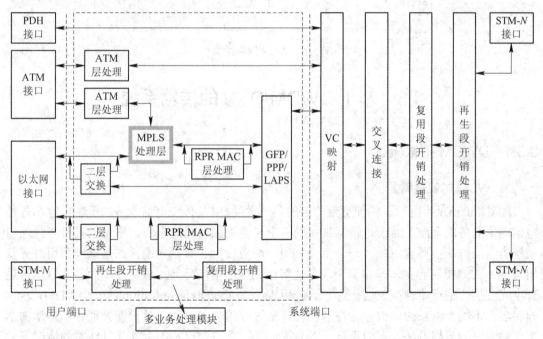

图 3.7　MSTP 的基本功能模型

4．MSTP 的网络结构

MSTP 设备具有多业务集成化特点，既减少了传统 SDH 设备的种类，也简化了网络结构，因而作为基本网元设备在传输网络中得到了广泛应用。MSTP 网络结构如图 3.8 所示。

MSTP 设备作为以 SDH 为基础的城域网建设和发展的理想过渡技术，因为其网元种类简单，设备维护成本低，并且多接口接入方式简化了网络结构，网元设备配置灵活，网络拓展性较好，所以灵活应用于城域网的接入层、汇聚层、核心层，支持各类高层应用。

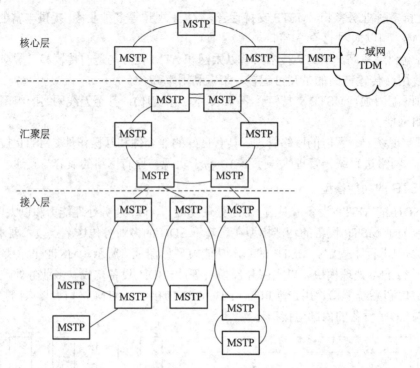

图 3.8   MSTP 网络结构

3.3   基于 DWDM/OTN 的传输系统

3.3.1   DWDM 技术概述

1. WDM 的发展背景

随着 Internet 数据网及各种宽带业务的迅速发展，以及传统电信业务的不断扩容和各种电信增值业务的开展，对于传输网带宽的需求日益增加。总的来看，常用的提升光纤通信系统容量的方法主要有三种：一是空分复用，即敷设大芯数新光缆；二是继续采用时分复用 TDM 方式提高容量，即将多个较低速等级的数字电信号复用成高速率数字信号，再进行电光变换后进行传输；三是采用波分复用(Wavelength Division Multiplexing, WDM)技术，即将多个不同光波长的光信号合在一根光纤里进行传输。显然，敷设新光缆并不是增加信息传输容量的最好办法，不但昂贵，而且周期长。此方法仅在不存在光纤线路的情况下才最有效。如果采用 TDM 方式，当速率达到 10 Gb/s 时，将受到电子器件的限制，进一步提高速率会十分困难。因此，采用 WDM 技术，以 2.5 Gb/s、10 Gb/s 或 40 Gb/s 为基本复用单元扩容，就成为一种比较可行的选择。

2. WDM 的概念

波分复用技术利用一根光纤可以同时传输多个不同波长的光载波的特点，把光纤可能应用的波长范围划分成若干个波段，每个波段作为一个独立的通道传输一种预定波长的光信号。波分复用的实质是在光纤上进行光频分复用，只是因为光波通常采用波长而不用频率来描述、监测与控制。这里可以将一根光纤看作是一个"多车道"的公用道路，传统的 TDM 系统只不过利用了这条道路的一条车道，提高比特率相当于在该车道上加快行驶速度来增加单位时间内的运输量。而使用 WDM 技术，类似利用公用道路上尚未使用的车道，以获取光纤中未开发的巨大传输能力。WDM 原理示意图如图 3.9 所示。

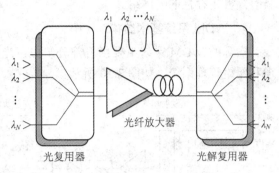

图 3.9　WDM 原理示意图

　　通信系统的设计不同，每个波长之间的间隔宽度也不同。按照通道间隔的不同，WDM 可以细分为 CWDM(稀疏波分复用)和 DWDM(密集波分复用)。CWDM 的信道间隔为 10～20 nm，此时可以使用频谱较宽的、对中心波长精确度要求低的、价格较便宜的激光器，当需要使用无源器件时(比如滤波器)，也尽量使用造价较低的熔融拉锥型滤波器。DWDM 系统信道间隔可以为 1.6 nm、0.8 nm 或更低，最初的 DWDM 系统是为长途通信而设计，然而随着技术的发展、用户需求的提高，现在越来越多的应用到城域网和接入网当中。无论是 CWDM，还是 DWDM，它们的本质都是相同的，都是建立在频谱分割基础之上的不同表示形式。

3．WDM 的特点

WDM 技术之所以在世界各国得到迅猛发展，是因为它具有以下优点：

(1) 充分利用光纤的巨大带宽资源。

光纤具有巨大的带宽资源(低损耗波段)，WDM 技术使一根光纤的传输容量比单波长传输增加几倍至几十倍甚至几百倍，从而增加光纤的传输容量，降低成本，具有很大的应用价值和经济价值。

(2) 同时传输多种不同类型的信号。

由于 WDM 技术使用的各波长的信道相互独立，因而可以传输特性和速率完全不同的信号，完成各种电信业务信号的综合传输，如 PDH 信号和 SDH 信号、数字信号和模拟信号、多种业务(音频、视频、数据等)的混合传输等。

(3) 节省线路投资。

采用 WDM 技术可使 N 个波长复用在一根光纤中传输，也可实现一根光纤双向传输，在长途大容量传输时可以节约大量光纤。另外，对已建成的光纤通信系统扩容很方便，只要原系统的功率余量较大，就可进一步增容而不必对原系统做大的改动。

(4) 降低器件的超高速要求。

随着传输速率的不断提高，许多光电器件的响应速度已明显不足，使用 WDM 技术可降低对一些器件在性能上的极高要求，同时又可实现大容量传输。

(5) 高度的组网灵活性、经济性和可靠性。

WDM 技术有很多应用形式，如长途干线网、广播分配网、多路多址局域网。可以利用 WDM 技术选择路由，实现网络交换和故障恢复，从而实现未来的透明、灵活、经济且具有高度生存性的光网络。

4．WDM 系统基本结构

实际的 WDM 系统主要由五部分组成：光发射机、光中继放大、光接收机、光监控信道和网络管理系统，如图 3.10 所示。

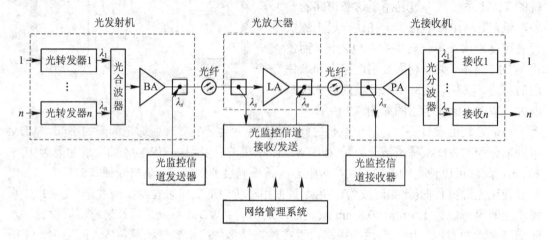

图 3.10　WDM 系统基本结构

1）光发射机

光发射机位于 WDM 系统的发送端。在发送端首先将来自终端设备(如 SDH 端机)输出的光信号，利用光转发器 OTU 把符合 ITU-T G.957 建议的非特定波长的光信号转换成符合 ITU-T G.692 建议的具有稳定的特定波长的光信号。

OTU 对输入端的信号波长没有特殊要求，可以兼容任意厂家的 SDH 信号，其输出端满足 G.692 的光接口，即标准的光波长和满足长距离传输要求的光源；利用合波器合成多路光信号；通过光功率放大器放大输出多路光信号。

2）光放大器

信号传输一定距离后，需要用掺铒光纤放大器 EDFA 对光信号进行中继放大。在应用时可根据具体情况，将 EDFA 用作"线放(Line Amplifier，LA)""功放(Booster Amplifier，BA)"和"前放(Preamplifier，PA)"。在 WDM 系统中，对 EDFA 必须采用增益平坦技术，使得 EDFA 对不同波长的光信号具有接近相同的放大增益。与此同时，还要考虑到不同数量的光信道同时工作的各种情况，保证光信道的增益竞争不影响传输性能。

3）光接收机

在接收端，光前置放大器(PA)放大经传输而衰减的主信道光信号，然后光分波器从主信道光信号中分出特定波长的光信号。接收机不但要满足一般接收机对光信号灵敏度、过载功率等参数的要求，还要能承受有一定光噪声的信号，要有足够的电带宽。

4）光监控信道

光监控信道(OSC)的主要功能是监控系统内各信道的传输情况。在发送端，插入本节点产生的波长为 λ_s(1510 nm)的光监控信号，与主信道的光信号合波输出；在接收端，将接收到的光信号分离，输出波长为 λ_s(1510 nm)的光监控信号和业务信道光信号。帧同步字节、公务字节和网管所用的开销字节等都是通过光监控信道来传送的。

5) 网络管理系统

网络管理系统通过光监控信道物理层传送开销字节到其他节点或接收来自其他节点的开销字节对 WDM 系统进行管理，实现配置管理、故障管理、性能管理和安全管理等功能，并与上层管理系统(如 TMN)相连。

WDM 既可用于陆地与海底干线，也可用于市内通信网，还可用于全光通信网。市内通信网与长途干线的根本不同点在于各交换局之间的距离不会很长，一般在 10 km 左右，很少超过 15 km 的，这就不用装设线路光放大器，只要 WDM 系统终端设备成本足够低即可。

利用 WDM 系统传输的不同波长可以提供选寻路由和交换功能。在通信网的节点处装上波长的光分插复用器，就可以在节点处任意取下或加上几个波长信号，对业务增减十分方便。每一节点的交叉连接也会是波长的或光的交叉连接。如果再配以光波长变换器或光波长发生器，以便在波长交叉连接时可改用其他波长则更加灵活适应需要了。这样，整个通信网包括交换在内就可完全在光域中完成，通信网也就成了"全光通信网 AON"。WDM 在构建全光通信网中起到了关键作用。

3.3.2 DWDM 的基本网元设备

DWDM 基本网元设备按用途划分，一般可分为光终端复用器(OTM)、光线路放大器(OLA)、光分插复用器(OADM)和光交叉连接设备(OXC)几种类型。下面以华为公司的波分 320G 设备为例讲述各种网络单元类型在网络中所起的作用。

1. 光终端复用器

光终端复用器(OTM)是 WDM 网络中最重要的网元之一，放置在终端站，分为发送部分和接收部分，如图 3.11 所示。

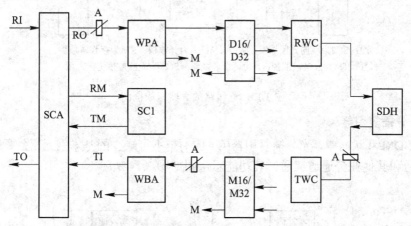

注：TWC、RWC为发送端和接收端波长转换器；M16/M32和D16/D32为合波、分波板；
　　WPA、WBA为光放板；RM为接收端监控；TM为发送端监控；SC1为光监控信号处理板；
　　SCA为光监控信道接入板；A为可调衰减器；RI、RO、TI、TO为光口

图 3.11　OTM 原理图

在发送方向，OTM 分别利用发送端波长转换器(TWC) 将来自各终端设备输出的光信号 λ_1、λ_2、…、λ_{16}(或 λ_{32})中非特定波长的光信号转换成符合 ITU-T G.692 建议的特定波长的

光信号，然后再将各个特定光波长经合波器复用成多波长的光信号，对其放大，并附上波
长为 λ_s 的光监控信道，送入光纤传输。

在接收方向，OTM 先从光纤中将光监控信道 λ_s 取出，然后对多波复用的主信道进行光
放大，经分波器解复用成 16 个波长的各终端信号，
再经接收端波长转换器(RWC)还原成原光信号送至
各终端设备(如 SDH 的 TM)。

2. 光线路放大器

光线路放大器(OLA)放置在中继站上，完成双向
传输的光信号放大，并延伸无电中继的传输距离。
通常采用 EDFA 作为 OLA，基本功能示意图如图 3.12
所示。

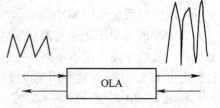

图 3.12 光线路放大器基本功能示意图

OLA 组成框图如图 3.13 所示。每个传输方向的 OLA 先取出光监控信道(OSC)并进行
处理，再将主信道进行放大，然后将主信道与光监控信道合路并送入光纤线路。

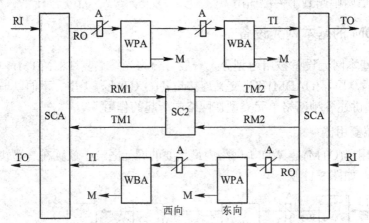

注：SC2为双向光监控板；WPA、WBA为光放板；RM为接收端监控；
TM为发送端监控；A为可调衰减器；SCA为光监控信道接入板

图 3.13 光线路放大器组成框图

3. 光分插复用器

在 DWDM 环状网中，光分插复用器(OADM)是不可缺少的基本网元，主要用于分插本
地业务通道和其他业务通道穿通。其功能示意图如图 3.14 所示。

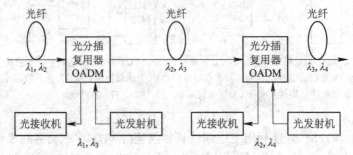

图 3.14 OADM 功能示意图

OADM 是指将光复用、解复用、直通、发送/接收端波长转换器(TWC/RWC)、光预放大器、光前置放大器等功能综合于一体的设备，具有灵活的上、下波长功能，在网络设计上有很大灵活性。其组成框图如图 3.15 所示。

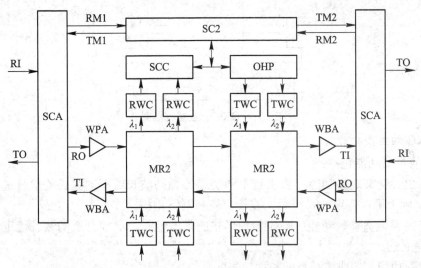

注：DCM为色散补偿模块；MR2为ADD/DROP单元；RM为接收端监控；TM为发送端监控

图 3.15　OADM 组成框图

用两个 OTM 背靠背的方式也可组成一个可上/下波长的 OADM，这种方式较之用一块单板进行波长上/下的静态 OADM 更灵活，可任意上/下 1 到 16 或 32 个波长，更易于组网，如图 3.16 所示。

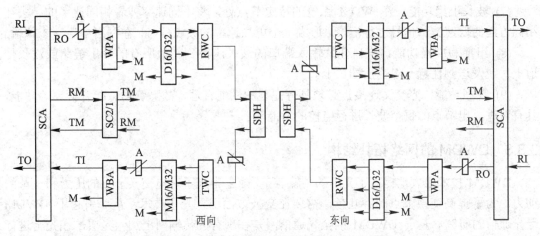

图 3.16　两个 OTM 背靠背组成的 OADM 框图

4. 光交叉连接设备(OXC)

1) OXC 的一般结构

OXC 节点的功能类似于 SDH 网络中的数字交叉连接设备(DXC)，不同的是 OXC 是以光波长信号为操作对象，在光域上实现业务交叉，无需进行光电/电光转换和电信号处理。OXC 一般结构框图如图 3.17 所示。

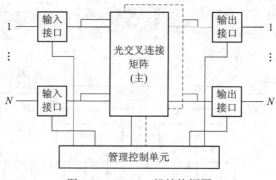

图 3.17　OXC 一般结构框图

2) OXC 的主要功能

OXC 的主要功能包括：

(1) 路由和交叉连接功能：将来自不同链路的相同波长或不同波长的信号进行交叉连接，在此基础上可以实现波长指配、波长交换和网络重构。

(2) 连接和带宽管理功能：响应各种形式的带宽请求，寻找合适的波长通道，为到来的业务量建立连接。

(3) 指配功能：完成波长指配和端口指配。

(4) 上下路功能：在节点处完成上下路，实现本地节点与外界信息的交互。

(5) 保护和恢复功能：提供对链路和节点失效的保护和恢复能力。

(6) 波长变换功能：WDM 系统中可能会出现不同系统的波长冲突问题，难以保证端到端的业务使用固定的波长，因此，在某些可能发生冲突的节点处通过 OTU 实现波长转换，即可实现端到端的虚波长通道。

(7) 波长汇聚功能：在 WDM 系统的特定节点处，将不同速率或者相同速率的、去往相同方向的低速波长信号进行汇聚，形成一个更高速率的波长信号，在网络中进一步传输。

(8) 组播和广播功能：来自任意输入端口的波长广播到其他所有的输出链路或波长信道上，或发送到任意一组输出端口上。

(9) 管理功能：光交叉连接点必须具有完善的性能管理、故障管理、配置管理等功能，具有对进、出节点的每个波长进行监控的功能等。

3.3.3　DWDM 的网络拓扑结构

DWDM 技术极大地提高了光纤的传输容量，随之带来了对电交换节点的压力和变革的动力。为了提高交换节点的吞吐量，需要在交换方面引入光子技术，从而引起了 DWDM 全光通信的研究。基于 DWDM 的全光通信网是在现有的传输网上加入光层，在光上进行 OADM 和 OXC，目的是减轻电节点的压力。

DWDM 系统最基本的组网方式为点到点组网、链型组网和环型组网，如图 3.18 所示。由这三种方式可组合出其他较复杂的网络形式。

在本地网特别是城域网的应用中，用户根据需要可以由 DWDM 的光分插复用设备构成环型网。环型网一般都是由 SDH 自己进行通道环或复用段保护，DWDM 设备没有必要提供另外的保护，但也可以根据用户需要进行波长保护。

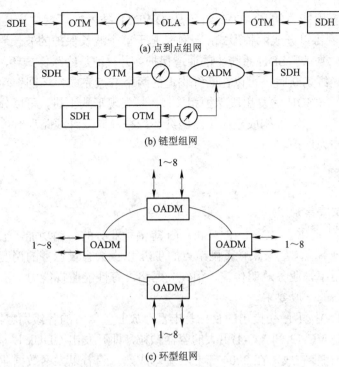

(a) 点到点组网

(b) 链型组网

(c) 环型组网

图 3.18 DWDM 基本组网示意图

3.3.4 DWDM 的网络保护

由于 DWDM 系统的负载很大，因此安全性特别重要。点到点线路保护主要有两种保护方式：一种是基于单个波长、在 SDH 层实施的 1+1 或 1：N 的保护；另一种是基于光复用段上保护，在光路上同时对合路信号进行保护，这种保护也称为光复用段保护(OMSP)。另外还有基于环网的保护，这里主要介绍 DWDM 的环网保护。

采用 DWDM 系统同样可以组成环网，一种是将基于单个波的点到点 DWDM 系统连成环，如图 3.19 所示。在 SDH 层实施 1：N 保护，SDH 系统必须采用 ADM 设备。

在图 3.20 所示的保护系统中，可以实施 SDH 系统的通道保护环和复用段保护环，DWDM 系统只是提供"虚拟"的光纤，每个波长实施的 SDH 层保护与其他波长的保护方式无关，该环可以为双纤或四纤。

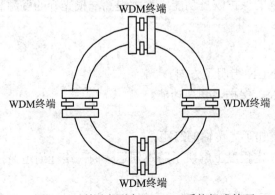

图 3.19 利用点到点 DWDM 系统组成的环

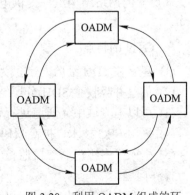

图 3.20 利用 OADM 组成的环

采用有分插复用能力的 OADM 组环是 DWDM 技术在环网中应用的另一种形式。OADM 组成的环网可以分成两种形式：一种是基于单个波长保护的波长通道保护，即单个波长的 1+1 保护，类似于 SDH 系统中的通道保护；另一种是线路保护环，对合路波长的信号进行保护，在光纤切断时，可以在断纤临近的两个节点完成"环回"功能，从而使所有的业务得到保护，与 SDH 的复用段保护相类似。从表现形式上讲，可以分双向线路双纤环和单向线路双纤环，也可以构成双向线路四纤环。在双向双纤线路环时，一半波长作为工作波长，另一半作为保护。

3.3.5 光传送网

1. OTN 的发展背景

虽然 SDH 网络提供了 PDH、IP、Ethernet 等多种业务的传输功能，也提供了丰富的保护、管理功能，但不能满足未来骨干网节点的 Tb/s 以上大容量业务的调度；虽然 WDM 系统提高了带宽利用率、业务透明传输，但纯光网络没有性能监视能力，不能保证性能，也不能满足传送网络的一般要求。

光传送网(OTN)技术最初提出的目标是丰富存放业务信号的各级别容器，提供比 SDH 虚容器 VC(主要是 VC-12 和 VC-4)更大的容器颗粒，即开发出 ODUk 以承载 TDM 业务，此目标在 2001 年初步完成，在 2004 年左右基本成熟。随着以太网数据业务的与日俱增，从 2005 年开始，OTN 的目标锁定在增加以太网数据业务接口，并利用该类接口透明承载 10GE 数据业务及可扩展地灵活承载不同速率级别的以太网业务等核心问题上，到 2009 年 10 月，实现该目标的 OTN 标准 G.709 在 ITU-T SG15 会议上获得通过，标志着 OTN 技术的标准化发展步入以适应以太网业务传送为主要目标的新阶段。

在 2017 年光通信技术和发展论坛上，中国电信北京研究院光通信研究中心主任李俊杰详细介绍了 5G 时代的光传送网，他认为，5G 承载网是 5G 网络和业务发展的关键因素之一，而 OTN/DWDW 是 5G 承载技术最为完美的选择。

2. OTN 的基本概念

光传送网(OTN)是以波分复用(WDM)技术为平台，充分吸收 SDH/MSTP 出色的网络组网保护能力和 OAM 运行维护管理能力，是 SDH 和 WDM 技术优势的综合体现。简单地说：OTN=WDM+SDH。在 OTN 技术中，能以大颗粒、大容量的 IP 化业务在城域骨干传送网及更高层次的网络结构里，提供电信级网络的保护恢复功能，大大提高一根光纤的资源利用率。

3. OTN 的特点

(1) 建立在 SDH 经验之上，为过渡到 NGN 指明了方向。

(2) 借鉴并吸收了 SDH 分层结构、监控、保护、管理功能。

(3) 可以对光域中光通道进行管理。

(4) 采用 FEC 技术，提高误码性能，增加了光传输的跨距。

(5) 引入了多级串联连接监控(TCM)，一定程度上解决了跨不同运营商网络光通道监控的互操作问题。

(6) 具有丰富的维护信号，可通过光层开销实现简单的光网络管理(业务不需要 O/E/O

转换即可取得开销)。

(7) 统一的标准方便各厂家设备在 OTN 层互联互通。

4．OTN 与 SDH 的主要区别

(1) OTN 与 SDH 传送网的主要差异在于复用技术不同,但在很多方面又很相似,例如,都是面向连接的物理网络,网络上层的管理和生存性策略也大同小异。

(2) 由于 DWDM 技术独立于具体的业务,同一根光纤的不同波长上接口速率和数据格式相互独立,使得运营商可以在一个 OTN 上支持多种业务。OTN 可保持与现有 SDH 网络的兼容性。

(3) SDH 系统只能管理一根光纤中的单波长传输,而 OTN 系统既能管理单波长,又能管理每根光纤中的所有波长。

5．OTN 的分层结构

OTN 技术是由 WDM 技术演进而来,初期在 WDM 设备上增加了 OTN 接口,并引入了 ROADM(光交叉),实现了波长级别调度,起到光配线架的作用。

1999 年,ITU-T 正式提出光传送网(OTN)的概念。OTN 的主要特点是引入"光层"概念,在 SDH 传送网的电复用段层和物理层之间加入光层,如图 3.21 所示。图 3.21 所示是 SDH 传送网和 OTN 的分层结构对应关系,OTN 可以看成传送 SDH 信号的光层的扩展,又可以将光层分为若干子层,即 OTN 的光层分为光通道层(OCh)、光复用段层(OMS)和光传输段层(OTS)。这种子层的划分方案既是多协议业务适配到光网络传输的需要,也是网络管理和维护的需要。下面重点介绍光层的功能。

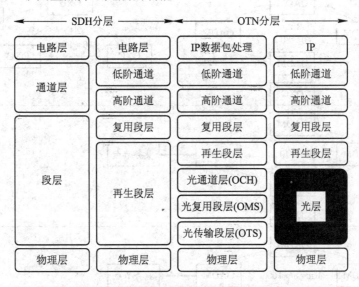

图 3.21　SDH 传送网和 OTN 的分层结构

1) 光通道层

光通道层(OCH)负责为来自电段层(复用段和再生段)的不同格式的客户信息如 PDH、SDH、ATM 信元等选择路由和波长分配,从而可灵活地安排光通道连接、光通道开销处理以及监控等。当网络出现故障时,能够按照系统所提供的保护功能重新建立路由或完成保

护倒换操作(系统的保护方式不同,其所提供的保护功能也不同)。

光通道层所接收的信号来自电通道层,它是 OTN 的主要功能载体,是由 OCh 传送单元(OTUk)、OCh 数据单元(ODUk)和 OCh 净负荷单元三个电域子层和光域的光通道层 OCh 组成。

2) 光复用段层

光复用段层(OMS)主要负责为相邻两个波分复用传输设备间多波长信号完整传输提供连接功能。具体功能包括光复用段开销处理和光复用段监控功能。光复用段开销处理功能是用于保证多波长复用段所传输信息的完整性功能,而光复用段监控功能则是完成对光复用段进行操作、维护和管理的保障。

3) 光传输段层

光传输段层(OTS)为光复用段信号在不同类型的光媒质(如 G.652、G.653、G.655 光纤)上提供传输功能,包括对光放大器的监控功能。

由于上述的光通道层、光复用段层和光传输段层所传输的信号均为光信号,故将它们称为光层。

6. 典型的 OTN 拓扑结构

图 3.22 描述了三级 OTN 结构。在长途网中,为保证高可靠性和实施灵活的带宽管理,通常物理上采用环网结构,在网络恢复策略上可以采用基于 OADM 的共享保护环方式,也可以采用基于 OXC 的网格恢复结构。在城域网和接入网中主要采用环型结构。

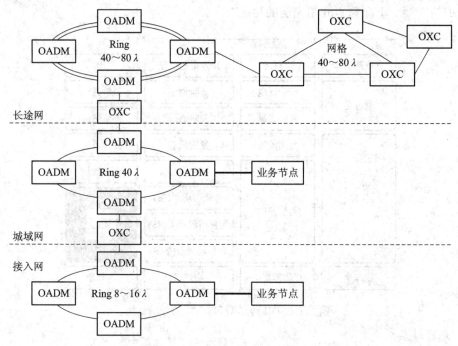

图 3.22　三级 OTN 结构示意图

目前,OTN 设备主要应用在干线(省际干线、省内干线)光传送网、省内/区域干线光传送网、城域/本地光传送网等应用领域。OTN 的网络保护原理与 DWDM 类似,此处不再讲述。

3.4　基于 PTN 的传输系统

3.4.1　PTN 技术概述

1. PTN 的发展背景

以电路交叉链接为核心的 SDH 设备在近十几年的黄金发展期里,覆盖了几乎整个电信的骨干核心层、汇聚层、接入层。后来,在 IP 业务的驱动下,MSTP 设备得到了长足发展。面对业务向全 IP 化转型及传送网络向分组交换内核转型的挑战,运营商试图寻求一种更简单的、经济有效的多业务融合的传送平台,于是 PTN(Packet Transport Network,分组传送网)技术应运而生。

2. PTN 的基本概念

PTN 是指这样一种光传送网络架构和具体技术:在 IP 业务和底层光传输媒质之间设置了一个层面,它针对分组业务流量的突发性和统计复用传送的要求而设计,以分组业务为核心并支持提供多业务,具有更低的总体使用成本(TCO),同时秉承光传输的传统优势,包括高可用性和可靠性、高效的带宽管理机制和流量工程、便捷的 OAM 和网管、可扩展、较高的安全性等。

PTN 技术主要是为 IP 分组业务而设计,也就是以太网业务,同时也能支持其他的传统业务,比如 ATM、TDM 等业务。PTN 支持多种基于分组交换业务的双向点对点连接通道,具有适合各种粗细颗粒业务、端到端的组网能力,提供了更加适合于 IP 业务特性的"柔性"传输管道;具备丰富的保护方式,遇到网络故障时能够实现小于 50 ms 的电信级业务保护倒换,实现传输级别的业务保护和恢复;继承了 SDH 技术的操作、管理和维护机制(OAM),具有点对点连接的完美 OAM 体系,保证网络具备保护切换、错误检测和通道监控能力;完成了与 IP/MPLS 多种方式的互联互通,无缝承载核心 IP 业务;网管系统可以控制连接信道的建立和设置,实现了业务 QoS 的区分和保证,灵活提供 SLA 等优点。

另外,PTN 技术可利用各种底层传输通道(如 SDH/Ethernet/OTN)。总之,它具有完善的 OAM 机制、精确的故障定位和严格的业务隔离功能,最大限度地管理和利用光纤资源,保证了业务安全性,在结合 GMPLS 后,可实现资源的自动配置及网状网的高生存性。

PTN 分组化传送主要有两类技术:一种是基于以太网技术的 PBB-TE(Provider Backbone Bridge-Traffic Engineering),主要由 IEEE 开发;另一种是基于多协议标签交换(Multiprotocol Label Switching,MPLS)技术的 T-MPLS/MPLS-TP(Transport MPLS/MPLS-Transport Profile),由 ITU-T 和 IETF 联合开发。但随着北电的衰退,T-MPLS/MPLS-TP 逐渐成为目前 PTN 在传送层唯一的主流技术,并且已在中国移动城域网络中规模部署。

3. PTN 的技术特点

PTN 以分组业务为核心并支持提供多业务,同时继承光传输的传统优势,其主要特征为:灵活的组网调度能力、多业务传送能力、全面的电信级安全性、强大的网络管理能力和低成本与可扩展等。PTN 技术具有以下所述的显著特点：

(1) 以 IP 分组为内核。秉承 SDH 端到端连接、高性能、高可靠、易部署和维护的传送理念，保持传统 SDH 优异的网络管理能力和良好体验。

(2) 提供时钟同步。PTN 不仅继承 SDH 的同步传输特性，而且可根据相关协议的要求支持时钟同步。

(3) 融合 IP 业务的灵活性和统计复用、高带宽、高性能、可扩展的特性。

(4) 具有分层的网络体系架构。

(5) 继承了 MPLS 的转发机制和多业务承载能力。PTN 采用端到端伪线仿真/电路仿真业务技术。

(6) 提供完善的 QoS 保障能力，将 SDH、ATM 和 IP 技术中的带宽保证、优先级划分、同步等技术结合起来，实现承载在 IP 之上的 QoS 敏感业务的有效传送。

(7) 互联互通。可以与 IP/MPLS 多种方式实现互联互通，无缝承载 IP 业务。

PTN 技术主要定位于高可靠性、小颗粒的业务接入及承载场景，目前主要应用于城域网各个层面的业务及网络层面，提供 E1、FE、GE、10GE 的带宽颗粒，但由于其处理内核为分组方式，因此对于分组业务的承载优势较大，承载 TDM 业务的能力有限。

3.4.2   PTN 网络的体系结构

1. PTN 的分层结构

分组传送网采用分层结构，如图 3.23 所示，其中包括虚通道(VC)层网络、虚通路(VP)层网络和传输媒质层(TM)网络三层网络。PTN 网络所支持的客户业务层信号包括以太网(ETH)、TDM(SDH/PDH)、ATM、FR、PPP/HDLC 等。由客户层与 VP、VC 之间的关系可以分为两种模型：客户/服务层业务模型和对等模型。如图 3.23(a)、(b)所示。

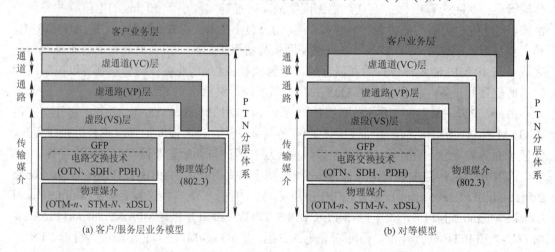

图 3.23   PTN 的分层结构

1) 虚通道(VC)层网络

虚通道(VC)层网络可提供点到点、点到多点、根基多点和多点到多点的分组传送网络业务。这些业务通过 PTN VC 连接来提供，VC 连接承载单个客户业务实例。PTN VC 层网络提供了 OAM 功能来监视客户业务并触发 VC 子网连接(SNC)保护。

对采用 MPLS-TP 技术的 PTN，VC 层主要采用点到点(P2P)或点到多点(P2MP)的伪线 (PW)。

2) 虚通路(VP)层网络

PTN 虚通路(VP)层网络是分组传输路径层，通过配置点到点(P2P)或点到多点 (P2MP)PTN 虚通路(VP)来支持 PTN VC 层。

点到点 PTN VP 连接可被用于穿越运营商-运营商之间的网络，并在一个运营商的两个 子网间、或一个运营商的子网和该运营商的一个远端网元之间、或两个运营商网络之间提 供 PTN VC 层连接。PTN VP 连接开始和终结在运营商之间网关节点的 IrDI 端口或网元设 备的 IrDI 端口。PTN VP 层网络提供监视网络内分组传送路径的 OAM 功能，可被用于触 发 PTN VP 层的保护倒换。对采用 MPLS-TP 技术的 PTN，VP 层采用点到点(P2P)或点到多 点(P2MP)的 LSP。

3) 传输媒质层

传输媒质层包括虚段(VS)层网络和物理媒质层(简称物理层)网络。虚段(VS)层网络表示 相邻的虚层连接，如 SDH、OTN、以太网或者波长，主要用于提供虚拟端(VS)信号的 OAM 功能。物理媒质表示所使用的传输媒介，如光纤、铜缆、微波等。

2．PTN 的功能平面

PTN 的功能平面是由三个层面组成，即传送平面、管理平面和控制平面，如图 3.24 所示。

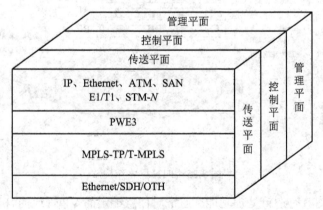

图 3.24　PTN 网络的三个平面

1) 传送平面

实现对 UNI 接口的业务适配、基于标签的业务报文转发和交换、业务 QoS 处理、面向 连接的 OAM 和保护恢复、同步信息的处理和传送以及线路接口的适配等功能。传送平面 上的数据转发是基于标签进行的。提供点到点(包括点到多点和多点到多点)双向或单向的 用户信息传送，也同时提供控制和网络管理信息的传送，并提供信息传送过程中的 OAM 和保护恢复功能，即传送平面完成分组信号的传输、复用、配置保护倒换和交叉连接等功 能，并确保所传信号的可靠性。

2) 管理平面

实现网元级和子网级的拓扑管理、配置管理、计费管理、故障管理、性能管理和安全管理等功能。采用图形化网管进行业务配置和性能告警管理，业务配置和性能告警管理同SDH 网管使用方法类似。

3) 控制平面

PTN 控制平面由提供路由和信令等特定功能的一组控制单元组成，并由一个信令网络支撑。控制平面单元之间的互操作性和单元之间通信需要的信息流可通过接口获得。控制平面的主要功能包括：通过信令支持建立、拆除和维护端到端连接的能力，通过选路为连接选择合适的路由；网络发生故障时，执行保护和恢复功能；自动发现邻接关系和链路信息，发布链路状态信息以支持连接建立、拆除和恢复。

3. PTN 的网元分类

PTN 网络中根据网元在网络中的位置不同，分为 PTN 网络边缘节点(PE)和 PTN 网络核心节点(P)两类，如图 3.25 所示。PTN 网络边缘节点(PE)是指客户边缘节点(CE)直接相连的 PTN 网元。而在 PTN 中进行 VP 隧道转发的网元则被称为核心节点(P)。网络入口(PE)用于识别用户业务，进行接入控制，将业务的优先级映射到隧道的优先级；转发节点(P)是根据隧道优先级进行调度；网络出口(PE)要完成弹出隧道层标签，还原业务自身携带的 QoS信息。

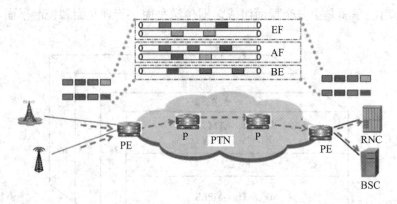

图 3.25   PTN 网络结构

PE 和 P 节点均具有逻辑处理功能。通常对任意给定的 VP 管道而言，一个特定的 PTN网元只能承担 PE 或 P 节点的一种功能；而对于某一 PTN 网元所同时承载的多条 VP 管道而言，该 PTN 网元可能既是 PE 节点，又是 P 节点。根据标签处理能力的差异，将 PE 设备进一步分为 T-PE(PW 终结的 PE 设备)和 S-PE(PW 交换的 PE 设备)。

3.4.3   PTN 的数据转发过程

1. 双标签传送模式

在 PTN 网络中，客户数据被分配两类标签，即业务类别的伪线(PW)标签和交换路径隧道(Tunnel)标签，如图 3.26 所示。

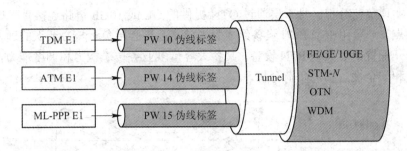

图 3.26 PTN 的两类标签实例

2．PTN 的数据转发过程

PTN 的 T-MPLS/MPLS-TP 的数据转发机制是 MPLS 数据转发的子集。用户数据转发过程如图 3.27 所示。用户数据转发过程分为三步：

(1) 用户数据在 PTN 网络标签边缘交换路由器 PE 节点，被封装进 PW 报文，并加上业务类别的伪线 PW 标签号(PW_L)和交换路径的隧道标签号(tunnel_Lx)；

(2) 在 MPLS 网络中 PW 报文每经过标签交换路由器 P 节点时，保留伪线 PW 标签号(PW_L)转发隧道标签号；

(3) 当 PW 报文到达 PTN 网络的 PE 节点时，剥离标签还原成用户数据。

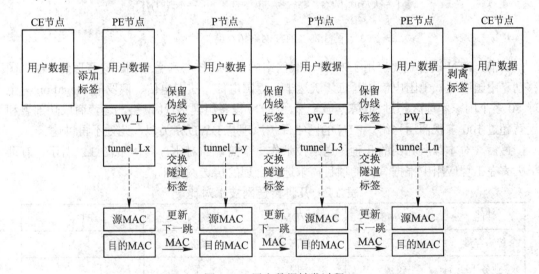

图 3.27 用户数据转发过程

3.4.4　PTN 的网络拓扑结构

图 3.28 给出了典型的 PTN 拓扑结构，在此结构中 PTN 和 OTN 将继续共存，网络架构遵循接入层、汇聚层、骨干层、核心层四级结构形式。

接入层实现对家庭用户、营业厅、集团用户、基站的边缘接入，具备多业务接入能力，一般由小型 PTN 设备组成接入节点，多以环型结构为主，采用 GE 速率。汇聚层负责本区域内的业务汇聚和疏导，具备大容量业务汇聚和传送能力，一般由中型 PTN 设备组成汇聚节点，采用 10GE 速率组环，并采用双节点挂环的结构来预防汇聚节点和骨干节点单节点失效风险，实现负荷分担。骨干层通过 OTN 提供的 GE 或 10GE 链路连接骨干层节点与对应核心层节点，一般由中型 PTN 设备组成骨干节点。核心层负责核心节点的远程中继，每个核心层网元配置两套大型 PTN 设备，具备大容量多业务传送能力和调度能力，并提供较高的可靠性和安全性，实现负荷分担。

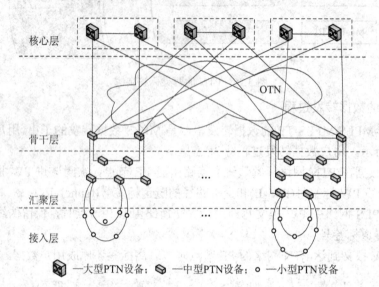

图 3.28　PTN 网络拓扑结构

　　目前，PTN 设备主要应用于 PTN 承载网络的汇聚、核心和骨干网。截至目前，在中国移动、中国联通、中国电信、西班牙沃达丰、德国电信、法国电信、俄罗斯 MegaFon 等全球 80 多个国家和地区超过 90 家运营商采用 PTN 设备组建 PTN 网络，运营商成功部署和运营超过 100 多张商用网络。PTN 的网络保护原理与 DWDM 类似，此处不再讲述。

　　最后，对本章所介绍的几种传送网技术作一个简单的对比，具体如表 3.2 所示，有助于大家在工程应用中根据具体的项目需求选择合理的传送网技术。

表 3.2　几种传送网技术对比

性能	SDH/MSTP	DWDM	OTN	PTN
传输容量	较高	最高	最高	一般
多业务承载	较强	一般	强	强
业务颗粒	小	大	大(2.5G 以上)	小
频带利用率	一般	低	低	高
保护恢复	TDM：强 IP：一般	一般	一般	强
QoS 保障	TDM：强 IP：一般	弱	强	强
可管理性	强	一般	强	强

3.5　传送网案例

随着对现有传统网络 IP 化改造更替进程的加快，以及下一代移动宽带互联网的快速发展，各种业务应用和传送承载的 IP 化、分组化将成为演进的主线。这里重点对满足 4G 需求的传送网应用场景进行介绍。

PTN 与 OTN 在城域传输网的组网模式已经成为各大运营商关注的焦点。本地传输网将由原来单一的 SDH 网络演变为 SDH、PTN、OTN 多张网络长期并存的局面。PTN 现网组网，根据承载业务类型、业务密度不同的城域网及干线组网模型有不同的特点和不同的要求，组网场景也有所区别。下面给出三种 PTN 在 LTE 网络中常见的组网应用。

1. PTN 城域单独组网场景

PTN 城域单独组网场景如图 3.29 所示。此场景适用于需兼顾承载 LTE 及其他常规的综合业务的情况，中等城市的城域网可采用这种组网方式。

2. PTN over OTN 城域组网场景

PTN over OTN 城域组网场景如图 3.30 所示。此场景适用于 LTE 全面覆盖及集客等业务分布密度与带宽需求非常大的情况，省会中心、重点城市的城域网可以参考这种组网方式。

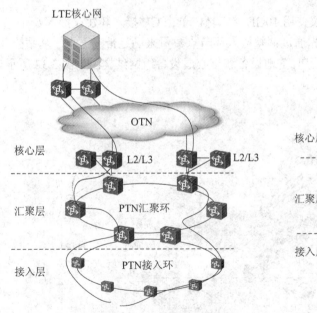

图 3.29　PTN 城域单独组网场景

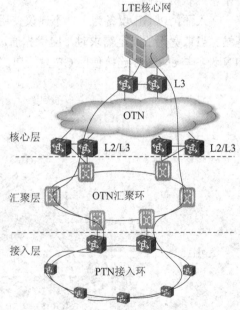

图 3.30　PTN over OTN 城域组网场景

3. PTN 在 LTE RAN 承载网的应用场景

以 PTN 设备建设端到端的 LTE RAN(Radio Access Network，无线接入网)承载网。PTN 核心层设备原则通过升级方式支持 L3 VPN(Layer3 Virtual Private Network)功能，实现基于 IP 地址的电路调度。汇聚层/接入层仍采用 L2 功能。PTN 核心层设备负责将 X2 接口信息按照 IP 地址转发相邻基站，将 S1 接口信息按照 IP 地址转发给 S-GW/MME(Serving

GateWay，业务网关/Mobility Management Entity，移动性管理实体)或 S-GW/MME pool 中相应的 S-GW、MME，以实现多归属需求。PTN 支持 L3VPN 方案网络结构图如图 3.31 所示。

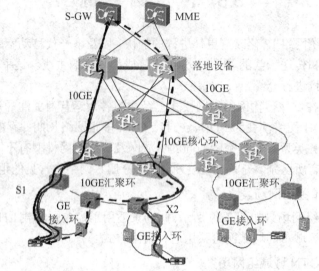

图 3.31   PTN 支持 L3 VPN 方案网络结构图

核心层和汇聚层常采用 10GE 组环，核心/汇聚环节点数量为 3～5 个，业务量较大时也可采用网状网组网。

接入环仍以 GE 设备为主，不建议使用 10GE 接入环。单个 GE 接入环建议接入 6～8 个基站。当带宽无法满足需求时，应优先通过调整接入环节点数量来满足带宽需求。基站接入 PTN 设备与 eNodeB 连接使用 GE 光接口。落地设备和核心层设备组网结构图如图 3.32 所示。

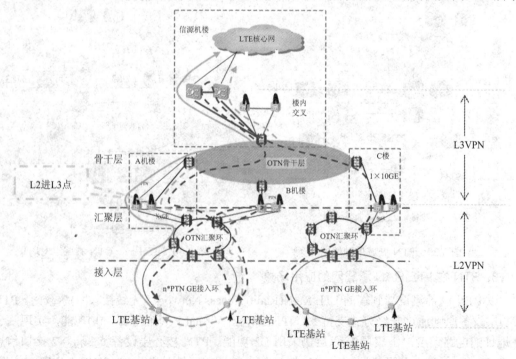

图 3.32   落地设备和核心层设备组网结构图

PTN 目前现网应用主要定位于移动基站回传信号，与 3G、4G 网络不同，5G 网络阶段不再主要是回传，前传(RRU(射频拉远单元)—DU(分布单元))、中传(DU—CU(集中单元))、回传(CU—核心网)网络将并重，其中中传和回传可以采用相同的传输技术。

结合 5G 回传网络的特征，我国三大运营商都已明确前期的 5G 回传网络技术路线选择。中国移动的 5G 新建传输网络将采用切片分组传送(SPN)技术，对于现网具备 PTN 扩容或升级条件的地市，将采用 PTN 扩容或升级 SPN 技术方案；中国电信和中国联通在城域主要采用现网 IPRAN 扩容或新建 IPRAN 增强 SR(Segment Routing，段路由)和 EVPN(Ethernet Virtual Private Network，以太网 VPN)技术方案，在省内干线主要采用 IP 承载网 over WDM/OTN 的联合组网方案。

思 考 题

1. 简述几种主要传输介质的特点及应用场合。
2. 简述传输网的分层结构及各层的主要功能。
3. 简述传送网与业务网的关系。
4. 相对于 PDH 技术，SDH 技术的优势有哪些？
5. 简述 SDH 帧结构的组成及各部分主要功能。
6. 请画出我国 SDH 传送的结构示意图。
7. 简述 MSTP 与 SDH 的内在联系。
8. 简述 WDM 的组成框图及各部分主要功能。
9. DWDM 基本网元设备有哪些？
10. 简述光传送网的分层结构并说明为什么要引入光层。
11. 简述 PTN 的产生背景及技术特点。
12. 简述 PTN 按功能分层可分为几层，各层的作用是什么。
13. 简述 PTN 的数据转发过程。
14. 请说明 PTN 目前的主要应用场景。

第4章　移动通信网

随着社会的发展，人们的通信频次越来越高，同时对通信方式与质量的要求也越来越高，人们总是希望能在任何时候、任何地方，与任何人都能及时联系、沟通和交流信息。而移动通信正在朝着这样的目标发展。移动通信几乎集中了有线和无线通信的最新技术成果，因此它所处理的信息范围很广，不仅限于语音业务，还包括大量的非话音服务，如短信息、传真、数据、图像、视频等，因而也成为当今最受人们欢迎的通信方式。相应的移动通信网也是近年来发展与更新最为迅速的通信网之一。

本章将介绍移动通信网相关的基本概念，主要内容包括移动通信概述，目前常用移动通信系统 2G、2.5G、3G、4G 和 5G 的组网结构与特点，以及相应的典型业务介绍。

4.1　移动通信概述

4.1.1　移动通信的概念及特点

1．移动通信的概念

按照通信双方是否使用无线传输方式来完成通信，可将通信分为移动通信和固定通信。移动通信是指通信双方至少有一方在可移动状态，并借助于无线传输方式来进行信息传输和交换的通信方式。例如，固定点与移动体(汽车、轮船、飞机等)之间、移动体之间、人与人或人与移动体之间借助于无线信道进行的通信，都属于移动通信的范畴。

2．移动通信的特点

相比于其他类型的通信方式，移动通信主要有以下主要特点：

(1) 具有移动性。要保持通信终端在移动状态下完成通信，则必须采用无线通信(即利用电磁波来传输信息)或无线通信与有线通信相结合的方式。

(2) 电波传播条件复杂。移动终端可能在多种环境中运动，而电波在移动通信的主要使用频段上以直射波、反射波、散射波等主要方式传播，受地形、地物影响大。例如：在移动通信应用最为广泛的城市中，高楼林立，地形高低不平，疏密不同，地物形状各异，使移动通信信号的传播路径更加复杂，导致传输特性变化异常剧烈，信号受到各种干扰，出现信号传播延迟和展宽的现象，最终导致接收信号的质量变差。

(3) 噪声和干扰严重。移动终端接收到的噪声主要来自城市环境中的汽车火花噪声、各种工业噪声等。移动通信的干扰按照产生的原因不同，主要有互调干扰、邻道干扰、同频干扰、多址干扰以及近距离发射机的无用强信号对远距离发射机的有用信号产生的干扰。所以，在移动通信系统设计中，抗干扰措施就显得至关重要。

(4) 系统和网络结构复杂。由于移动通信系统是一个多用户通信系统和网络，因此必须使用户之间互不干扰，并能协调一致地工作。此外，移动通信系统还应与固定电话网、卫星通信网、数据网等互联，故在入网和计费方式上也有特殊要求，所以整个移动通信系统具有十分复杂的网络结构。

(5) 对频率利用率和移动设备性能要求高。无线电频谱是一种特殊的、有限的自然资源。尽管电磁波的频谱很宽，但作为无线通信使用的资源却是有限的，特别是随着移动通信业务需求与日俱增，如何提高频谱利用率以增加系统容量，始终是移动通信发展的焦点。另外，移动设备长期处于移动状态，外界的影响很难预料，这就要求移动设备既具有很强的适应力，还要性能稳定可靠、体积小、重最轻、耗电省、操作简单和携带方便等。

3．移动通信的频段

按照无线电频率的划分，移动通信的频段主要使用 VHF(甚高频)和 UHF(特高频)等微波频段，一般分配为 150 MHz、450 MHz、800 MHz、900 MHz、1800 MHz 以及 2000 MHz 频段等。如今，在频率资源日益紧张的情况下，5G 移动通信的频段还要向 6 GHz 以下的中低频段甚至 6 GHz 以上的更高频段开发。这些频段均为公用移动通信的使用频段。从电波传播特点来看，一个频点的传播范围在视距内，大约为几十千米半径的范围。频段资源是异常宝贵的空间资源，无线电广播、电视、飞机导航、军用等各种移动通信都要分享这一资源，所以任何一个移动通信系统都必须精细地规划和合理使用分得的频率资源。

4.1.2　移动通信的发展历程

现代意义上的移动通信系统起源于 20 世纪 20 年代，距今已有近百年的历史。其发展主要经历了如表 4.1 所示的四个典型的阶段。

表 4.1　移动通信的发展阶段

发展阶段	时间	系统主要特点	典型系统案例
第一阶段	20 世纪 20 年代至 40 年代	专用系统； 工作频率较低； 单工或半双工方式	美国底特律市警察使用的车载无线电系统
第二阶段	20 世纪 40 年代至 60 年代	专用移动网向公用移动网过渡； 交换方式采用人工交换； 网络的容量很小	大量的小范围专用移动通信系统
第三阶段	20 世纪 60 年代至 70 年代	采用大区制方式组网； 靠天线的高度与大功率提供无线覆盖； 仅能提供中小容量的用户使用； 可自动选频和自动交换接续	早期的移动电话系统
第四阶段	20 世纪 70 年代中后期至今	采用小区制蜂窝组网方式； 通信容量迅速增加； 新业务不断出现； 系统性能不断完善； 技术发展呈加快趋势	1 G～5 G 蜂窝移动通信系统(PLMN)

第四阶段的蜂窝移动通信系统又可划分为几个发展时期：

(1) 按多址方式来划分，频分多址(FDMA)系统是第一代移动通信系统(1G)；时分多址(TDMA)或码分多址(CDMA)系统是第二代移动通信系统(2G)；使用分组/电路交换的 CDMA 系统是第三代移动通信系统(3G)；使用不同的高级接入技术并采用全 IP(互联网协议)网络结构的系统称为第四代移动通信系统(4G)。

(2) 按系统的典型技术来划分,模拟系统是 1G;数字话音系统是 2G;数字语音/数据系统是超二代移动通信系统(B2G);宽带数字系统是 3G;极高速数据速率系统是 4G(峰值速率为 100～1000 Mb/s);第五代移动通信系统(5G)是面向 2020 年以后更高速(平均传输速率达到 100 Mb/s～1 Gb/s)的移动通信以及面向万物互联的物联网(IoT)的需求而提出的新一代移动通信系统,ITU 将其命名为 IMT-2020。2019 年 6 月 6 日,中国工信部已经宣布发放 5G 商用牌照给全国四大运营商(中国移动、中国联通、中国电信以及中国广电),当前 5G 网络的建设正在全国分阶段进行。

第一代移动通信系统(1G)采用模拟无线通信技术,工作频段为 900 MHz,频道带宽为 30 kHz 和 25 kHz,频分多址接入(FDMA),频分双工(FDD)方式工作。该系统因抗干扰能力差、质量不稳定、各种系统互不兼容等众多的缺点,早在 20 世纪 90 年代就陆续被第二代数字蜂窝系统所取代。

第二代蜂窝移动通信(2G)的典型系统是欧洲推出的 GSM(Global System for Mobile communications)系统、美国推出的 D-AMPS 系统和日本推出的 JDC 系统。2G 系统采用数字无线通信技术,工作频段为 900 MHz 和 1800 MHz,频道带宽为 200 kHz 和 30 kHz,时分多址接入(TDMA),频分双工方式工作。目前,我国的中国移动公司仍在提供 GSM 的服务,对新技术起到了补充和备份的作用。

伴随着对第三代移动通信技术研究的升温,以及 2.5 G 产品 GPRS 系统、2.75 G 产品 EDGE 的过渡,3G(3G 技术名为 IMT-2000)登上了通信的舞台。3G 的开发目标是:一种能提供多种类型、高质量的多媒体业务,能实现全球无缝覆盖,具有全球漫游能力,与固定网络相兼容,并以小型便携式终端在任何时候、任何地点进行任何种类通信的通信系统。2000 年 5 月,IMT-2000 的全部网络规范得到确定,其中包括美国提交的 CDMA2000、欧洲提交的 WCDMA 以及中国电信科学技术研究院提交的 TD-SCDMA。这三大标准依次被我国的通信服务运营商中国电信、中国联通和中国移动的 3G 系统所采用。目前,中国电信和中国联通的系统还在正常运行,中国移动的 TD-SCDMA 已经退出服务。3G 较之 2G,具有全球化、多媒体化、综合化、智能化、个人化等显著的特征。

一方面 3G 系统已经在许多国家得到大规模商用,而另一方面宽带无线接入技术从固定向移动化方向发展,形成了与移动通信技术竞争的局面。为应对"宽带接入移动化"的挑战,同时也为了满足更多的新型业务的需求,2004 年年底,3GPP 启动了长期演进(LTE)(准 4G)的标准化工作。LTE 致力于进一步改进和增强现有 3G 技术的性能,以提供更快的分组速率、频谱效率以及更低的延迟。LTE 后续演进升级的正式名称为"LTE-Advanced";简称"LTE-A"。其带宽可达 100 MHz,峰值速率下行可达 1 Gb/s,上行可达 500 Mb/s。

2019 年 6 月开始在我国投入商用的 5G 移动通信,标志着我国的通信技术进入了全球第一集团军的阵列,真正甩掉了我国通信落后于世界先进水平的帽子。回顾移动通信最近 30 年的发展历程,我国移动通信市场的发展速度和规模令世人瞩目。可以说,中国的移动通信发展史是超常规、成倍数、跳跃式的发展史。2001 年 8 月,中国的移动通信用户数达到 1.2 亿,超过美国跃居为世界第一位。2014 年 1 月,中国的移动通信用户总数已达到 12.35 亿,其中 3G 用户数超过 4 亿,4G 用户数超过 1400 万。截至 2020 年 6 月末,中国移动、中国电信以及中国联通三家运营商的移动电话用户总数已达 15.95 亿户。移动电话普及率达到 113.9 部/百人。

　　总体来说，我国移动通信发展经历了引进、吸收、改造、创新四个阶段。现阶段，我国的移动通信技术水平已同步于世界先进水平，并有望在本阶段(5G)占领移动通信技术制高点，引领移动通信的发展方向。相信在不久的将来，"信息随心至，万物触手及"的愿景将会呈现在我们面前。

4.1.3　移动通信的分类及工作方式

1．移动通信的分类

　　移动通信按照不同的分类原则有多种不同的分类方法，具体包括：

　　(1) 按使用对象划分，移动通信可分为民用通信和军用通信。民用是对大众开放的公用网络，如"中国移动""中国电信""中国联通"等；而军用是专用网络，加密程度很高。

　　(2) 按使用环境划分，移动通信可分为陆地通信、海上通信和空中移动通信。在陆地、海上和空中不同的环境中，因无线信道传播条件不同，所以采用的技术方式和系统结构有所不同。

　　(3) 按多址方式划分，移动通信可分为频分多址(FDMA)、时分多址(TDMA)和码分多址(CDMA)。采用不同的多址方式对系统容量的影响也不同。

　　(4) 按覆盖范围划分，移动通信可分为广域网、城域网、局域网和个域网。

　　(5) 按业务类型划分，移动通信可分为电话网、数据网和综合业务数字网。

　　(6) 按工作方式划分，移动通信可分为单工、双工和半双工方式。现代公共移动通信系统均采用双工方式，一些小型的专用系统仍采用单工方式。

　　(7) 按服务范围划分，移动通信可分为专用网和公用网。专用网为一个或几个部门或者单位所拥有，它只为拥有者提供服务，不向其他人提供服务。例如军队、铁路、电力等系统均有本系统的专用网络。而公用网则可为所有的人提供服务，公众只要付费就可以接入使用，即它是面向全社会提供服务的网络。目前，公用网构成了移动通信的主要部分。

　　(8) 按信号形式划分，移动通信可分为模拟移动通信网和数字移动通信网。模拟移动通信网的无线传输采用模拟通信技术；而数字移动通信网的无线传输采用数字通信技术。第一代蜂窝移动通信网是模拟网，第二代以后的蜂窝移动通信网都是数字网。

2．移动通信的工作方式

　　移动通信的传输方式分为单向传输和双向传输。单向传输只用于无线电寻呼系统；双向传输有单工、双工和半双工三种工作方式。移动通信传输方式的定义及特点如表 4.2 所示。

表 4.2　移动通信传输方式的定义及特点

工作方式	定　　义	特点
单工	通信双方交替进行收发的通信方式	点对点通信，设备简单
半双工	移动终端采用单工，基站采用双工的通信方式	终端耗电小
双工	通信双方可同时进行消息传输的通信方式	延迟小，速度快

4.1.4　移动通信的基本技术

　　移动通信系统从无到有，其应用与功能不断增强，离不开相关基本技术的不断开发与应用。移动通信中的各类新技术都是为满足移动通信中的有效性、可靠性和安全性的基本指标而设计的。

1. 移动信道电波传播特性的研究

移动通信的无线信道随时间和地点的不同而呈现不断变化的特点。因为移动通信双方都可能处于高速移动状态，并且无线电波的传播环境也处于动态变化中，导致无线传播路径复杂多变，所以整个无线信道的传播特性也处于不断变化的状态之中。总之，移动通信的信道具有传播的开放性、接收环境的复杂性以及通信用户的随机移动性等典型特征。因此分析移动信道中电波传播的各种物理现象的产生机理，找出其特点与规律以及这些现象对电波传播所产生的不良影响，进而研究减小或者抵消各种不良影响的对策，是理解移动通信关键技术的前提，也是开发移动通信各种新技术的基础和依据。

为了给通信系统的规划和设计提供依据，人们通常采用理论分析或根据实测数据进行统计分析(或二者结合)的方法来总结和建立有普遍性的数学模型；利用这些模型，可估算传播环境中的传播损耗和其他有关的传播参数等。通过以上的分析研究，我们可以找到电波传播在各种典型环境下的基本规律，从而形成相应的电波传播模型，并提供给移动通信系统进行规划与分析使用。

2. 移动通信的多址技术

多址技术是指研究如何将有限的通信资源在多个用户之间进行有效的切割与分配，在保证多用户之间通信质量的同时尽可能地降低系统的复杂度并获得较高系统容量的一门技术。

多址技术是移动通信的关键技术之一，甚至是移动通信系统换代的一个重要标志。第一代模拟蜂窝系统采用(FDMA)技术，该技术初步解决了利用有限频率资源扩展系统容量的问题。时分多址(TDMA)技术是伴随着第二代移动通信系统中广泛采用的数字技术出现的，实际采用的是 TDMA/FDMA 的混合多址方式，即在每个载波频道中又划分时隙来增加系统的可用信道数。码分多址(CDMA)技术以码元来区分信道。蜂窝系统实际上采用的就是 CDMA/FDMA 的混合多址方式，系统容量不再受频率和时隙的限制，部分 2G 系统采用了窄带 CDMA 技术，而 3G 的三个主流标准均采用了宽带 CDMA 技术。此外，移动通信中还使用了空分多址(SDMA)技术，以提高信息的抗干扰能力。FDMA、TDMA、CDMA 技术的基本概念分别如图 4.1(a)、图 4.1(b)和图 4.1(c)所示。

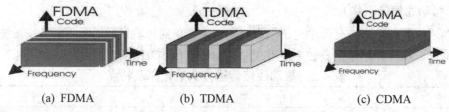

(a) FDMA　　　　　　(b) TDMA　　　　　　(c) CDMA

图 4.1　三种多址技术的基本概念

3. 移动通信的组网技术

组网技术是移动通信系统的基本技术，所涉及的内容比较多，大致可分为移动通信系统的网络结构、网络接口和网络的控制与管理等几个方面。组网技术要解决的问题是如何构建一个实用网络，以便完成对整个移动通信服务区的有效覆盖，并满足业务种类、容量要求、运行环境与有效管理等系统要求。

在进行公用陆地移动通信网(PLMN)组网时,首先考虑的是如何实现无线电波的最大化有效覆盖,即小区覆盖的几何形状必须满足以下两个基本条件:

(1) 能在整个覆盖区域内完成无缝连接且没有重叠。

(2) 每一个小区能进行分裂,以方便扩展系统容量,即在需要时能用更小的相同几何形状的小区完成区域覆盖,而不影响系统的结构。符合以上条件的小区几何形状有几种可能:正方形、等边三角形和六边形,而六边形最接近小区基站通常的辐射模式——圆形(球面状),并且其小区覆盖面积最大。所以,PLMN 的小区形状确定采用正六边形。因为这种小区连接的几何形状形似蜂窝,所以将 PLMN 称作蜂窝移动通信系统。但是值得注意的是,这仅是理论分析,实际的小区形状仍需要根据地理情况和电波传播情况来定,最终的小区形状可能是不规则的。

一个蜂窝移动通信系统由移动台(MS)、基站(BS)和移动交换中心(MSC)等最主要的部分组成,如图 4.2 所示。

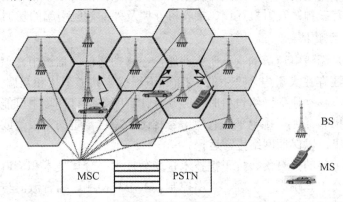

图 4.2　蜂窝移动通信系统的基本组成

4. 移动通信的抗衰落、抗干扰技术

1) 移动通信系统的主要衰落与干扰

在移动通信系统中,主要的衰落有路径衰落、慢衰落和快衰落。

(1) 路径衰落(也称为路径损耗)是指电波在空间传播中产生的损耗。它反映了电波在空间距离上接收信号电平平均值的变化趋势。

(2) 慢衰落损耗(也称为大尺度衰落)主要是指电波在传播路径上受到建筑物等阻挡而产生阴影效应时的损耗。它反映了电波在中等范围内的接收信号电平平均值的变化趋势。该现象也称为阴影效应。

(3) 快衰落(也称为多径衰落)主要是指由于受到不同环境的影响,如城区的高层建筑、郊区的山体、其他电磁辐射影响等干扰,无线电波传播出现明显的多路径传播效应,从而引起接收信号出现多径衰落。它反映了微观小范围接收电平平均值的起伏变化趋势。其变化速度比慢衰落快,因此称为快衰落或者小尺度衰落等。

移动通信系统的干扰是指在移动通信过程中发生的,导致有用信号接收质量下降、损害或阻碍通信的干扰。而干扰信号是指通过各种耦合方式进入接收设备的信道或系统的电磁能量,它可以对移动通信信号的接收产生影响,导致性能下降、质量恶化、信息误差或丢失,甚至阻断通信的进行。移动通信的干扰通常按干扰源的性质划分,可分为自然干扰和人为干扰两大类。自然干扰来源于自然现象，是不可控制的，主要有太阳干扰、宇宙干扰等；人为干扰来源于机器或其他人工装置，是可控制的。人为干扰又可分为无线电设备干扰和非无线电设备干扰两类。非无线电设备干扰包括工业、科研、医疗等电器设备干扰及电力线干扰等，为防止其对无线电业务产生有害干扰，国家标准中已对其使用频率和辐射的允许值作出了规定。无线电设备干扰在无线电干扰中占有较大的比例，主要有以下几类：

(1) 同频干扰。凡是由其他信号源发送出来的与有用信号的频率相同并以同样的方法进入收信机中频通带的干扰都称为同频干扰。

(2) 邻频干扰。凡是在收信机射频通带内或通带附近的信号，经变频后落入中频通带内所造成的干扰，称为邻频干扰。

(3) 带外干扰。发信机的杂散辐射和接收机的杂散响应产生的干扰，称为带外干扰。

(4) 互调干扰。互调干扰是指两个或多个信号作用在通信设备的非线性器件上，产生了与有用信号频率相近的频率，从而对通信系统构成干扰的现象。在移动通信系统中产生的互调干扰主要有三种：发射机互调、接收机互调及外部效应引起的互调。

2) 抗干扰的主要措施

抗干扰技术是无线电通信的重点研究课题，在移动通信的信道中，除存在大量的环境噪声和干扰外，还存在大量电台产生的干扰(邻道干扰、共道干扰和互调干扰)。因此，在设计、开发和生产移动通信网络设备时，必须预计到网络运行环境中可能存在的各种干扰强度，采取有效措施，使干扰电平和有用信号相比不超过预定的门限值或者传输差错率不超过预定的数量级，以保证网络正常运行。

移动通信中主要的抗衰落、抗干扰技术有均衡技术、分集技术和信道编码三种基本技术，另外也采用交织、跳频、扩频、功率控制、多用户检测、语音激活与间断传输等技术来对抗各种信号衰落与干扰。

5. 移动通信的调制与解调技术

调制是指将需传输的语音、图像以及视频等低频信息寄载到高频载波上，以方便用无线电波的方式传输的过程；而调制技术的作用就是将传输信息转化为适合于无线信道传输的信号，以便从信号中提取和恢复信息。移动通信系统中采用的调制方案要求具有良好的抗衰落、抗干扰的能力，还要具有良好的带宽效率和功率效率，对应的解调技术中有简单高效的非相干解调方式。通常，线性调制技术可获得较高的频谱利用率，但移动设备的制造难度和成本会增大；而恒定包络(连续相位)调制技术具有相对窄的功率谱，并对放大设备没有线性要求，但频谱利用率不及前者。以上两类数字调制技术在数字蜂窝系统中使用得最多。

自第二代移动通信系统开始，移动通信进入了全数字化时代，数字调制技术也成为其关键技术之一。数字调制的基本类型分为振幅键控(ASK)、频移键控(FSK)和相移键控(PSK)。此外，还有许多由基本调制类型改进或综合而获得的新型调制技术。在实际应用中，线性调制技术包括 PSK、四相相移键控(OPSK)、差分相移键控(DOPSK)、交错四相相移键控(OQPSK)、π/4-DQPSK 和多电平 PSK 等；恒定包络(连续相位)调制技术包括最小频移键控(MSK)、高斯滤波最小频移键控(GMSK)、高斯频移键控(GFSK)和平滑调频(TPH)等。恒定包络调制技术的优点是已调信号具有相对窄的功率谱和对放大设备没有线性要求，不足之处是其频谱利用率通常低于线性调制技术。

6. 移动通信的编码技术

原始的语音信号是模拟信号，而数字移动通信传输的是数字信号，因此，在数字移动通信系统中需要在发送端将语音信号转换成数字信号，在接收端再将数字信号还原成模拟信号，这个模/数以及数/模转换的过程就称作语音编解码，简称语音编码。语音编码技术是数字蜂窝系统中的关键技术。由于无线频率资源极其有限，即数字蜂窝网的带宽是有限的，因此对语音编码也有特殊的要求，需要压缩语音，采用低编码速率，以使系统容纳最多的用户。综合其他因素，数字蜂窝系统对语音编码技术有以下主要要求：

(1) 编码的速率适合在移动信道内传输，纯编码速率应低于 16 kb/s。

(2) 在一定编码速率下，语音质量应尽可能高，即译码后恢复语音的保真度要尽量高，一般要求达到长话质量，MOS 评分(主观评分)不低于 3.5。

(3) 编译码时延要小，总时延不大于 65 ms。

(4) 编码的算法复杂度要适中，便于大规模集成电路实现。

(5) 要能适应移动衰落信道的传输，即抗误码性能要好，以保持较好的语音质量。

语音编码技术通常分为三类，即波形编码、参量编码和混合编码，其中混合编码综合了波形编码与参量编码两者的优点，克服其不足，它能在 4～16 kb/s 的编码速率上得到高质量的合成语音，因而广泛应用于数字移动通信系统中。

4.2 第二代移动通信系统

4.2.1 GSM 系统概述

GSM 系统是泛欧数字蜂窝移动通信网的简称，即"全球移动通信系统"，自 20 世纪 90 年代初期投入商用以来，被全球上百个国家采用。我国拥有世界上最大的 GSM 网络，直到 5G 都已经投入商用的今天，中国移动通信公司的 GSM 系统仍在正常地服务于全国的上亿用户。

全球移动通信系统之所以能迅速发展，基本原因有两个：

(1) 采用多信道共用和频率复用技术，频率利用率高。

(2) 系统功能完善，具有越区切换、全球漫游等功能，与市话网互联，可以直拨市话、长话、国际长途，计费功能齐全，用户使用方便。

1. GSM 系统的特点

GSM 系统采用时分多址(TDMA)、规则脉冲激励-长期线性预测编码(RPE-LTP)、高斯滤波最小频移键控调制方式(GMSK)等技术。GSM 系统主要参数如表 4.3 所示。

表 4.3 GSM 系统主要参数

参数	说　明	参数	说　明
频段	900 MHz、1800 MHz 等	信道分配	每载频 8 时隙
频带宽度	25 MHz	通信方式	全双工
载频间隔	200 kHz	信道总速率	270.8 kb/s
调制方式	GMSK，BT=0.3	话音编码	13 kb/s，规则脉冲激励-长期线性预测编码
数据速率	9.6 kb/s	抗干扰技术	跳频技术(217 跳/s)、分集接收技术、交织信道编码、自适应均衡技术

GSM 系统具有以下主要特点：

(1) GSM 的移动台具有漫游功能，可以实现国际漫游。

(2) 提供多种业务。除了提供话音业务外，GSM 还可以开放各种承载业务(数据业务)、补充业务等与 ISDN 相关的业务，可与 ISDN 兼容。

(3) 具有较好的抗干扰能力和保密功能。GSM 可向用户提供以下两种主要的保密功能：

① 对移动台识别码加密，使窃听者无法确定用户的移动台电话号码，对用户位置起到保密的作用；

② 将用户的语音、信令数据和识别码加密，使非法窃听者无法窃取通信的具体内容。

(4) 越区切换功能。在无缝覆盖的蜂窝移动通信网中，要确保通话不因用户的位置改变而中断，越区切换是必不可少的功能。GSM 采取移动台参与越区切换的策略。移动台在通话期间，不断向所在工作小区基站报告本小区和相邻小区无线信号测量的详细数据。当基站根据收到的测量数据判断需要进行越区切换时，基站控制器会向切换的目标小区发出启动空闲信道的命令，待目标小区确认信道激活后，基站向移动台发出越区切换命令，目标小区会根据来自移动台的接入请求确认移动台已切换完成，并使移动台在该信道上继续通信。同时，基站将通知原通话小区释放原占用信道。

(5) GSM 系统容量大、通话音质好。

(6) 具有灵活方便的组网结构。

2. GSM 系统的网络结构

一个完整的 GSM 系统主要由移动台(MS)、网络交换子系统(NSS)和基站子系统(BSS)组成(在 3GPP R99 版本以后 NSS 改称核心网(CN)，BSS 改称无线接入网(RAN))。网络运营部门为管理整个移动通信系统还需配置专门的操作支持子系统(OSS)。GSM 系统网络结构如图 4.3 所示。

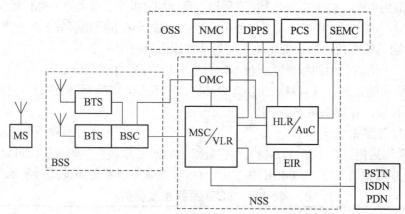

图 4.3   GSM 系统网络结构

GSM 系统的各子系统之间和子系统内部各功能实体之间存在大量的接口。为保证各厂商的设备能够实现互联，在 GSM 技术规范中对其作了详细的规定。基站子系统(BSS)在移动台(MS)和网络交换子系统(NSS)之间提供管理传输通路，包括 MS 与 GSM 系统功能实体之间的无线接口管理。NSS 负责管理和控制通信业务，保证 MS 与 MS 之间、MS 与相关的公用通信网或与其他通信网之间建立通信，即 NSS 不直接与 MS 连接，BSS 也不直接与公用通信网连接。操作支持子系统(OSS)负责系统中各网元的集中管理与维护。

1) 移动台

移动台(MS)是公用 GSM 移动通信网中用户使用的设备,是整个 GSM 系统中用户能够直接接触的唯一设备。移动台的类型有车载台、便携台和手持台。

MS 能通过无线方式接入通信网络,为主叫和被叫用户提供通信所需的各种控制和处理。MS 还提供与使用者之间的接口,如完成通话呼叫所需要的话筒、扬声器、显示屏和按键,或者提供与其他一些终端设备之间的接口,如与个人计算机或传真机之间的接口,或同时提供这两种接口。因此,根据用户应用情况,移动台可以是单独的移动终端(MT)、手持机、车载台,也可以是由移动终端(MT)与终端设备(TE)传真机相连接而构成,或者可以是移动终端(MT)通过相关终端适配器(TA)与终端设备(TE)相连接而构成。

移动台的主要功能:通过无线接入通信网络,完成各种控制和处理以提供主叫或被叫通信;具备与使用者之间的人机接口,例如,要实现话音通信必须有送、受话器,键盘以及显示屏等,或者有与其他终端设备相连接的适配器,或两者兼有。

移动台的另一个重要组成部分是用户识别模块(SIM 卡),它是用户身份的体现。它以存储磁卡的形式出现,移动台上只配有读卡装置。SIM 卡上存储有用户相关信息,其中包括鉴权和加密信息。移动台中必须插入 SIM 卡才能工作,只有在处理异常的紧急呼叫时,才可在没有 SIM 卡的情况下操作。SIM 卡的应用使移动台并非固定地束缚于一个用户,因为 GSM 系统是通过 SIM 卡来识别移动电话用户的,无论在什么地方,用户只要将其 SIM 卡插入其他移动台设备,同样可以获得用户自己所注册的各种通信服务。SIM 卡的使用,为用户提供了一种非常灵活的使用方式,这为将来发展个人通信打下了基础。

移动台还涉及用户注册与管理。移动台依靠无线接入,不存在固定的线路,移动台本身必须具备用户的识别号码,这些用于识别用户的数据资料是用户在与运营商签约时一次性写入标志该用户身份的 SIM 卡上的。

2) 基站子系统

广义地讲,基站子系统(BSS)包含了 GSM 系统中无线通信部分的所有地面基础设施,它通过无线接口直接与移动台相连,负责无线发送、接收和无线资源控制与管理。此外,BSS 通过接口与移动交换中心(MSC)相连,并受 MSC 控制,处理与交换业务中心的接口信令,完成移动用户之间或移动用户与固定用户之间的通信连接,传送系统控制信号和用户信息等。因此,BSS 可视作移动台与交换机之间的桥梁。BSS 还建立与操作支持子系统(OSS)之间的通信连接,为维护人员提供一个操作维护接口,使系统运行时有良好的维护手段。

BSS 可分为两部分,即基站收发信台(BTS)和基站控制器(BSC)。

(1) 基站收发信台(BTS)。BTS 是通过无线接口与移动台一侧相连的基站收发信机,主要负责无线传输。BTS 包括无线传输所需要的各种硬件和软件,如发射机、接收机、支持各种小区结构所需要的天线、连接基站控制器的接口电路以及收发信台本身所需要的检测和控制装置等。BTS 的天线通常安装在几十米高的天线铁塔上,通过馈线电缆与收发信机架相连接。

(2) 基站控制器(BSC)。BSC 一侧与 BTS 接口,另一侧与交换机相连,负责整个无线资源的控制和管理。BSC 是基站收发台和移动交换中心之间的连接点,也为基站收发台和操作维护中心之间交换信息提供接口。一个基站控制器通常可控制大量的基站收发台，其主要功能是进行无线信道控制与管理，实行呼叫和通信链路的建立和拆除，并对本控制区内的移动台的越区切换进行控制等。在 GSM 系统结构中，BSC 还有一个重要的功能部件称为码型转换器/速率适配器(TRAU)，它使 GSM 系统空中接口上的低速率信号(全速 16 kb/s 或半速 8 kb/s)与 PCM 传输线路中标准的 64 kb/s 信号速率相适配。多数 TRAU 设备都配置在 BSC 内，以提高 BTS 与 BSC 之间传输线路的效率。

3) 网络子系统

网络子系统(NSS)具有系统交换功能和数据库功能，数据库中存有用户数据及移动性、安全性管理所需的数据，在系统中起着管理作用。NSS 内各功能实体之间和 NSS 与 BSS 之间通过 7 号信令协议并经 7 号信令网络相互通信。

NSS 由移动业务交换中心(MSC)、归属位置寄存器(HLR)、访问位置寄存器(VLR)、鉴权中心(AUC)、设备识别寄存器(EIR)和操作维护中心(OMC)等基本功能实体构成。

(1) 移动业务交换中心(MSC)。MSC 是蜂窝通信网络的核心，其主要功能是对本 MSC 控制区域内的移动用户进行通信控制与管理。具体包括：信道的管理与分配；呼叫的处理和控制；越区切换和漫游的控制；用户位置登记与管理；用户号码和移动设备号码的登记与管理；服务类型的控制；对用户实施鉴权与加密；为系统与其他网络连接提供接口，例如与其他 MSC、公用通信网络(如公用交换电信网(PSTN))、综合业务数字网(ISDN)、其他运营商的蜂窝移动通信网络(PLMN)和公用数据网(PDN)等连接提供接口，保证用户在移动或漫游过程中实现无中断的服务。

MSC 可从 HLR、VLR 和 AUC 三种数据库中获取处理用户位置登记和呼叫请求所需的全部数据；反之，MSC 也可根据其获取的最新信息请求更新数据库中的部分数据。

大容量移动通信网中的 NSS 可包括若干个 MSC、VLR 和 HLR。当其他通信网的用户呼叫 GSM 移动网用户时，首先将呼叫接入到关口移动业务交换中心(GMSC)，由关口交换机负责从用户归属的 HLR 获取位置信息，并把呼叫转接到可对该移动用户提供即时服务的 MSC(即移动用户当前所在的 MSC)，亦称为被访 MSC(VMSC)。GMSC 具有其他通信网与 NSS 实体互通的接口，其功能可在 MSC 中实现，也可用独立节点来实现。当 GSM 的用户要呼叫其他通信网的用户时，TMSC(汇接 MSC)用作 GSM 系统与其他通信网络之间的转接接口。TMSC 的功能与 PSTN 网络的汇接局相似，可与 GMSC 合并实现于同一物理实体中。

(2) 归属位置寄存器(HLR)。HLR 是用于存储本地用户信息的数据库。在蜂窝通信网中，通常设置若干个 HLR，每个用户都必须在某个 HLR 中登记。登记的内容分为两类：永久性的参数，如用户号码、移动设备号码、接入的优先等级、预订的业务类型以及鉴权加密参数等；需要随时更新的暂时性的参数，即用户当前所处 MSC 位置的有关参数。这样做的目的是保证当呼叫任一个移动用户时，无论他在何处，均可由该移动用户的归属位置寄存器获知他当时处于哪一个 MSC 的服务区，进而建立起通信链路。

(3) 访问位置寄存器(VLR)。VLR 是一种用于存储来访用户位置信息的数据库。一个VLR 通常与一个 MSC 合并实现于同一个物理设备中，表示为 MSC/VLR，用于存储活动在该 MSC 服务区的所有用户的业务数据与位置数据。当移动用户漫游到新的 MSC 控制区时，他必须向该区的 VLR 申请登记。VLR 要从该用户的 HLR 查询其有关的参数,通知其 HLR 修改其中存储的用户所在的 MSC 服务区的位置信息,准备为其他用户呼叫此移动用户时提供路由信息。当移动用户由一个 MSC/VLR 服务区移动到另一个 MSC/VLR 服务区时,HLR 在修改该用户的位置信息后,还要通知原来的 VLR,删除此移动用户的位置信息。

(4) 鉴权中心(AUC)。AUC 的作用是可靠地识别用户的身份,只允许有权用户接入网络并获得服务。GSM 系统采取了特别的安全措施,例如用户鉴权、对无线接口上的话音和数据信息进行加密等。因此,AUC 存储着鉴权信息和加密密钥,用来防止无权用户进入系统和保证通过无线接口的移动用户通信的安全。AUC 通常与 HLR 在物理上合并实现,视作 HLR 的功能单元之一,专用于 GSM 系统的安全性管理。

(5) 设备识别寄存器(EIR)。EIR 存储着移动设备的国际移动设备识别码(IMEI),用于对移动设备的鉴别和监视,并拒绝非法移动台入网。EIR 通过核查白色清单、灰色清单或黑色清单这三种表格,在表格中分别列出了准许使用的、出现故障需监视的、失窃不准使用的移动设备的 IMEI,使得运营部门对于网络中非正常运行的 MS 设备都能采取及时的防范措施,以确保网络内所使用的移动设备的唯一性和安全性。但由于此功能的开通既会增加用户与网络运营商使用的负担,也不利于手机的更新换代,我国的移动业务运营商均未向普通用户提供此功能。

(6) 操作维护中心(OMC)。OMC 的任务是对全网进行监控和操作,例如系统的自检、报警与备用设备的激活,系统的故障诊断与处理,话务量的统计和计费数据的记录与传递,以及各种资料的收集、分析与显示等。

4) 操作支持子系统

操作支持子系统(OSS)的主要功能是移动用户管理、移动设备管理以及网络操作与维护。移动用户管理包括用户数据管理和呼叫计费。用户数据管理一般由 HLR 来完成,用户数据可从营业部门的人机接口设备通过网络传到 HLR 上,SIM 卡的管理也是用户数据管理的一部分,但需用专门的 SIM 个人化设备来完成。呼叫计费由移动用户所访问的各个 MSC 或 GMSC 分别实时生成通话详单后,经与后台计费中心之间的数据接口直接送到该计费中心,集中处理计费数据。在移动通信环境下,计费管理要比固定网复杂得多。计费设备要为网内的每个移动用户收集来自各方面的计费信息。

网络操作与维护实现对 BSS 和 NSS 的操作与维护管理任务。此设施称为操作与维护管理中心(OMC)。从电信管理网(TMN)的发展角度考虑,OMC 应具备与高层次的 TMN 进行通信的接口功能,以保证 GSM 网络能与其他电信网络一起进入先进、统一的电信管理网络中,进行集中操作与维护管理。

总之,OSS 是一个相对独立的管理和服务中心,不包括与 GSM 系统的 NSS 和 BSS 部分密切相关的功能实体。它主要包括网络管理中心(NMC)、安全性管理中心(SEMC)、用于用户设备卡管理的个人化中心(PCS)、用于集中计费管理的数据库处理系统(DPPS)等功能实体。

4.2.2 GSM 的主要业务

GSM 系统可提供各种功能完备的业务,按通信信息类型的不同,可分为语音业务和数据业务；按业务的提供方式的不同，又可分为基本业务和补充业务。后者也是 GSM 规范中对业务的分类方式。

1. GSM 的基本业务

GSM 的基本业务又分成电信业务和承载业务两大类。其中，电信业务包括电话业务、紧急呼叫业务、短消息业务、传真和数据通信业务等；承载业务主要为数据业务。

(1) 电话业务。电话业务是 GSM 系统提供的最基本的业务，用户通过拨打被叫号码，可进行移动用户之间或者移动用户与固定网用户之间的实时双向通话。

(2) 紧急呼叫业务。在紧急情况下，移动用户可拨打紧急服务中心的号码获得服务。紧急呼叫业务优先于其他业务，在移动用户没有插入 SIM 卡时也可使用。

(3) 短消息业务。短消息业务是指用户可以在移动电话上直接发送和接收文字或数字消息，因其传送的文字信息短(消息量限制在 160 个英文/数字字符或 70 个中文字符以内)而称为短消息业务。短消息业务包括移动台间点对点的短消息业务以及小区广播式短消息业务。

① 移动台间点对点的短消息业务由短消息中心完成存储和前转功能。点对点短消息业务的收发在呼叫状态或待机状态下均可进行。短消息中心是与 GSM 系统相分离的独立实体，与 HLR 相似，通常设置于用户的归属地，并且无论用户移动到哪里，该用户所发出的短信息均由该短信中心负责存储并成功转发至指定的接收短信息的用户手机上。

② 小区广播式短消息业务是指 GSM 网络以有规则的间隔向移动台广播具有通用意义的短消息，如天气预报等。移动台在开机状态下即可接收显示广播消息，消息量限制在 92 个英文/数字字符或 41 个中文字符以内。

(4) 传真和数据通信业务。GSM 系统的传真与数据通信服务可使用户在户外或外出途中收发传真、阅读电子邮件、访问 Internet、登录远程服务器等。用户可以在 GSM 移动电话上连接一个计算机的 PCM-CIA 插卡，然后将此卡插入个人计算机，就可以发送和接收传真、数据了。

2. GSM 的补充业务

补充业务是对基本业务的改进和补充，它不能单独向用户提供，而必须与基本业务一起提供，同一补充业务可应用到若干个基本业务中。补充业务的大部分功能和服务不是 GSM 系统所特有的，也不是移动电话所特有的，而是直接继承固定电话网的，但也有少部分是为适应用户的移动性而开发的。

用户在使用补充业务前，应在归属局办理业务开通手续，在获得某项补充业务的使用权后才能使用。系统按用户的选择提供补充业务，用户可随时通过移动电话通知系统为自己提供或删除某项具体的补充业务。用户在移动电话上对补充业务的操作有激活补充业务、删除补充业务、查询补充业务等。GSM 的主要补充业务分成以下几类：

(1) 号码识别补充业务类。

① 主叫号码识别显示：向被叫方提供主叫方的 ISDN 号码，即来电显示业务。

② 主叫号码识别限制：限制将主叫方的 ISDN 号码提供给被叫方。

③ 被叫号码识别显示：将被叫方的 ISDN 号码提供给主叫方，通常用于有呼叫转移的业务情况。

④ 被叫号码识别限制：限制将被叫方的 ISDN 号码提供给主叫方。

(2) 呼叫提供类补充业务。

① 无条件呼叫转移：用户可以使网络将呼叫他的所有入局呼叫连接到另一号码。

② 遇忙呼叫转移：当遇到被叫移动用户忙时，将入局呼叫接到另一个号码。

③ 无应答呼叫转移：当遇到被叫移动用户无应答时，将入局呼叫接到另一号码。

④ 不可及呼叫转移：当移动用户未登记、没有 SIM 卡、无线链路阻塞或移动用户离开无线覆盖区域无法找到时，网络可将入局呼叫接到另一号码。

(3) 呼叫限制类补充业务。

① 闭锁所有出呼叫：不允许有呼出。

② 闭锁所有国际出呼叫：阻止移动用户进行所有出局国际呼叫，仅可与当地的 PLMN 或 PSTN 建立出局呼叫，不管此 PLMN 是否为归属的 PLMN。

③ 闭锁除归属 PLMN 国家外所有国际出呼叫：仅可与当地的 PLMN 或 PSTN 用户以及归属 PLMN 国家的 PLMN 或 PSTN 用户建立出局呼叫。

④ 闭锁所有入呼叫：该用户无法接收任何入局呼叫。

⑤ 当漫游出归属 PLMN 国家后，闭锁入呼叫：当用户漫游出归属 PLMN 国家后，闭锁所有入局呼叫。

(4) 呼叫完成类补充业务。

① 呼叫等待：可以通知处于忙状态的被叫移动用户有来话时呼叫等待，然后，由被叫用户选择接受还是拒绝这一等待中的呼叫。

② 呼叫保持：允许移动用户在现有呼叫连接上暂时中断通话，让对方听录音通知，而在随后需要时重新恢复通话。

③ 至忙用户的呼叫完成：主叫移动用户遇被叫用户忙时，可在被叫空闲时获得通知，如主叫用户接受回叫，网络可自动向被叫发起呼叫。

(5) 多方通信类补充业务。多方通话指允许一个用户和多个用户同时通话，并且这些用户之间也能相互通话；也可以根据需要，暂时将与其他方的通话置于保持状态而只与某一方单独通话；任何一方可以独立退出多方通话。

(6) 计费类补充业务。该业务可以将呼叫的计费信息实时地通知应付费的移动用户。

4.2.3 GPRS 系统概述

GPRS(通用分组无线业务)是移动通信和分组数据通信相融合的第一阶段产品。移动通信在语音业务继续保持发展的同时，对 IP 和高速分组数据类承载业务的支持已经成为 2G 移动通信系统演进的主要方向。GSM/GPRS 网是 GSM 网络的升级，被称为蜂窝移动通信的 2.5G，也是 GSM 向 3G 演进的重要阶段。GPRS 的特点包括：能够资源共享，频率利用率高；实行动态链路适配，用户一直处于在线连接状态，接入速度快；能够向用户提供可协商的四种 QoS 类别的服务；支持 X.25 协议和 IP 协议以及采用数据流量进行计费等。GPRS 主要的应用领域有 E-mail 电子邮件、互联网浏览、WAP 业务、电子商务、信息查询、远程监控等。

1. GPRS 的系统组成及其各节点功能

GPRS 的分组数据网络是建立在现有 GSM 网络基础之上的，通过升级相关节点软件和增加三个特殊的硬件单元来提供 GPRS 分组数据业务的处理功能。增加的三个主要单元如下：

(1) SGSN：GPRS 服务支持节点。SGSN 的工作是对移动终端进行定位和跟踪，并发送和接收移动终端的分组。

(2) GGSN：GPRS 网关支持节点。GGSN 将 SGSN 发送和接收的 GSM 分组并按照其他分组协议(如 IP)发送到其他网络。SGSN、GGSN 加上与 GSM 共用的 HLR，共同完成了 GPRS 分组核心网的功能。

(3) PCU：分组控制单元。PCU 负责许多 GPRS 相关功能，比如接入控制、分组安排、分组组合及解组合。PCU 通常与 BSC 合设在同一节点中。

GSM 与 GPRS 并存的网络结构如图 4.4 所示，图中相应的接口及其功能如表 4.4 所示。

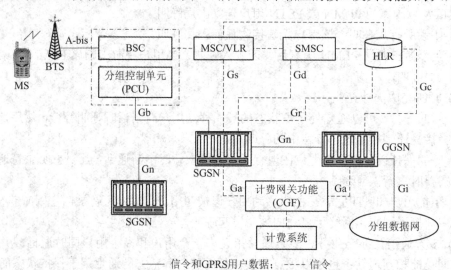

图 4.4 GSM 与 GPRS 并存的网络结构

表 4.4 GSM 与 GPRS 并存的网络中的相关接口描述

接口名称	位　　置	基　本　功　能
Ga	SGSN 与计费网关之间的接口	实时传输 GPRS 的计费信息
Gb	SGSN 与分组控制单元之间的接口	在 SGSN 与 PCU 之间传输用户面与控制面的信息
Gi	GGSN 与外部互联网的接口	在 GPRS 网络与外部互联网之间传输分组数据包
Gc	HLR 与 GGSN 之间的接口	在 HLR 与 GGSN 之间传递用户相关的信息
Gn	SGSN 与 GGSN 之间的接口	在 GPRS 核心网中转发分组数据包
Gr	SGSN 与 HLR 之间的接口	在 HLR 与 SGSN 之间传递用户相关的信息
Gd	SGSN 与 SMSC 之间的接口	支持基于 GPRS 的短信业务
Gs	SGSN 与 MSC/VLR 的接口	支持分组域与电路域网络的连接,简化位置更新业务过程以及两个域的短信收发

2. GPRS 的主要业务

GPRS 最主要的业务就是以分组数据交换和传输的方式为移动用户提供接入外部分组数据网(如互联网)的功能。

此外，GPRS 数据分组网还能够向用户提供丰富的业务类型，以更大程度地满足用户的各种需求。具体业务类型包括承载业务、用户终端业务、补充业务，此外还支持短消息、匿名接入等其他业务。其中，承载业务可以是点对点和点对多点两类业务；用户终端业务则包括信息点播业务、E-mail 业务、会话业务、远程操作业务、单向广播业务和双向小数据量事务处理业务等；短消息业务可通过 GPRS 信道传送来进行，从而使效率大大提高。

4.2.4　EDGE 系统概述

EDGE 称为增强型数据速率 GSM 演进技术，是一种能够增强 GPRS 的单位时隙内数据吞吐量的技术。

EDGE 是一种从 GSM 到 3G 的过渡技术，它主要在 GPRS 系统中采用了一种新的调制方法，即最先进的多时隙操作和 8PSK 调制技术。EDGE 技术的引入，主要影响当时 GPRS 网络的无线接入部分，即 BTS 和 BSC，而对网络的其他部分没有太大的影响。这样，网络运营商可最大限度地利用现有的无线网络设备，只需少量的投资就可以部署 EDGE。EDGE 改进了现有 GPRS 应用的性能和效率，并且为将来的宽带服务提供了可能。EDGE 技术有效地提高了 GPRS 信道编码效率及其高速移动数据标准，它的最高速率可达 384 kb/s，在一定程度上节约了网络投资，可以充分满足未来无线多媒体应用的带宽需求。

与 GPRS 系统相比较，EDGE 的主要改变在于利用新的调制技术提升了数据传输效率，所以其实现的业务功能与 GPRS 完全一致。

4.3　第三代移动通信系统

4.3.1　第三代移动通信系统概述

20 世纪 80 年代末到 90 年代初，第二代数字移动通信系统刚刚出现，第一代模拟移动通信还在大规模发展中。然而第一代移动通信制式繁多，第二代移动通信也只实现了区域内制式的统一，而且覆盖也只限于城市地区。用户迫切希望尽快使用到既能够提供真正的全球覆盖，又能提供带宽更宽、更灵活的多种业务，还能够提供使终端在不同的网络间无缝漫游的系统来取代第一代和第二代移动通信系统。蜂窝移动通信系统的演进如图 4.5 所示。

国际电联(ITU)提出了未来公共陆地移动通信系统 FPLMT 的概念，并将其命名为 IMT-2000，即第三代移动通信系统(3G)。IMT-2000 系统包括地面系统和卫星系统，其终端既可连接到基于地面的网络，也可连接到卫星通信网络。目前，我国使用的 3G 系统为三种码分多址(CDMA)技术的主流标准：WCDMA、CDMA2000 和 TD-SCDMA，如图 4.6 所示。其中的 TD-SCDMA 标准是我国具有自主知识产权的标准。在我国，三大标准对应的使用运营商如图 4.7 所示。

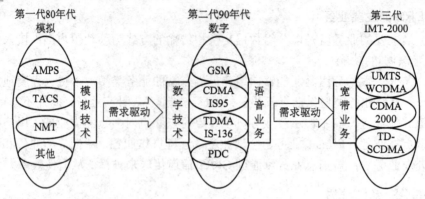

图 4.5　蜂窝移动通信的演进

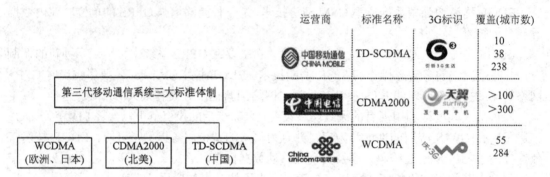

图 4.6　3G 三大 CDMA 标准　　　　　图 4.7　三大标准对应的使用运营商

1．第三代移动通信系统的特点

IMT-2000 以全球化、多媒体化、综合化、智能化以及个人化为显著特征，并具有以下主要特点：

(1) IMT-2000 具有全球性漫游的特点。

虽然经过国际标准化组织的努力，最终还是没有将所有的候选技术合并成一个无线接口，但是，已经使几个主流的无线接口技术间的差别尽可能地缩小了，为实现多模多频终端打下了很好的基础。

(2) IMT-2000 系统的终端类型多种多样。

IMT-2000 系统的终端包括普通语音终端、与笔记本电脑相结合的终端、病人的身体监测终端、儿童的位置跟踪终端及其他各种形式的多媒体终端等。

(3) IMT-2000 的数据速率提供能力强。

IMT-2000 系统除提供质量优良的语音和数据业务外，还能提供宽范围的数据速率选择和不对称数据传输能力，以及更严格的鉴权和加密算法(即提供更强的保密性)。

(4) IMT-2000 能与第二代系统共存和互通。

IMT-2000 系统的结构是开放式和模块化的，方便引入更先进的技术和不同的应用程序。

(5) IMT-2000 系统包括卫星和地面两个网络，具有更高的频谱利用率，可降低相同速率的业务价格，从而降低用户使用成本。

(6) IMT-2000 系统可同时提供语音、分组数据和图像等多媒体业务。

2. 第三代移动通信系统的典型结构及其主要节点功能

1) IMT-2000 系统结构

IMT-2000 系统主要由三个功能子系统构成，即核心网(CN)、无线接入网(RAN)和用户设备(UE)，如图 4.8 所示。

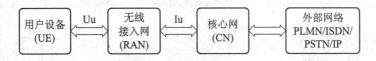

图 4.8　IMT-2000 系统基本结构

(1) 核心网(CN)：提供系统中信息的交换和传输，采用分组交换的数据报(IP)交换或者虚电路(ATM)交换网络来实现，最终方案为实现全 IP 网络，同时与 2G 系统核心网兼容。核心网的结构完全继承 GSM(CS 域)和 GPRS(PS 域)的结构，即平滑升级而来。其相应节点的基本功能均无大的改变。图 4.8 中的 Uu 为无线空中接口，Iu 是无线接入网与核心网之间的接口。

(2) 无线接入网(RAN)：实现无线部分的传输与控制功能。三大标准中，RAN 部分 CDMA2000 的节点名称与 GSM 相同，无变化；而 WCDMA 和 TD-SCDMA 则用全新的节点名称来表示，即 RNC(无线网络控制器)和 Node B。WCDMA 无线接入网的结构如图 4.9 所示。图中，Iub 是 RNC 与基站 Node B 之间的接口，完成 RNC 对基站 Node B 的控制以及与用户信息的双向传输；Iur 是 RNC 之间的接口，主要功能是实现 RNC 之间的软切换。

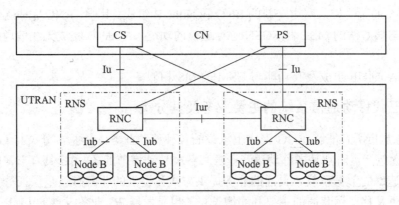

图 4.9　WCDMA 无线接入网的结构

(3) 用户设备(UE)：为移动用户提供服务的设备。它与无线接入网之间的通信链路为无线链路。它由移动终端(MT)和用户识别模块(USIM)组成。前者是用户物理终端设备，后者是用户合法使用系统的身份标识。

2) IMT-2000 主要节点功能

WCDMA R99 的典型网络结构如图 4.10 所示。

由图 4.10 可见，WCDMA 系统包括 CN、UTRAN(即 RAN)以及 UE 三部分组成。通过 CN，WCDMA 系统可与其他网络，诸如公用电话网(PSTN)、其他的蜂窝移动通信网 (Inter-PLMN)以及互联网(Internet)等进行通信。

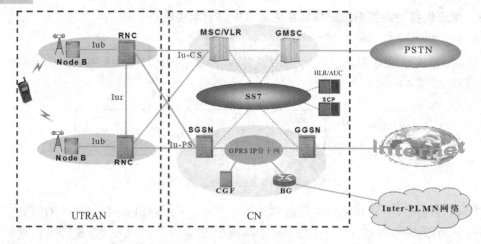

图 4.10   WCDMA R99 的网络结构

WCDMA 的 CN 由电路域(CS)和分组域(PS)共同组成。CS 完成语音通信、短信收发等基本业务和大量的补充业务，其主要节点 MSC、GMSC、HLR/AUC 的功能与 GSM 系统相应节点功能类似，此处不再赘述。SCP 称为业务控制节点，是 WCDMA 中智能网相关业务实现的控制节点。PS 的功能与 GPRS 完全一致，只是因为采用了宽带 CDMA 技术而极大地提升了数据速率。目前，WCDMA 的 HSPA+(增强的高速分组接入技术)已提供高达约50 Mb/s 的接入速率。PS 部分核心网的节点仍然是 SGSN、GGSN 以及 HLR/AUC，其功能与 2.5G 基本相同，此处不再赘述。

WCDMA 的无线接入网由全新的 RNC 和 Node B 组成。其中，RNC 完成无线相关的控制功能以及与核心网的 MSC 和 SGSN 进行通信的功能，Node B 完成无线信道控制与提供功能。

WCDMA 的 UE 组成及其功能与 GSM 的 MS 相似。

4.3.2   第三代移动通信系统的主要业务及其分类

3G 业务是指所有能够在 3G 网络上承载的各种移动业务，其基本分类与 GSM 的业务分类相似。它包括点对点基本移动语音业务和各类移动增值业务。3G 具有丰富的多媒体业务应用、高速率的数据承载、灵活的业务提供方式和提供的业务有质量保证等特点。而移动增值业务更是移动运营商的主要利润增长点，也是发展 3G 业务发展的方向。3G 运营商在保留和增强 2G/2.5G 移动增值业务的同时，大量开发并提供了新的 3G 移动增值业务，它们具备互联网化、媒体化和生活化的新特点。3G 移动增值业务主要有以下几类：

(1) 成熟类：主要有短消息(SMS)、彩铃、WAP(无线应用协议)、IVR(互动式语音应答)等业务。

(2) 成长类：主要有移动即时通信、移动音乐、MMS(彩信)、移动邮件、移动电子商务、LBS(移动位置服务)、手机媒体、移动企业应用、手机游戏、无线上网卡业务跟踪等业务。

(3) 萌芽类：主要有移动博客、手机电视、一键通(PTT)、移动数字家庭网络、移动搜索、移动 VoIP(基于 IP 的语音通信)等业务。

由于 3G 业务的多样性、用户使用特征的差异以及运营商情况的不同，3G 业务可以从多个角度来划分。以下是常见的 3G 业务分类：

(1) 从承载网络来分，3G 业务可以分为电路域业务和分组域业务。其中，电路域业务包括语音、智能网业务、短信、彩铃、补充业务等；分组域业务包括数据业务、数据卡上网和 IMS 业务等。

(2) 从业务特征上来分，3G 业务可以分为语音业务和非语音业务两大类。语音业务包括基本语音和增强语音；非语音业务包括数据业务、数据卡上网、智能网业务和补充业务等。

(3) 从服务质量上来分，3G 业务提出了会话类、流媒体类、交互类和背景类四种业务区分方式。会话类业务主要为语音通信和视频电话业务；流媒体类业务可分为长流媒体和短流媒体业务，也可分为群组流媒体与个人流媒体业务，还可分为广播式流媒体和交互式流媒体业务；交互类业务包括基于定位的业务、网络游戏等；背景类业务有 E-mail、SMS、MMS 和下载业务等。会话类业务和流媒体类业务对时延敏感，但允许较高的误码率；而交互类业务和背景类业务对时延要求低，但对误码率要求高。

(4) 从业务发展和继承方面考虑，3G 业务可以分为 2G/2.5G 继承业务及 3G 特色业务。

(5) 基于 3G 用户需求的不同，3G 业务可分为通信类、消息类、交易类、娱乐类和移动互联网类。

4.4　第四代移动通信系统

4.4.1　第四代移动通信系统概述

在推动 3G 系统产业化的同时，世界各国已把研究重点转入后三代/第四代(B3G/4G)移动通信系统的开发。2000 年 10 月，ITU 就在加拿大蒙特利尔市成立工作组，专门探索 3G 之后下一代移动通信系统(4G)的概念和方案。与此同时，宽带无线接入技术也开始从固定向移动化发展，并在 Intel 等 IT 巨头的推动下，产业化势头迅猛，对 3G 系统构成了实质性的竞争威胁，形成了与移动通信技术抗衡的局面。为应对"宽带接入移动化"的挑战，同时为了满足更多新型业务的需求，2004 年年底第三代合作伙伴项目(3GPP)组织启动了长期演进(LTE)的标准化工作。LTE 应运而生。

4G 移动通信致力于进一步改进和增强现有 3G 分组数据传输技术的性能，以提供更快的分组速率、更高的频谱效率以及更低的延迟作为其追求的主要目标。2005 年 10 月，ITU 正式将 4G 移动通信技术命名为 IMT-Advanced。它支持 100 Mb/s 以上速率的蜂窝系统，并可支持高达 1 Gb/s 以上速率的无线接入。而之前的 LTE 虽未达到 IMT-Advanced 的性能要求，但关键技术具有 4G 特征，并能平滑演进到 4G，所以将其称为准 4G 或 3.9G，属于 4G 阵营。

1. 第四代移动通信系统的特点

4G 具有以下特点：

(1) 通信速度快、质量高。4G 系统可达到最高 1 Gb/s 的数据传输速率。

(2) 网络频谱宽、频率使用效率高。4G 信道占有 100 MHz 的频谱，相当于 WCDMA

网络的 20 倍。

(3) 可提供各种增值服务。4G 系统以正交频分复用(OFDM)为核心技术,利用这种技术可以实现无线区域环路(WLL)、数字音讯广播(DAB)等方面的无线通信增值服务。

(4) 通信费用更加便宜。由于 4G 不仅解决了与 3G 通信的兼容性问题,使更多的现有用户能轻易地升级到 4G,而且 4G 引入了许多全新的关键技术,保证了 4G 可提供灵活性非常高的系统操作方式,因此相对其他技术来说,4G 部署方便迅速,通信运营商们可直接在3G 网络的基础设施之上,采用逐步引入的方法完成 4G 的部署,从而有效地降低建设费用。

2．第四代移动通信系统的网络结构

4G 的网络架构也就是 LTE 的网络架构。其结构与 GPRS 相比,核心网层面进行了革命性变革,引入了 SAE(系统架构演进),核心网仅含分组域,且控制面与用户面分离。而无线接入网中的网元也进行了精简,取消了 RNC,使无线接入网形成只有单级节点的扁平化结构,更有利于缩短数据转发延迟。由 3G 到 4G 网络的演进对比结构如图4.11 所示。

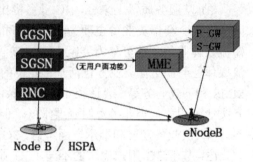

图 4.11　由 3G 到 4G 网络的演进对比结构

由图 4.11 可见,与现有 3G 的 GPRS 系统结构相比较,4G 结构及其功能的改变在于:所有 RNC 和 Node B 的功能由 eNodeB 完成;SGSN 控制面功能由 MME 完成;SGSN 用户面功能由 S-GW 完成;GGSN 功能由 P-GW 完成。

目前,2G、3G 和 4G 处于并存的状态,其典型的网络架构如图 4.12 所示。

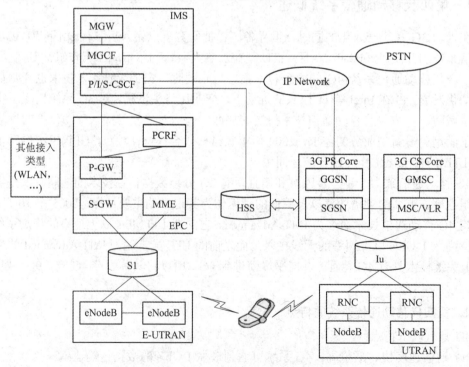

图 4.12　4G 与 3G 混合组网的网络架构

由图 4.12 可见，右侧部分为目前包含 CS 和 PS 的 3G 系统的典型架构；HSS 为共用的归属用户数据库，用以取代 HLR；左侧是 LTE 的完整网络架构；左上方的 IMS(IP 多媒体子系统)是为 LTE 提供终极语音解决方案，即基于 LTE 的语音(VoLTE)(或称为高清语音)而必备的部分。

与 LTE 相关的概念、重要节点及其功能归纳如下：

LTE(长期演进)：4G 移动通信网络的无线网络部分标准。

SAE(系统架构演进)：与 LTE 相对应的核心网标准。

EPC(演进的分组核心网)：当前，EPC 与 SAE 可等效为同一概念。

EPS(演进分组系统)：代表完整的 4G 系统。可以理解为：EPS=EPC(SAE)+LTE+UE。

eNodeB：LTE 无线接入基站，是无线接入网唯一的节点，为终端提供无线接入，由基带处理单元(BBU)和无线射频单元(RRU)组成。

MME(移动性管理实体)：负责对由无线接入的每个用户基于签约相关的数据实施移动性管理。

HSS(归属用户服务器)：负责存储归属移动用户的所有数据。其作用与 HLR 类似。

S-GW(业务网关)：负责与 eNodeB 连接，提供用户面业务通道。

P-GW(分组数据网络网关)：EPS 与外部 IP 网络互通的锚点。

PCRF(策略和计费规则功能)：提供策略控制的决策以及基于流媒体的计费控制功能。

4.4.2　第四代移动通信系统的主要业务特征

随着生活水平的提高、社会经济的高度发展，人们对移动通信业务的需求量越来越大，要求也越来越高。第四代移动通信系统开发的主要目标是解决高速宽带分组数据传输，进而借助于 IMS 系统的配合，最终用 PS 完全取代 CS，使现代通信网演进到全 IP 的网络架构。同时，需求驱动了产业链的发展，使得业务模型、业务架构成为 4G 系统中最为重要的特性之一。我国工信部自 2013 年 12 月向中国移动、中国电信和中国联通颁发 4G 经营许可以来，4G 在网络、终端、业务方面都进入正式商用阶段，也标志着我国正式进入 4G 时代。4G 业务的主要特征如下：

(1) 业务丰富多彩。就业务内容而言，用户追求清晰度更高的画面，更加逼真的音效等；就业务范围而言，包括了购物消费、居家生活、娱乐休闲、医疗保健、紧急处理等日常生活的各个方面。

(2) 业务方便简单。4G 将提供质量越来越高、范围越来越广、内容越来越丰富的服务，这对技术复杂的系统架构的要求也越来越高；同时，人机界面的设计至关重要，对用户而言则是透明的。

(3) 业务安全可靠。目前，安全性成为用户关注的焦点，除了与金融相关的安全性问题，隐私保护是用户关心的另一个重点。用户被授予控制隐私级别的权利，在不同场所应用不同业务的过程中，如果隐私可能受到侵犯，系统应有能力及时告知用户。

(4) 业务个性化。追求个性化是用户的必然趋势，从个性化外观的手持终端到可配置的信息预订，从终端制造商到内容提供商等产业链中的各个部分都需要协同合作来满足用户能够对业务最大程度智能控制的要求。

(5) 业务无缝覆盖。4G 系统提供无缝覆盖，不仅在网络层面上实现互联互通，而且在业务和应用层面上实现用户体验的无缝融合。

(6) 业务开放性。开放分层的业务架构和平台将为 IMT-Advanced 提供丰富的业务资源，这主要体现为通过标准接口开放网络的能力，从而允许第三方利用开放的接口和资源灵活快速地开发和部署新业务。

4.5　第五代移动通信系统

4.5.1　第五代移动通信系统概述

随着 4G 网络的大规模部署，其覆盖范围和数据传输能力不断提升。在这一过程中，人们体会到了高速宽带移动网络带来的便利，但随着移动业务的扩张，原有的传统业务开始遇到了增长瓶颈，产业的发展迫切需要拓展更多的业务场景，创造更多的全新应用。例如：虚拟现实(VR)、增强现实(AR)和高清视频需要网络以 1～10 Gb/s 的无线接口传输速率来支持；自动驾驶、远程医疗的发展要求网络时延必须从 100 ms 降低到 1 ms 以确保精准。新的业务对网络能力提出了更高的要求，而以移动互联网和物联网技术为代表的新兴网络技术的不断创新又促使网络能力得到大幅提升。其中，移动互联网颠覆了传统移动通信业务模式，而物联网则扩展了移动通信的服务范围。在需求和技术的双重驱动下，5G 技术应运而生。我国工信部已经于 2019 年 6 月正式向中国移动、中国电信、中国联通和中国广电四家运营商颁发了 5G 商用许可证。

5G 可以应对未来爆炸式的移动数据流量增长、海量的设备连接、不断涌现的各类新业务和应用场景，使"信息随心至，万物触手及"变为现实。总体而言，5G 具有以下显著特点：数据传输速率快、频率利用率高、无线覆盖能力强、兼容性好、成本费用低、不受场地限制等。相对于 4G 网络，5G 网络的传输速率将提升 10～100 倍，峰值传输速率可达到 10 Gb/s，端到端时延可达到 ms 级，连接设备密度将增加 10～100 倍，流量密度将提升 10 000 倍，频谱效率将提升 5～10 倍，并能够在 500 km/h 的速度下保证用户体验。

移动通信系统演进的过程如图 4.13 所示。

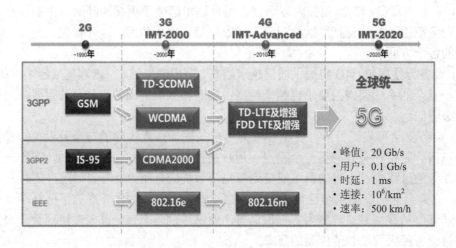

图 4.13　移动通信系统演进的过程

4.5.2 第五代移动通信系统的应用场景

相对于之前的各代移动通信系统，5G 不仅要满足人与人之间的通信，还将服务于未来社会的各个领域。如果说以往的移动通信系统是以满足人与人之间的通信为己任，那么 5G 移动通信系统将以实现万物互联的物联网通信为其突出的特点，以用户为中心构建全方位的信息生态系统，因此需要满足人与人、人与物、物与物的信息交互，其各种应用场景将更加复杂化。为此，5G 定义了如图 4.14 所示的三大应用场景，即增强移动宽带(eMBB)、超可靠低时延通信(uRLLC)和海量机器类通信(mMTC)。

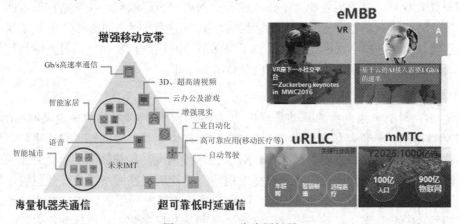

图 4.14　5G 三大应用场景

eMBB 场景是指在现有移动宽带业务的基础上，对用户体验等性能进一步提升，以追求人与人之间极致的通信体验。mMTC 和 uRLLC 都是物联网(IoT)的典型应用场景，但侧重点有所不同。mMTC 主要体现人与物之间的通信，而 uRLLC 主要体现物与物之间的通信。

eMBB 场景表现为超高的数据传输速率、广域覆盖下的移动性保证等。该使用场景涵盖一系列使用案例，包括有着不同要求的广域覆盖和热点。热点指用户密度大，但对移动性要求低的应用。热点的用户数据速率高。广域覆盖指移动性的要求高，对数据速率的要求可能低于热点。预计未来几年用户数据流量将持续增长(年均增长率预测高达 47%)，而业务形态将以视频为主(占比达 78%)。在 5G 的支持下，用户可以享受在线 2K/4K 视频及 VR/AR 视频，用户体验速率可提升至 1 Gb/s，峰值速率可以达到 10 Gb/s(目前华为公司的 5G 基站测得的峰值速率已经达到 20 Gb/s)。

在 uRLLC 场景下，时延要求低于 1 ms，且要求支持高速移动(500 km/h)情况下的高可靠性(99.999%)连接。这一场景更多面向车联网、工业制造或生产流程的无线控制、远程手术、智能电网配电自动化以及运输安全等大量特殊的、对时延以及可靠性具有严格要求的应用场景。

mMTC 场景主要考虑以强大的连接能力，快速促进各垂直行业(智慧城市智能家居、环境监测等)的深度融合，实现万物互联。在此场景下，数据传输速率较低且对时延亦不敏感，但连接将覆盖生活的方方面面，所以终端成本需要降至更低、电池续航时间需要大幅度延长、可靠性要求更高等是需要解决的突出问题。

4.5.3 第五代移动通信系统的网络架构

1. 5G 网络设计原则

为了应对 5G 需求和场景对网络提出的挑战，并满足 5G 网络优质、灵活、智能、友好的整体发展趋势，5G 网络需要通过基础设施平台和网络架构两个方面的技术创新与协同发展，最终实现网络变革。传统的电信基础设施平台是基于专用硬件实现的。5G 网络将通过引入互联网和虚拟化技术，设计实现基于通用硬件的新型基础设施平台，从而解决现有基础设施平台成本高、资源配置能力不强和业务引入周期长等问题。在网络构架方面，基于控制转发分离和控制功能重构的新型网络架构，提高了接入网在面向 5G 复杂场景下的整体接入性能，简化了核心网的结构，提供了灵活高效的控制转发功能，可支持高智能的运营，从而进一步开放网络能力，提升全网整体服务水平。

2. 新型设施基础平台

实现 5G 新型设施平台的基础是网络功能虚拟化(NFV)技术和软件定义网络(SDN)技术。NFV 技术通过软件与硬件的分离，为 5G 网络提供更具弹性的基础设施平台，组件化的网络功能模块实现控制面功能可重构。NFV 技术使网元功能与物理实体无绑定关系，采用通用硬件取代专用硬件，可以方便快捷地把网元功能部署在网络中的任意位置，同时对通用硬件资源实现按需分配和动态伸缩，以达到最优的资源利用率。SDN 技术实现了控制功能和转发功能的分离，有利于通过网络控制平面从全局来感知和调度网络资源，实现网络连接的可编程。

3. 5G 网络逻辑架构

为了满足业务与运营的需求，5G 接入网和核心网功能需要进一步加强。5G 网络将是基于 SDN、NFV 和云计算技术的更加灵活、智能、高效和开放的网络系统。新型 5G 网络架构包括接入云、控制云和转发云三个域，如图 4.15 所示。其中，控制云主要负责全局控制策略的生成，接入云和转发云主要负责策略执行。

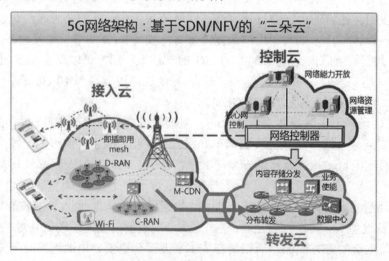

图 4.15 5G 的网络逻辑架构

在图 4.15 中，接入云支持多种无线制式的接入，包含各种类型基站和无线接入设备，融合集中式和分布式两种无线接入网架构，可实现更灵活的组网部署和更高效的无线资源管理。5G 的网络控制功能和数据转发功能也是分离的，形成集中统一的控制云和灵活高效的转发云。控制云实现局部和全局的会话控制、移动性管理和服务质量保证，并提供面向业务的网络能力开放接口，从而满足业务的差异化需求并提升业务的部署效率。转发云则基于通用的硬件平台，在控制云高效的控制和资源调度下，实现海量业务数据流的高可靠、低时延、均负载的高效传输。

基于"三朵云"的新型 5G 网络架构是移动网络未来的发展方向，但实际网络发展在满足未来新业务和新场景需求的同时，也要充分考虑现有移动网络的演进途径。5G 网络架构的发展会存在局部变化到全网变革的中间阶段，通信技术与 IT 技术的融合会从核心网向无线接入网逐步延伸，最终形成网络架构的整体演变。

4．5G 的组网与网络结构

从 4G 时代就引入的窄带物联网(NB-IoT)和 eMTC 这两个低功耗、广覆盖的物联网技术已经可以满足海量机器互联的需求，但业界还在苦苦探索其应用和商业模式。以自动驾驶为代表的低时延、高可靠通信的应用，目前还在"蹒跚学步"。所以，5G 的部署真的要这么快吗？5G 是未来大势所趋，但 4G 仍是主流。2019 年，据相关咨询公司预测，在 2020年 4G 将承载全球 88%的流量，即使到了 2025 年，4G 用户数仍然占据 50%~60%。因此，和 4G 不同，业界对 5G 的投资都会比较谨慎，希望能投石问路、循序渐进。在最早冻结的5G NSA(非独立组网)下，5G 无法单独工作，仅仅是作为 4G 的补充，分担 4G 的流量。5G SA(独立组网)的标准化足足比非独立组网慢了半年之久。

(1) 非独立组网模式。非独立组网模式(NSA)即使用现有的 4G 基础设施，进行 5G 网络的部署。基于 NSA 架构的 5G 载波仅承载用户数据，其控制信令仍通过 4G 网络传输。

(2) 独立组网模式。独立组网模式(SA)即需要建设全新的 5G 网络，包括新 5G 基站(5GNR)、回程链路以及 5G 核心网(5GC)。SA 在引入全新网元与接口的同时，还将大规模采用网络虚拟化、软件定义网络等新技术，并与 5GNR 结合。同时，其协议开发、网络规划部署及互通等互操作所面临的技术挑战也将超越 3G 和 4G 系统。5G SA 组网结构如图4.16 所示。

图 4.16　5G SA 组网结构

5G SA 组网结构下的 5GNR 和 5GC 结构分别如图 4.17 和图 4.18 所示。5G 无线接入网将演进为集中单元(CU)、分布单元(DU)和有源天线单元(AAU)的三级结构，相应的承载网架构可以分解为前传、中传和回传网络。5G 无线网、核心网均会朝着云化和数据中心化的方向演进。CU 可以部署在核心层或骨干汇聚层，功能与 BBU 相似；AAU 完成天线功能；DU 与 RRU 相似。用户面为了满足低时延等业务的体验，会逐步云化下移并实现灵活部署；为了实现 4G/5G/Wi-Fi 等多种无线接入的协同，基站的控制面也会云化集中，基站之间的协同流量也会逐渐增多。同时，边缘计算(EC)使得运营商和第三方服务能够靠近终端用户接入点,实现超低时延服务。为了满足这些时间敏感服务的低延迟要求,部分 5G 核心网的功能被放入移动边缘计算(MEC)中。由于 MEC 承担了 5G 核心网的部分功能,因此 MEC 与 5G 核心网之间的连接将是一个网状网连接。图 4.18 中 5GC 的各网络功能(NF)的相关介绍以及与 EPC 网元的对比如表 4.5 所示。

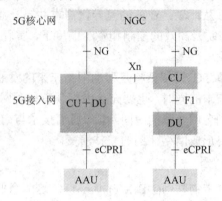

图 4.17　5GNR 的组成结构

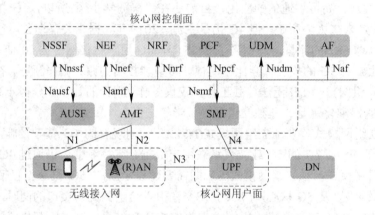

图 4.18　5GC 的组成结构

表 4.5　5G NF 与 EPC 网元的对比

5G NF	中文名称	类比 EPC 功能
AMF	接入和移动性管理功能	MME 中 NAS 接入控制功能
SMF	会话管理功能	MME、SGW-C、PGW-C 的会话管理功能
UPF	用户平面功能	SGW-U 和 PGW-U 的功能
UDM	统一数据管理	HSS,SPR
PCF	策略控制功能	PCRF
AUSF	认证服务器功能	HSS
NEF	网络能力开发	SCEF
NSSF	网络切片选择功能	5G 新增,用于网络切片选择
NRF	网络注册功能	5G 新增,类似增强 DNS

4.6　移动通信组网案例

以下以目前广泛使用的 4G(LTE)网络组网为例,介绍最基本的移动通信组网需要考虑的相关问题。

4.6.1　系统组成

从前面 4G 的网络结构的介绍中我们已经了解到,为了简化网络和减小时延,实现低时延、低复杂度和低成本的要求,4G 网络采用了"扁平化""分散化"的结构。LTE 改变了传统的 3G 接入网 UTRAN 的 NodeB 和 RNC 两层结构,将由这两层完成的可靠而高效的无线资源的控制与管理功能在单层的 eNodeB(eNB)节点完成,从而形成"扁平"的 E-UTRAN 结构,如图 4.19 所示。从图中可见,E-UTRAN 仅包含 eNB 一种类型节点,一共由三个 eNB 组成。

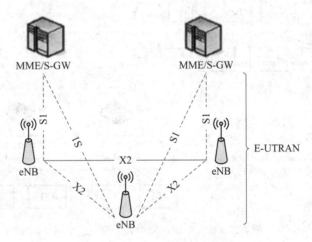

图 4.19　LTE 系统网络结构

在图 4.19 的 LTE 组网方案中,LTE 系统由三部分组成:核心网(Evolved Packet Core, EPC)(图中的 MME/S-GW 部分)、接入网(eNB)。

LTE 的 eNB 除了具有原来 NodeB 的功能外,还承担了原来 RNC 的大部分功能,包括物理层(包括 HARQ)、MAC 层(包括 ARQ)、RRC、调度、无线接入许可、无线承载控制、接入移动性管理和小区间的无线资源管理(inter-cell RRM)等。

eNB 与 EPC 之间通过 Sl 接口连接,支持多对多连接方式;eNB 之间通过 X2 接口相连,支持 eNB 之间的通信与切换需求; eNB 与 UE(用户设备)之间通过 Uu 接口(无线空中接口)连接,实现 UE 与系统的无线方式连接。

4.6.2　组网方案

LTE 无线接入网络在逻辑结构上是一个扁平化的网络,基站通过 S1 接口连接 EPC 网络。在基站建设形态上,常见的有宏基站和 BBU(室内基带处理单元)+RRU(远端射频单元)

分布式基站两种。宏基站的有源设备均在机房内，运行较稳定可靠，但是对配套要求高，也不符合节能减排的发展方向。BBU+RRU 分布式基站的 RRU 部分靠近天线，可就近安装，具有改善覆盖、对配套要求低等优点，但是有源设备在室外运行，稳定性不如宏基站。在技术上，多天线的 MIMO(多入多出)引入后，宏基站已经不再适合在多天线阵列的基站上应用。因此，现在基站建设形态多以 BBU+RRU 分布式基站作为主要建设类型。

　　LTE 的 BBU+RRU 组网模式分为集中式和分布式两大类。

　　集中式组网主要将 BBU 集中于汇聚节点，分布式组网则将 BBU 下沉至各接入点，如图 4.20 所示。

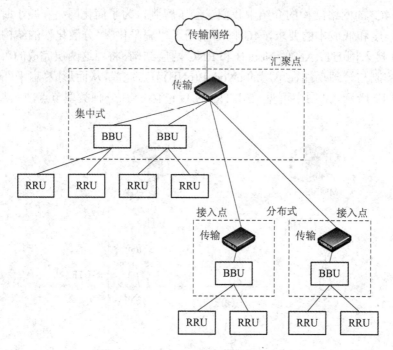

图 4.20　BBU+RRU 集中式、分布式组网

思 考 题

1. 什么是移动通信？移动通信与固定通信相比较主要区别在哪里？相同点又有哪些？

2. 移动通信有什么特点？

3. 移动通信有哪些基本技术？各自解决的主要问题是什么？

4. 典型的移动通信系统由哪几大部分组成？各部分的基本功能是什么？

5. 试简述移动通信发展的基本历程。

6. 试比较 2G、2.5G、2.75G、3G、4G 以及 5G 移动通信系统的结构异同点和业务异同点。

第三篇　通信工程建设

第5章　通信工程制图

随着通信技术的快速发展和产业的不断升级，特别是 5G 移动通信时代的到来，促使网络建设进程不断推进，市场对通信工程勘测、设计类人才的需求逐渐增加。在通信工程建设过程中，通信工程勘测和设计制图至关重要，已成为工程设计人员必备的基本技能。通信工程图纸是指在对施工现场仔细勘查及认真收集资料的基础上，通过图形符号、文字及标注来表达具体工程性质的一种图纸。

通信工程制图就是将图形符号、文字符号按不同专业的要求绘制在一个平面上，使工程项目相关人员通过阅读图纸就能够了解工程规模、工程内容，并结合图纸可以进行统计工程量及完成编制工程概预算。工程图纸对通信工程项目的实施具有指导意义。

5.1　工程勘察设计

要学习通信工程制图必须先了解什么是工程勘察设计。通信工程的勘察是指在确定通信项目建立之后对项目实施环境的勘察，包括对工程环境的勘察、确定设备型号及设备安装方案。通信的勘察工作是通信工程的必要准备。

通信设计是对现有通信网络的装备进行优化与整合，是在通信网络规划的基础上，根据通信网络的发展目标综合运用工程技术和经济方法，依照技术标准、规范、规程，编制以工程建设为依据的设计文件以配合工程建设。

5.1.1　工程勘察要求

根据前面通信工程技术部分的内容讲解可知，电信工程的专业分工很细，每个专业都有它自身的专业要求，工程勘察的也有自己所属专业的专业要求。本节以移动通信系统为例介绍勘察要求。

1. 勘察准备

1) 收集相关资料

在实施工程勘察工作之前，收集与勘察工作相关的必要的资料，主要包括：

(1) 工程技术资料。

(2) 前期工程设计文件，相关项目资料。

(3) 现网资料的系统结构图、网络组网结构拓扑图、传输通路组织图、无线网络覆盖区域、覆盖面积、覆盖率、现网基站数及其分布。

(4) 本期工程资料。该资料包括工程建设目的及建设指导意见、工程建设范围及规模、专业分工界面和工程分工界面、当前主流基站设备的技术资料、工程建设地点的自然环境和社会环境信息。

2) 准备勘察工具

为了使勘察工作顺利、高效，勘察工具必须齐全且能正常使用，因为工作器具是否齐备、性能是否可靠将直接影响工程勘察的质量，甚至影响后续的工程设计及工程施工。勘察工具不齐备或不正常可能导致复勘、数据缺失。常用工具有手持式定位系统、指北针、测距仪、数码相机等。

2. 勘察要求

移动通信系统的勘察要求一般包括：

(1) 记录勘察分组情况和勘察时间；

(2) 记录勘察站点总数及分布情况；

(3) 记录可建设(新建)的基站总数及分布情况；

(4) 记录拟新建站载频配置总数；

(5) 分析新建站预计覆盖效果(覆盖人口数量、覆盖区用户发展潜力)。

3. 勘察内容

对于新建基站的勘察，需要重点记录拟建站点周围的环境信息、站点周围的资源信息，对拟用作机房的房屋，需要记录房屋的相关信息。

对共站址基站的勘察，需要重点记录现有资源(机房的设备布置、基站、传输、电源、走线架、配线设备、馈线窗、线缆孔洞、接地排、布线路由等)的现状和占用信息。

现场勘察需要对资源能否满足工程建设的要求作出勘察结论，对于不能满足工程建设要求的需要提出解决方案。

无线基站工程的具体勘察记录信息包含基础信息、基站环境、天馈系统、无线基站、配套、土建配套、共建共享等内容。

4. 绘制勘察草图要求

绘制勘察草图要求一般包括：

(1) 绘制草图时尽可能地按照比例记录；

(2) 图中应标明项目的详细地址(如门牌号)；

(3) 对周边明显标志物要标注清楚；

(4) 图要标注清楚位置、障碍的位置和处理方式；

(5) 测量以及编号以交换局方向为起点。

5. 勘察整理

对勘察的具体情况和数据进行整理、汇总，主要包括勘察情况整理与汇总、编写勘察报告、勘察汇报、确定设计相关事宜、明确建设单位其他要求等多项工作。

(1) 整理勘察资料。现场勘察结束后，整理勘察记录及勘察草图。文件资料包括无线基站工程勘察记录表和无线基站工程勘察记录汇总表。

(2) 编写勘察报告。现场勘察结束、资料整理完成后，应及时编制勘察报告。勘察报告包括总体情况、各基站详细情况、特殊情况说明。

5.1.2 工程设计

无线基站工程设计部分主要工作是进行图纸的编制，为了便于图纸排序，根据图纸所包含的主要内容，将无线专业设计图纸分为五大类：

(1) 系统类图纸：包括网络结构图、站点分布示意图、分工界面图和共用图纸(通图)。

(2) 基站位置示意图。

(3) 机房类图纸：包括机房平面布置图、走线架平面布置图、布线路由图和线缆布放计划表。

(4) 设备类图纸：包括设备面板示意图和设备端口示意图。

(5) 天馈线安装示意图。

5.2 通信工程制图基础

通信工程图纸是指通过图形符号、文字符号、文字说明及标注来表达具体工程性质的一种图纸。通信工程图纸里包含了工程相关的内容，比如路由信息、设备配置安放情况、技术数据、主要说明等内容，图纸制图的规范至关重要。为了使通信工程的图纸做到规格统一、画法一致、图面清晰，符合施工、存档和生产维护的要求，有利于提高设计效率、保证设计质量和适应通信工程建设的需要，必须严格依据通信工程制图的相关规范文件制图。

5.2.1 通信工程制图的总体要求

通信工程图纸是在对施工现场进行仔细勘察和认真搜索资料的基础上，通过图形符号、文字符号、文字说明及标注来表达具体工程性质的一种图纸。它是通信工程设计的重要组成部分，是指导施工的主要依据。

通信工程制图就是将图形符号、文字符号按不同专业的要求画在一个平面上，使工程施工技术人员通过阅读图纸就能够了解工程规模、工程内容，统计出工程量及编制工程概预算。只有绘制出准确的通信工程图纸，才能对通信工程施工具有正确的指导性意义。因此，通信工程技术人员必须掌握通信制图的方法。

通信工程制图的总体要求如下：

(1) 根据表述对象的性质、论述的目的与内容，选取适宜的图纸及表达手段，以便完整地表述主题内容。

(2) 当几种手段均可达到目的时，应采用简单的方式。例如：描述系统时，框图和电路图均能表达，则应选择框图；当单线表示法和多线表示法同时能明确表达时，宜使用单线表示法。当多种画法均可达到表达的目的时，图纸宜简不宜繁。

(3) 图面应布局合理，排列均匀，轮廓清晰和便于识别。

(4) 选取合适的图线宽度，避免图中的线条过粗或过细。标准通信工程制图图形符号的线条除有意加粗者外，一般都是统一粗细的，一张图上要尽量统一。但是，不同大小的图纸(例如 A1 和 A4 图)可有不同，为了视图方便，大图线条可以相对粗些。

(5) 正确使用国标和行标规定的图形符号。派生新的符号时，应符合国标图形符号的派生规律，并应在适合的地方加以说明。

(6) 在保证图面布局紧凑和使用方便的前提下，应选择合适的图纸幅面，使原图大小适中。

(7) 准确地按规定标注各种必要的技术数据和注释，并按规定进行书写和打印。

(8) 工程设计图纸按规定设置图衔，并按规定的责任范围签字。各种图纸应按规定顺序编号。

(9) 总平面图及机房平面布置图、移动通信基站天线位置及馈线走向图应设置指北针。

(10) 对于线路工程，设计图纸应按照从左往右的顺序制图，并设指北针；线路图纸分段按起点至终点、分歧点至终点原则划分。

5.2.2　通信工程制图的统一规定

1. 图幅尺寸

工程图纸幅面和图框大小应符合国家标准，一般应采用 A0、A1、A2、A3、A4 及其加长的图纸幅面，目前实际工程设计中，多数采用 A4 图纸幅面。图纸幅面和图框尺寸如表 5.1 所示。

表 5.1　图纸幅面和图框尺寸　　　　　　　　　　　　　mm

幅面代号	A0	A1	A2	A3	A4
图框尺寸(长×宽)	1189×841	841×594	594×420	420×297	297×210
非装订侧边框距	10			5	
装订侧边框距	25				

当上述幅面不能满足要求时，可按照 GB4457.1《机械制图图纸幅面及格式》的规定加大幅面，具体尺寸大小如表 5.2 所示。对于 A0、A2、A4 幅面的加长量应按照 A0 幅面短边的八分之一的倍数增加；对于 A1、A3 幅面的加长量应按照 A0 幅面长边的四分之一的倍数增加；A0 及 A1 幅面允许同时加长两边。

表 5.2　加大幅面图纸的代号和尺寸

代号	尺寸/mm
A3×3	420×891
A3×4	420×1189
A4×3	297×630
A4×4	297×841
A4×5	297×1051

可以在不影响整体视图效果的情况下，将工程图分割成若干张图纸来绘制，目前这种方式在通信线路工程图绘制时经常被采用。

应根据所表述对象的规模大小、复杂程度、所要表达的详细程度、有无图衔及注释的数量来选择较小的合适幅面。

2．图线型式及其应用

(1) 图线型式及用途应符合表 5.3 的规定。

表 5.3 图线型式及用途

图线名称	图线型式	一 般 用 途
实线	———————————	基本线条：图纸主要内容用线，可见轮廓线
虚线	- - - - - - - - - - - - -	辅助线条：屏蔽线、机械连接线、不可见轮廓线、计划扩展内容用线
点画线	—·—·—·—·—·—	图框线：表示分界线、结构图框线、功能图框线、分级图框线
双点画线	—··—··—··—··	辅助图框线：表示更多的功能组合或从某种图框中区分不属于它的功能部件

(2) 图线宽度一般可选用 0.25 mm、0.3 mm、0.35 mm、0.5 mm、0.6 mm、0.7 mm、1.0 mm、1.2 mm 和 1.4 mm。

(3) 通常只选用两种宽度的图线，粗线的宽度为细线宽度的两倍，主要图线粗些，次要图线细些。对复杂的图纸也可采用粗、中、细三种线宽，线的宽度按 2 的倍数依次递增，但线宽种类也不宜过多。

(4) 使用图线绘图时，应使图形的比例和配线协调恰当，重点突出，主次分明，在同一张图纸上，按不同比例绘制的图样及同类图形的图线粗细应该保持一致。

(5) 细实线为最常用的线条，在以细实线为主的图纸上，粗实线主要用于主回线路、图纸的图框及需要突出的线路、设备、电路等处。指引线、尺寸线以及标注线应使用细实线。

(6) 当需要区分新安装的设备时，则用粗实线表示新建，细实线表示原有设施，细虚线表示规划预留部分，"×"号表示电信改造工程需要拆除的设备及线路。

(7) 平行线之间的最小间距不宜小于粗线宽度的两倍，且不能小于 0.7 mm。

(8) 当使用线型及线宽表示用途有困难时，可以通过使用不同颜色加以区分。

3．图纸比例

(1) 对于通信管道图、建筑平面图、平面布置图、设备加固图以及零部件加工图等图纸，一般要求按比例绘制；而通信线路工程图、方案示意图以及系统原理框图等可以不按比例绘制，但应按工作顺序、线路走向、信息流向等进行排列。

(2) 对于平面布置图和区域规划性质的工程图纸，可选比例为 1：10、1：20、1：50、1：100、1：200、1：500、1：1000、1：2000、1：5000、1：10000、1：50000 等，应根据相关规范要求和工程实际情况选用合适的比例。

(3) 对于设备加固图及零部件加工图等图纸推荐的比例为 1：2、1：4 等。

(4) 应根据图纸表达的内容深度和选用的图幅，选择合适的比例，并在图纸图衔相应栏目处标注。

(5) 对于通信线路工程、通信管道类的图纸，为了更方便地表达周围环境情况，可采用沿线路方向按一种比例绘制，而周围环境的横向距离采用另外的比例，也可以示意性绘制。

4．尺寸标注

(1) 一个完整的尺寸标注应由尺寸数字、尺寸界线、尺寸线及其终端等组成。

(2) 图中的尺寸数字，一般应注写在尺寸线的上方或左侧，也允许注写在尺寸线的中断处，但同一张图样上注法尽量一致。具体标注应符合以下要求：

① 尺寸数字应顺着尺寸线方向注写并符合视图方向，数字高度方向和尺寸线垂直，并不得被任何图线通过。当无法避免时，应将图线断开，在断开处填写数字。在不引起误解的情况下，对非水平方向的尺寸，其数字可水平地注写在尺寸线的中断处。角度的数字应注写成水平方向，一般应注写在尺寸线的中断处。

② 尺寸数字的单位除标高、总平面图和管线长度应以米(m)为单位外，其他尺寸均应以毫米(mm)为单位。按此原则，标注尺寸可为不加单位的文字符号。若采用其他单位时，则应在尺寸数字后加注计量单位的文字符号。

(3) 尺寸界线用细实线绘制，由图形的轮廓线、轴线或对称中心线引出，也可利用轮廓线、轴线或对称中心线作为尺寸界线。尺寸界线一般应与尺寸线垂直。

(4) 尺寸线的终端可以采用箭头或斜线两种形式，但同一张图纸中只能采用一种尺寸线终端形式，不得混用。具体标注应符合以下要求：

① 采用箭头形式时，两端应画出尺寸箭头并指到尺寸界线上，表示尺寸的起止。尺寸箭头宜用实心箭头，箭头的大小应按照可见轮廓线选定，且其大小在图中应保持一致。

② 采用斜线形式时，尺寸线与尺寸界线必须相互垂直，斜线应用细实线，且方向及长短应保持一致。斜线方向应以尺寸线为准，逆时针方向旋转 45°，斜线长短约等于尺寸数字的高度。

5．字体及写法

(1) 图纸中书写的文字(包括汉字、字母、数字、代号等)均应字体工整、笔画清晰、排列整齐、间隔均匀，其书写位置应根据图面妥善安排，文字多时宜放在图纸的下面或右侧，不能出现线压字或字压线的情况，否则会影响图纸质量。

文字内容应从左向右水平方向书写，标点符号占一个汉字的位置；中文书写时，应采用国家正式颁布的汉字，字体宜采用宋体或仿宋体。

(2) 图纸中的"技术要求""说明"或"注"等字样应写在具体文字内容的左上方，并且用比文字内容大一号的字体书写。当具体文字内容多于一项时，应按下列顺序号进行排列：

1、2、3…

(1)、(2)、(3)…

①、②、③…

(3) 在图中所涉及表征数量的数字均应采用阿拉伯数字表示，且计量单位应使用国家颁布的法定计量单位。

6．图衔

(1) 通信管道及线路工程图纸应有图衔，若一张图不能完整画出，则可分为多张图纸，第一张图纸使用标准图衔，其后序图纸使用简易图衔。

(2) 通信工程勘察设计制图常用的图衔种类有通信工程勘察设计各专业常用图衔、机械零件设计图衔和机械装配设计图衔。

(3) 通信工程勘察设计各专业常用图衔的规格要求如图 5.1 所示。

图 5.1　通信工程勘察设计常用图衔

7. 图纸编号

设计图纸编号的编排尽量简洁，应符合以下要求：

(1) 设计图纸编号的组成及遵循的规则如下：

① 常用设计图纸编号主要包括工程项目编号、设计阶段代号、专业代号以及图纸编号四个部分，如图 5.2 所示。

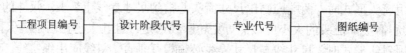

图 5.2　常用设计图纸编号组成

② 对于同工程项目编号、同设计阶段、同专业而多册出版的图纸，为避免重复编号，可按图 5.3 所示的规则进行编排。

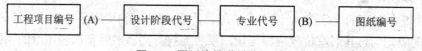

图 5.3　图纸编号遵循的规则

(2) 工程项目编号应由设计单位根据工程建设方的任务委托和工程设计管理办法统一给定。

(3) 设计阶段代号应符合表 5.4 所示的规定。

表 5.4　设计阶段代号

设计阶段	代号	设计阶段	代号	设计阶段	代号
可行性研究	Y	初步设计	C	技术设计	J
规划设计	G	方案设计	F	设计投标书	T
勘察报告	K	初级阶段的技术性规范书	CJ	修改设计	在原代号后加 X
咨询	ZX	施工图设计一阶段设计	S		

(4) 常用专业代号应符合表 5.5 的规定。

表 5.5　常用专业代号

名　称	代　号	名　称	代　号
光缆线路	GL	电缆线路	DL
海底光缆	HGL	通信管道	GD
光传输设备	GS	移动通信	YD
无线接入	WJ	交换	JH
数据通信	SJ	计费系统	JF
网管系统	WG	微波通信	WB
卫星通信	WT	铁塔	TT
同步网	TBW	信令网	XLW
通信电源	DY	电源监控	DJK

8．注释、标志和技术数据

(1) 当含义不便于用图示方法表达时，可以采用注释。当图中出现多个注释或大段说明性注释时，应把注释按顺序放在边框附近。有些注释可放在需要说明的对象附近，当注释不在需要说明的对象附近时，应采用指引线(细实线)指向所要说明的对象。

(2) 标志和技术数据应该放在图形符号的旁边。当数据很少时，技术数据也可以放在图形符号的方框内(例如继电器的电阻值等)；当数据多时，可以用分式表示，也可以用表格形式列出。

在通信工程设计中，由于文件名称和图纸编号多已明确，因此在项目代号和文字标注方面可适当简化。推荐如下：

① 平面布置图中可主要使用位置代号或用顺序号加表格说明。

② 系统方框图中可使用图形符号或用方框加文字符号来表示，必要时也可二者兼用。

5.3　工程制图 CAD 软件

5.3.1　CAD 软件概述

1. CAD 的发展背景

工程图是工程师的语言。绘图是工程设计乃至整个工程建设中的一个重要环节。然而，图纸的绘制是一项极其繁琐的工作，不但要求正确、精确，而且随着环境、需求等外部条件的变化，设计方案也会随之变化。一项工程的绘制通常是在历经数遍修改完善后才完成的。

在早期，工程师采用手工绘图。他们用草图表达设计思想，手法不一，后来逐渐规范化，形成了一整套规则，具有一定的制图标准，从而使工程制图标准化。但由于项目的多样性、多变性，使得手工绘图周期长、效率低、重复劳动多，从而阻碍了建设的发展。于是，人们想方设法提高劳动效率，将工程技术人员从繁琐重复的体力劳动中解放出来，集中精力从事开创性的工作。例如，工程师们为了减少工程制图中的许多繁琐重复的劳动，编制了大量的标准图集，提供给不同的工程以备套用。

工程师们梦想着何时能甩开图板，实现自动化画图，将自己的设计思想用一种简洁、美观标准的方式表达出来，便于修改，易于重复利用，从而提高劳动效率。

随着计算机的迅猛发展,工程界的迫切需要,计算机辅助绘图(Computer Aided Drawing)应运而生。早期的计算机辅助设计系统是在大型机、超级小型机上开发的, 一般需要几十万甚至上百万美元, 往往只有在规模很大的汽车、航空、化工、石油,电力、轮船等行业部门中应用, 工程建设设计领域各单位则难以望其项背。进入 80 年代, 随着微型计算机的迅速发展,计算机辅助工程设计逐渐成为现实。计算机绘图是通过编制计算机辅助绘图软件,将图形显示在屏幕上,用户可以用光标对图形直接进行编辑和修改。由微机配上图形输入和输出设备(如键盘、鼠标、绘图仪)以及计算机绘图软件, 就组成一套计算机辅助绘图系统。

CAD 即计算机辅助设计(CAD-Computer Aided Design),利用计算机及其图形设备帮助设计人员进行设计工作。在工程和产品设计中, 计算机可以帮助设计人员担负计算、信息存储和制图等工作。在设计中通常要用计算机对不同方案进行大量的计算、分析和比较,以决定最优方案。各种设计信息, 不论是数字的、文字的或图形的, 都能存放在计算机的内存或外存里,并能快速地检索。设计人员通常用草图开始设计, 将草图变为工作图的繁重工作可以交给计算机完成。由计算机自动产生的设计结果, 可以快速作出图形并显示出来, 使设计人员及时对设计作出判断和修改。利用计算机可以进行与图形的编辑、放大、缩小、平移和旋转等有关的图形数据加工工作。CAD 能够减轻设计人员的计算画图等重复性劳动, 使其专注于设计本身,从而缩短设计周期和提高设计质量。

目前, 市场上通信工程中使用最多的 CAD 软件主要有两种:AutoCAD 和中望 CAD。

2. CAD 的主要功能

CAD 软件的主要功能如下:

(1) 平面绘图:能以多种方式创建直线、圆、椭圆、多边形、样条曲线等基本图形对象。CAD 提供了正交、对象捕捉、极轴追踪、捕捉追踪等绘图辅助工具。正交功能使用户可以很方便地绘制水平、竖直直线,对象捕捉功能可帮助拾取几何对象上的特殊点, 而追踪功能使画斜线及沿不同方向定位点变得更加容易。

(2) 编辑图形:CAD 具有强大的编辑功能, 可以移动、复制、旋转、阵列、拉伸、延长、修剪、缩放对象等。

(3) 标注尺寸:可以创建多种类型尺寸, 标注外观可以自行设定。

(4) 书写文字:能轻易地在图形的任何位置、沿任何方向书写文字, 并可设定文字字体、倾斜角度及宽度缩放比例等属性。

(5) 图层管理功能:图形对象都位于某一图层上, 可设定图层颜色、线型、线宽等特性。

(6) 三维绘图:可创建 3D 实体及表面模型,能对实体本身进行编辑。

(7) 网络功能:可将图形发布在网络上,或是通过网络访问 CAD 资源。

(8) 数据交换:提供了多种图形图像数据交换格式及相应命令。

(9) 二次开发:允许用户定制菜单和工具栏, 并能利用内嵌语言 Autolisp、Visual、Lisp、VBA、ADS、ARX 等进行二次开发。

5.3.2　CAD 的绘图命令

1. 栅格

命令行:Grid。

Grid 命令可按预先指定的 *X*、*Y* 方向间距在绘图区内显示一个栅格点阵。栅格显示模式的设置可让制图人员在绘图时有一个直观的定位参照。栅格由一组规则的点组成，虽然栅格在屏幕上可见，但它既不会打印到图形文件上，也不影响绘图位置。可以按需要打开或关闭栅格，也可以随时改变栅格的尺寸。

2．光标捕捉

命令行：Snap(SN)。

菜单："工具"→"草图设置(F)"。

Snap 命令可设置光标以用户指定的 *X*、*Y* 间距做跳跃式移动。通过光标捕捉模式的设置，可以很好地控制绘图精度，加快绘图速度。

3．正交

命令行：Ortho。

直接按 F8 键，F8 键是正交开启和关闭的切换键。

打开正交绘图模式后，可以通过限制光标只在水平或垂直轴上移动，来达到直角或正交模式下的绘图目的。打开正交绘图模式操作，线的绘制将严格地限制为 0°、90°、180°或 270°。当画线时，生成的线是水平或垂直取决于哪根轴离光标远。当激活等轴测捕捉和栅格时，光标移动将在当前等轴测平面上等价地进行。

4．草图设置

命令行：Settings。

菜单："工具"→"草图设置(F)"。

"草图设置(F)"对话框中提供的是绘图辅助工具，包含捕捉和栅格、对象捕捉、三维设置和极轴追踪，通过这些设置可以提高绘图的速度。

5．线型

命令行：Linetype。

图形中的每个对象都具有线型特性。Linetype 命令可对对象的线型特性进行设置和管理。每个图面均预设至少三种线型：CONTINUOUS、BYLAYER 和 BYBLOCK。这些线型不可以重新命名或删除。同样图面中可能也包含无限个额外的线型，可以通过线型库文件加载更多的线型，或新建并储存自己定义的线型。

6．图层

可以将图层想象成一叠无厚度的透明纸，将具有不同特性的对象分别置于不同的图层，然后将这些图层按同一基准点对齐，就可得到一幅完整的图形。通过图层作图，可将复杂的图形分解为几个简单的部分，分别对每一层上的对象进行绘制、修改、编辑，再将它们合在一起，这样复杂的图形绘制起来就变得简单、清晰，容易管理。

7．目标捕捉

命令行：Osnap。

当绘图时，常会遇到从直线的端点、交点等特征点开始绘图，单靠眼睛去捕捉这些点是不精确的，CAD 提供了目标捕捉方式来提高精确性。绘图时可通过捕捉功能快速、准确定位。

当定义了一个或多个对象捕捉时，十字光标将出现一个捕捉靶框。另外，在十字光标附近会有一个图标表明激活对象捕捉类型。当选择对象时，程序捕捉距靶框中心最近的捕捉点。

8．查询

1）查询距离与角度

命令行：Dist。

菜单："工具"→"查询(Q)"→"距离(D)"。

Dist 命令可以计算任意选定两点间的距离。执行 Dist 命令后，系统提示如下：

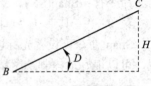

(1) 距离起始点：指定所测线段的起始点。

(2) 终点：指定所测线段的终点。

图 5.4   用 Dist 命令查询

例 5-1   用 Dist 命令查询图 5.4 中 BC 两点间的距离及夹角 D。

命令：Dist。

距离起始点：	//捕捉起始点 B
终点：	//捕捉终点 C，按回车键

距离= 150，XY 面上角= 30，与 XY 面夹角=0

//结果：BC 两点间的距离为 150

Delta X=129.9038，Delta Y=75，Delta Z=0   //夹角 D 为 30°，H 为 75

2）查询面积

命令行：Area。

菜单："工具"→"查询(Q)"→"面积(A)"。

Area 命令可以测量：

(1) 用一系列点定义的一个封闭图形的面积和周长。

(2) 用圆、封闭样条线、正多边形、椭圆或封闭多段线所定义的一个图形的面积和周长。

(3) 由多个图形组成的复合图形面积。

3）查询图形信息

命令行：List。

菜单："工具"→"查询(Q)"→"列表显示(L)"。

List 命令可以列出选取对象的相关特性，包括对象类型、所在图层、颜色、线型和当前用户坐标系统(UCS)的 X、Y、Z 位置。其他信息的显示，视所选对象的种类而定。

执行 List 命令后，系统提示："滚动(SC)/编页码(PA)/分类(SO)/顺序(SE)/追踪(T)"。其中各项含义如下：

(1) 滚动(SC)：按滚动方式显示图形信息。

(2) 编页码(PA)：按编页码方式显示图形信息。

(3) 分类(SO)：分类显示图形信息。

(4) 顺序(SE)：按顺序显示图形信息。

(5) 追踪(T)：输入 T 后，系统提示输入追踪的命令行数。

9．设计中心

命令行：Adcenter。

菜单："工具" → "设计中心(G)"。

工具栏："标准" → "设计中心(G)"。

"设计中心(G)"为用户提供一个方便又有效率的工具，它与 Windows 资源管理器类似。利用设计中心，不仅可以浏览、查找、预览和管理 CAD 图形、块、外部参照及光栅图像等不同的资源文件，而且还可以通过简单的拖放操作，将位于本地计算机或"网上邻居"中文件的块、图层、外部参照等内容插入到当前图形。如果打开多个图形文件，在多个文件之间也可以通过简单的拖放操作实现图形的插入。所插入的内容除包含图形本身外，还包括图层定义、线型及字体等内容，从而使已有资源得到再利用和共享，提高了图形管理和图形设计的效率。利用设计中心可以很方便地打开所选的图形文件，也可以方便地把其他图形文件中的图层、块、文字样式和标注样式等复制到当前图形中。

5.3.3　常用的绘制命令

1．直线

命令行：Line(L)。

菜单："绘图" → "直线(L)"。

工具栏："绘图" → "直线(L)"。

直线的绘制方法最简单，也是各种绘图中最常用的二维对象之一。绘制任何长度的直线时，均可输入点的 X、Y、Z 坐标，以指定二维或三维坐标的起点与终点。

2．圆

命令行：Circle(C)。

菜单："绘图" → "圆(C)"。

工具栏："绘图" → "圆(C)"。

3．圆弧

命令行：Are(A)。

菜单："绘图" → "圆弧(A)"。

工具栏："绘图" → "圆弧(A)"。

创建圆弧的方法有多种，有指定三点画弧，还可以指定弧的起点、圆心和端点来画弧，或是指定弧的起点、圆心和角度画弧，另外也可以指定圆弧的角度、半径方向和弦长等方法来画弧。

4．椭圆和椭圆弧

命令行：Ellipse(EL)。

菜单："绘图" → "椭圆(E)"。

工具栏："绘图" → "椭圆(E)"。

椭圆对象包括圆心、长轴和短轴。椭圆是一种特殊的圆，它的中心到圆周上的距离是变化的，而部分椭圆就是椭圆弧。

5．点

命令行：Ddptype。

菜单："绘图"→"点(O)"。

工具栏："绘图"→"点(O)"。

点不仅表示一个小的实体，而且也可作为绘图的参考标记。通过单击"格式"→"点样式"或在命令行输入"Ddptype"可以弹出"点样式"对话框，在该对话框中可以进行点的样式设置。

6．徒手画线

命令行：Sketch。

徒手画线对于创建不规则边界或使用数字化仪追踪非常有用，可以使用 Sketch 命令徒手绘制图形、轮廓线及签名等。

Sketch 命令没有对应的菜单或工具按钮。因此要使用该命令，必须在命令行中输入"Sketch"，按 Enter 键，即可启动徒手画线的命令；输入分段长度，屏幕上出现了一支铅笔图标，鼠标轨迹变为线条。

7．圆环

命令行：Donut(DO)。

菜单："绘图"→"圆环(D)"。

Donut(DO)命令用于在指定的位置绘制指定内、外直径的圆环或填充圆。圆环是由封闭的带宽度的多段线组成的实心填充圆或环。可用多种方法绘制圆环，缺省方法是给定圆环的内、外直径，然后给定它的圆心，通过给定不同的圆心点可以生成多个相同的圆环。

启动绘制圆环命令的最好方法是在命令行中输入"Donut"或"DO"并按回车键。

若内直径为 0，则圆环为填充圆；若内直径和外直径相等，则圆环为普通圆。

8．矩形

命令行：Rectangle(REC)。

菜单："绘图"→"矩形(G)"。

工具栏："绘图"→"矩形(G)"。

使用该命令，除了能绘制常规的矩形之外，还可以绘制倒角或圆角的矩形。

9．正多边形

命令行：Polygon(POL)。

菜单："绘图"→"正多边形(Y)"。

工具栏："绘图"→"正多边形(Y)"。

10．多段线

命令行：Pline(PL)。

菜单："绘图"→"多段线(P)"。

工具栏："绘图"→"多段线(P)"。

多段线由直线段或弧连接组成，作为单一对象使用，可以用于绘制直线箭头和弧形箭头。

11．迹线

命令行：Trace。

Trace 命令主要用于绘制具有一定宽度的实体线。在命令行输入"Trace"即可执行迹线命令。

12．射线

命令行：Ray。

菜单：“绘图”→“射线(R)”。

射线是从一个指定点开始并向一个方向无限延伸的直线。

13．构造线

命令行：Xline(XL)。

菜单：“绘图”→“构造线(T)”。

工具栏：“绘图”→“构造线(T)”。

构造线是没有起点和终点的无穷延伸的直线。

14．样条曲线

命令行：Spline(SPL)。

菜单：“绘图”→“样条曲线(S)”。

工具栏：“绘图”→“样条曲线(S)”。

样条曲线是由一组点定义的一条光滑曲线。可以用样条曲线生成一些地形图中的地形线，绘制盘形凸轮的轮廓曲线，作为局部剖面的分界线等。

15．修订云线

命令行：Revcloud。

菜单：“绘图”→“修订云线(V)”。

工具栏：“绘图”→“修订云线(V)”。

云线是由连续圆弧组成的多段线，用于在检查阶段提醒用户注意图形中圈起来的部分。

16．折断线

命令行：Breakline。

菜单：“ET 扩展工具”→“绘图工具”→“折断线”。

17．图案填充

命令行：Bhatch/Hatch(H)。

菜单：“绘图”→“图案填充(H)”。

工具栏：“绘图”→“图案填充(H)”。

18．面域

命令行：Region(REG)。

菜单：“绘图”→“面域(N)”。

工具栏：“绘图”→“面域(N)”。

19．文字样式

命令行：Style/Ddstyle(ST)。

菜单：“格式”→“文字样式”。

Style 命令用于设置文字样式，包括字体、字符高度、字符宽度、倾斜角度、文本方向等参数的设置。

20. 单行文字

命令行：Text。

菜单："绘图"→"文字"→"单行文字"。

工具栏："文字"→"单行文字"。

Text 命令可为图形标注一行或几行文字，每一行文字作为一个实体。该命令同时设置文字的当前样式、旋转角度(Rotate)、对齐方式(Justify)和字高(Resize)等。

21. 多行文字

命令行：Mtext(MT/T)。

菜单："绘图"→"文字"→"多行文字"。

工具栏："绘图"→"多行文字"。

Mtext 命令可在指定的文本边界框内输入文字内容，并将其视为一个实体。此文本边界框定义了段落的宽度和段落在图形中的位置。

22. 编辑文字

命令行：Ddedit(ED)。

工具栏："文字"→"编辑文字"。

Ddedit 命令可以编辑、修改标注文本的内容，如增减、替换 Text 文本中的字符，编辑 Mtext 文本或属性定义等。

23. 对齐方式

命令行：Tjust。

菜单："ET 扩展工具"→"文本工具"→"对齐方式"。

Tjust 命令主要用于快速更改文字的对齐。执行 Tjust 命令后，系统提示"选择对象："，选中对象后，继续提示"[起点(S)/圆心(C)/中点(M)/右边(R)/左上(TL)/中上(TC)/右上(TR)/左中(ML)/正中(MC)/右中(MR)/左下(BL)/中下(BC)/右下(BR)]：<S>"，根据实际需求选择其中的选项进行修改。

24. 旋转文本

命令行：Torient。

菜单："ET 扩展工具"→"文本工具"→"旋转文本"。

25. 自动编号

命令行：Tcount。

菜单："ET 扩展工具"→"文本工具"→"自动编号"。

Tcount 命令是选择几行文字后，为字前或字后自动加注指定增量值的数字。

26. 弧形文本

命令行：Arctext。

菜单："ET 扩展工具"→"文本工具"→"弧形文本"。

工具栏："文本工具"→"弧形对齐文本"。

Arctext 命令主要是针对钟表、广告设计等行业而开发出的弧形文字功能。

27．创建块

命令行：Block(B)。

菜单："绘图"→"块(K)"→"创建(M)"。

工具栏："绘图"→"创建块"。

28．写块

命令行：Wblock。

Wblock 命令可以看成是 Write 加 Block，也就是写块。Wblock 命令可将图形文件中的整个图形、内部块或某些实体写入一个新的图形文件，其他图形文件均可以将它作为块调用。Wblock 命令定义的图块是一个独立存在的图形文件，相对于 Block 命令、Bmake 命令定义的内部块，它被称为外部块。

29．插入图块

在图形中调用已定义好的图块，可以提高绘图的效率。调用图块的命令包括 Insert(单图块插入)、Divide(等分插入图块)、Measure(等距插入图块)等。

30．复制嵌套图元

命令行：Ncopy。

菜单："ET 扩展工具"→"图块工具(B)"→"复制嵌套图元(C)"。

Ncopy 命令可以将图块或 Xref 引用中嵌套的实体进行有选择的复制。制图人员可以一次性选取图块的一个或多个组成实体进行复制，复制生成的多个实体不再具有整体性。

31．用块图元修剪

命令行：Btrim。

菜单："ET 扩展工具"→"图块工具(B)"→"用块图元修剪(T)"。

Btrim 命令是对 Trim 命令的补充，它可以将块中的某个组成实体定义为剪切边界。

32．延伸至块图元

命令行：Bextend。

菜单："ET 扩展工具"→"图块工具(B)"→"延伸至块图元(N)"。

33．替换图块

命令行：Blockreplace。

菜单："ET 扩展工具"→"图块工具(B)"→"替换图块(R)"。

Blockreplace 命令用于将一个图块替换为另一图块。

5.4　工程制图案例

结合前面几节的内容，下面以移动通信基站的图纸设计为例来说明通信工程制图的过程。

1．图例

制图过程中的线型图例如表 5.6 所示。

表 5.6   线型图例

图线名称	图线形式	一 般 用 途
细实线	——————	原 TDM 中继
粗实线	——————	新增 TDM 中继
粗虚线	– – – –	扩容 TDM 中继
细虚线	--------	IP 中继
细点线	·—·—·—·—	7 号信令
细实线框	▭	原有设备
粗实线框	▭	新增设备
粗虚线框	⬛(虚线框)	扩容设备

2. 图纸选择

根据图纸内容常选择 A4 图纸、A3 图纸。

3. 单位和比例

单位：机房类图纸为毫米(mm)。

根据图纸内容的繁简和大小，机房平面布置图比例一般选择 1∶50 或 1∶100。

4. 字体及字号

字体：采用仿宋。

字号："图例""说明"等字样的字高为 4 mm，具体文字内容的字高为 3 mm。

5. 尺寸标注

尺寸数字：注写在尺寸线的上方，尺寸数字应顺着尺寸线的方向注写并符合视图方向，数字高度方向和尺寸线垂直，并不得被任何图线通过。

尺寸界线：采用细实线，由图形的轮廓线、轴线或对称中心线引出尺寸线。尺寸线终端采用斜线形式，尺寸线与尺寸界线必须互相垂直。

6. 布局方式

采用上下布局方式，图纸上部为网络图的绘图区域，图纸下部为图例和文字说明区域，使整个图面内容紧凑、协调、平衡、美观。

7. 各类图纸要求

1) 网络结构图

(1) 结构图要求。根据基站工程设计范围要求所涉及的移动通信业务区，绘制该业务区内移动通信系统的网络结构图。网络结构图的绘制应做到网元大小协调、逻辑清晰、层次清楚、结构匀称美观。

(2) 说明要求。对于网元不易识别的编号、缩略语，工程中有变动的网元或中继以及难以用拓扑图表达清楚的内容，应进行清晰而简要的说明。

2) 站点分布示意图

对本次工程新建、扩容、搬迁站点的数量及其他需要说明的问题作简要说明。

3) 分工界面图

可以根据基站的新建、扩容、搬迁等方式分类绘制分工界面图。以设备的系统连接图为基础绘制分工界面图，图中应将设备、器材、线缆等由谁提供、谁安装表述清楚，可以在绘制中采用不同的图线形式进行区分。

4) 基站位置示意图

(1) 位置图要求。基站位置示意图的绘制内容包括：基站周围的地形(如等高线)、地物(如房屋、道路、河流、杆路、植被等)，显著的参照物，采用的供电和传输方式，基站的经纬度和海拔信息，可能的覆盖目标等。

(2) 图中说明内容。

图纸说明中应包括以下信息：

① 站址信息：经纬度、海拔、小地名(如××山、××坡、××村××组等，越详细越好)。

② 机房类型：通信机房、民房，土建、简易、活动机房；建设方式：自建、租用、共建、共享。

③ 基站设备类型：厂家、型号、各扇区载频配置数量。

④ 传输方式：光纤及其接入点位置和距离、微波及其对端站名、卫星；建设方式：自建、共建、共享。

⑤ 供电方式：市电及其引入点位置和距离、太阳能及其功率、风力发电及其功率；建设方式：自建、共建、共享。

⑥ 架设天线的装置：铁塔、H杆、抱杆及其高度；铁塔建设方式：自建、共建、共享。

⑦ 拟覆盖区域：××村。

5) 机房平面布置图

机房墙体的宽度依据所勘察的数据进行比例绘制。若无勘察数据，则墙体的宽度定为200 mm，依比例绘制。

(1) 确定设备位置。设计人员会根据机房内预制板走向，确定设备列走向、蓄电池安装走向、槽钢安装位置，然后根据勘察情况(开门位置、窗户位置、机房四周情况、馈窗位置等)，确定机房设备的布放位置。相关设备主要包括基站设备，开关电源，蓄电池、交流配电箱，传输设备，交流引入孔、地线引入孔，地排、馈线窗、空调。

(2) 图中说明内容。

图纸说明中应提供以下信息：

① 是否为新建机房，机房产权性质、机房类型；若机房在楼上，则需说明楼层数及机房所在楼层，机房净高。

② 对于设备扩容或替换的基站，需要说明工程实施前后设备的厂家、型号和配置情况。

③ 若对配套设备进行扩容、替换，则需要说明工程实施前后设备的厂家、型号和配置情况。

④ 对于可能影响新增设备的安装、布线、维护和搬迁的壁挂式设备、线缆或机房结构，

则必须进行说明，在确定设备安装位置时也必须认真考虑；如果因机房面积的局限而无法确定设备安装位置时，则必须说明解决的办法和措施，以及施工中必须注意的事项。

说明文字固定放置于设备表之下。

6) 走线架平面布置图

走线架的宽度依据设计人员所勘察的数据进行比例绘制，说明中包括以下信息：

(1) 原有、新增走线架宽度。

(2) 走线架类型：单层、双层或多层。

(3) 走线架、馈线窗、接地排、线缆孔洞等下沿距离地面的高度。

(4) 是采用支撑还是吊挂的方式，以及支撑或吊挂的间隔距离，支撑或吊挂件的长度。

7) 布线路由图

布线路由图说明中包括以下信息：

(1) 各类线缆布放的原则和要求。

(2) 有的机房在布线中会因为机房结构、走线架的布局或线缆在走线架上，需要说明原因。

(3) 布放过多，造成布线路由迂回，需要说明原因。

(4) 对图中无法列出的其他信息作进一步说明。

8) 线缆布放计划表

表中所列线缆长度为计划数。

9) 设备面板示意图

说明内容主要为板卡缩略代号的简要注释。

10) 设备端口示意图

说明内容主要为所绘部件的名称及其端子增、扩的简要说明。

11) 天馈线安装示意图

(1) 天馈线安装示意图要求。示意图应能体现基站设备与天线的相对位置、馈线路由、室外走线架的安装位置情况。

示意图应包括俯视图和侧视图两部分，根据内容的繁简可以放置在一张图纸中，也可用两张图纸分别绘制。

(2) 说明要求。

说明中应提供以下信息：

① 基站建设类型：新建、扩容或替换。

② 天线的规格型号，方位角、倾角，安装位置和安装要求。

③ 各扇区天线的馈线长度。

④ 馈线的防雷接地要求、布放要求。

⑤ 室外走线架的规格、安装位置和安装要求等。

说明文字固定放置于主要材料表之下。

8. 案例图纸

根据上述要求，一个 4G 基站设计相关图纸应包含以下内容，分别如图 5.5～图 5.9 所示。

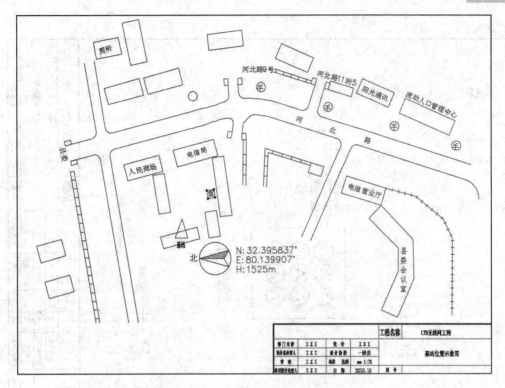

图 5.5　基站位置示意图

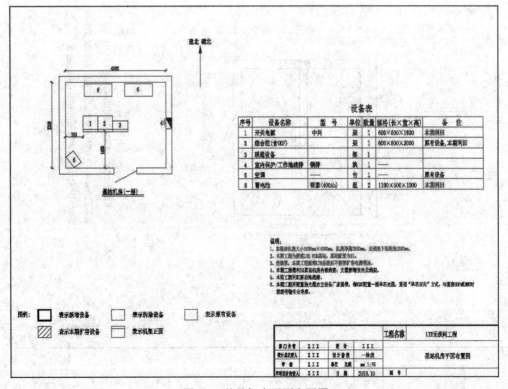

图 5.6　基站机房平面布置图

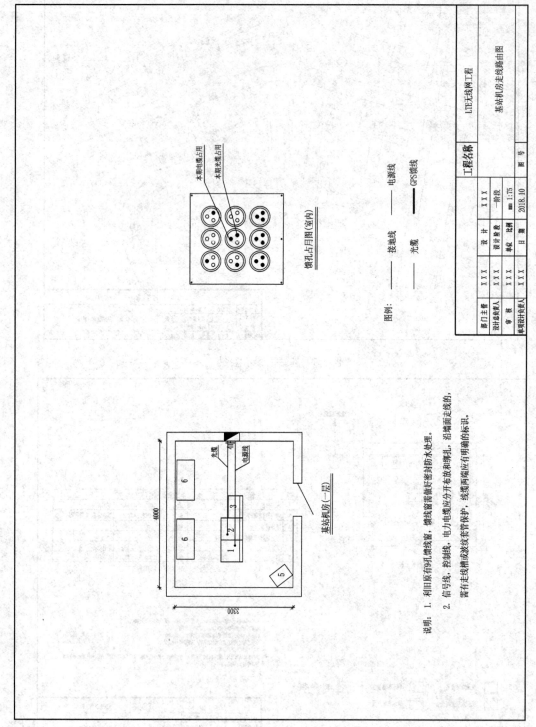

图 5.7 基站机房走线路由图

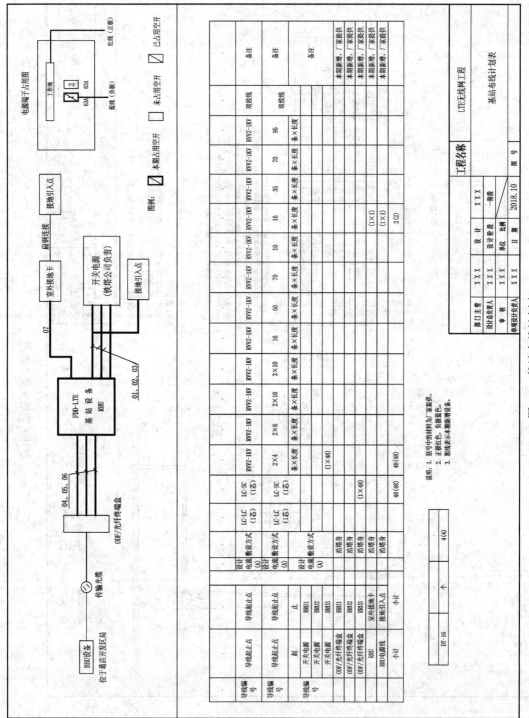

图 5.8 基站布线计划表

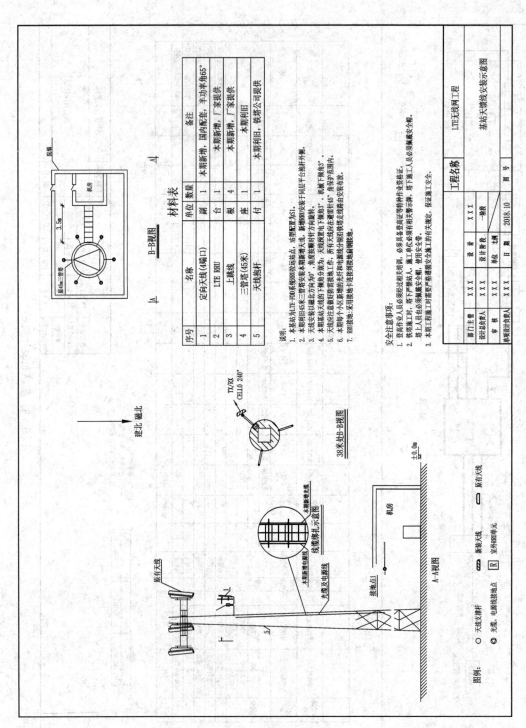

图 5.9　基站天馈线安装示意图

思 考 题

1. 什么是通信工程制图？
2. 简述通信工程制图的整体要求。
3. 简述通信工程制图中常用标准图衔的尺寸及主要内容。
4. 当绘制平面布置图时，需要标注哪些尺寸？
5. 简述通信线路工程路由选择的总体要求。
6. 简述移动通信勘查的主要内容。
7. 简述移动通信机房平面图绘制的基本要求。
8. 简述架空线路工程施工图绘制的基本步骤。

第 6 章   工程经济学

近代科学发展早期，人们关心的仅仅是机器设计、制造和运转，没有关注资源的合理配置。当发现资源是有限的，是不能挥霍浪费时，人们才开始考虑解决如何有效配置和利用资源的问题。其中通过工程经济学就是解决问题的一种方式。

6.1   工程经济学概述

现代随着科学技术的飞速发展，社会投资活动的增加，工程技术方案越来越多，如何选择相互竞争的方案？机器应该维修还是替换？在资金有限的情况下如何选择最优方案，这个问题越来越突出，越来越复杂。

我们怎么来理解什么是"工程经济学"。首先看"工程"，它是指拟实施项目从策划、设计、施工到使用的过程；再看"经济"，它是指效益和节约，资源从消费到使用的一种转变，这种使用将提高生产过程的效率。

当社会从消费者、生产者、市场、国家的研究转向工程项目的经济评价的研究的时候，出现了一门建立在工程学和经济学之上独立的学科——工程经济学，它是以工程项目的经济性为研究对象，研究如何有效利用资源，以提高工程项目的经济效益的综合性学科。随着人们社会活动的增加，工程技术活动的经济环境越来越复杂，工程项目的经济结构也日益庞杂。如何以客观的经济规律指导工程技术活动，充分估计活动过程中的风险和不确定情况，是本章要学习的重要问题。

6.1.1   工程经济学的发展

第二次世界大战之后，工程经济学受凯恩斯主义经济理论的影响，研究内容从单纯的工程费用效益扩大到市场供求和投资分配领域。这个时期与工程经济学密切相关的另两门学科也有重大发展：一门是管理经济学，另一门是企业财务管理学。二者对研究公司的资产投资，将计算现金流量的现值方法应用到资本支出的分析上，起到了重要作用。

20 世纪 60 年代以来，工程经济学理论出现了宏观化研究的趋势，工程经济中的微观效果分析正逐渐与宏观的效益研究、环境效益分析结合在一起，国家的经济制度和政策等宏观问题成为工程经济学研究的新内容。工程经济学已经从传统的项目方案比较、不确定性分析、项目财务评价、项目国民经济评价拓展到超大型项目评价、项目的区域影响评价、环境影响评价、社会影响评价等内容。

6.1.2　工程经济学研究的对象

工程经济分析的是"未来"，在技术政策、技术措施制定以后，或技术方案被采纳后，对将要带来的经济效果进行计算、分析与比较。工程经济学关心的是从现在起为获得同样使用效果的经济效果，而不是过去已经花费了多少代价。

对于工程经济学对象的研究有四种观点：

第一种观点：从经济角度选择最佳方案的原理与方法；

第二种观点：为工程师准备的经济学；

第三种观点：研究经济性的学科领域；

第四种观点：研究工程项目节省或节约之道的学科。

本书采用的是第四种观点，用科学的研究预测对各方案"未来"的经济效果中的"不确定性因素"与"随机因素"问题进行预测与估计。

6.1.3　工程经济学的特点及意义

工程经济学是以工程技术为主体，以技术、经济系统为核心，应用市场经济理论、分析方法和技术手段，研究工程、技术、生产和经营领域的工程经济决策问题与经济规律，并提供分析原理和具体方法的工程性经济学科。随着科学技术的飞速发展，为了保证工程技术更好地服务于经济，使有限的资源最大限度地满足社会的需要，不仅要考虑如何根据资金情况正确建立可供选择的工程技术的方案问题，还要考虑用什么经济指标体系作为标准，对各种方案进行正确的计算、比较和评价，从中选出最优方案的问题。

工程项目涉及技术的可行性与经济的合理性两个方面的问题，从而产生了"工程学+经济学"，工程经济学是工程学与经济学的交叉学科，即运用经济理论和定量分析方法研究工程投资和经济效益的关系。它的任务是以有限的资金，最好地完成工程任务，得到最大的经济效益。

1. 工程经济学的特点

工程经济学具有以下特点：

(1) 综合性。

工程经济学是一门技术科学、经济科学、系统科学相互交叉渗透的边缘学科，这就决定了其具有综合性的特点。在作工程经济分析时需要综合考虑多方面因素，从整体上考虑问题。

(2) 系统性。

工程经济学的研究对象由许多目标和许多因素构成的，这些目标和因素相互影响，相互制约，构成一个有机整体，具有系统的特征。在进行分析评价时必须把研究对象视为一个系统。

(3) 定量性。

工程经济学是一门定量分析与定性分析相结合，定量分析为主的学科。在计算机技术和数学方法迅速发展的今天，定量分析的范围日益扩大，它使许多定性分析的因素定量化。定量性是工程经济学的一个很重要的特点。

(4) 比较性。

有比较才有鉴别，工程经济学分析的过程就是方案的比较选优过程。

(5) 预测性。

工程经济学所分析的对象是对将来要实现的拟建项目，在没有实施之前进行的前期研究、计算、比较和评价中，采用科学的预测技术和预测方法对一些未知因素和数据进行估算、假设、推理和不确定性分析，使分析研究尽量符合未来的实际。因此，工程经济学是建立在预测基础上的科学。

(6) 决策性。

筛选和优选方案就是决策。

(7) 实用性。

工程经济学所采用的理论方法都是为了解决实际问题，采用的数据资料也是来自生产实践。工程经济学的研究成果表现为规划、研究报告、建议书和具体技术方案等形式，它将直接用于经济实践。工程经济学具有很好的实用性。

2. 工程经济学的意义

前面提到工程经济学讨论的是"未来"，通过工程经济学的分析方法有以下三个方面的重要意义：

(1) 工程经济学分析是提高社会资源利用效率的有效途径。

(2) 工程经济学分析是实现市场价值的重要保证。

(3) 工程经济学分析是降低工程投资风险的可靠保证。

6.2　工程经济学的内容及方法

1. 工程经济学研究的内容

工程经济学研究的内容主要包括工程项目的必要性分析、工程项目技术方案分析、建设条件分析与厂址选择、资金估算与资金筹措成本费用及税金估算、营业收入与税金估算、财务评价、国民经济评价、社会评价、不确定性分析和可行性研究报告。

2. 工程经济学研究的方法

在资金最合理的情况下，选择最佳的投资规模和投资方案尤为重要，工程经济学通过对工程技术问题进行经济分析，运用经济学的理论和方法，通过方案的比较和优选，从而找出一个技术上可行、经济上合理的方案。其核心任务是工程项目技术方案的经济决策，主要运用的分析方法包括以下几种。

(1) 理论联系实际的方法。

工程经济学是工程技术与经济分析的边缘科学，需要收集实际工程数据进行市场调查分析，并使用经济评价方法进行经济资本的计算，且设定相应的目标决策标准，才能为决策提供依据。

（2）定量分析与定性分析相结合的方法。

工程项目的经济性既体现在可定量计算的收入、成本和费用上，又体现在需要定性分析的社会环境影响上。工程经济学为工程项目的决策提供了定量评价的指标，为定性指标提供了比较的原则和方法。

（3）系统分析和平衡分析的方法。

工程项目的技术经济分析是基于项目全过程、全寿命周期的分析，既要考虑建设投资的前期费用，又要兼顾使用过程中的运营成本。经济效益分析是一个全面系统、综合平衡的分析。

（4）静态分析与动态分析相结合的方法。

静态分析是不考虑资金时间价值的分析，动态分析则要考虑资金在不同时间点价值不一样的性质。技术方案的经济评价强调静态与动态相结合，在静态基础上进行动态分析，以动态分析结果作为主要决策依据的方法。

（5）统计预测与不确定分析方法。

在项目决策阶段进行经济分析的基础数据来源于历史资料的统计预测。这些数据在项目实施过程中会由于不同的因素变化而发生变化，必然影响经济评价的结果，给决策者带来风险。因此，工程经济分析既要对统计分析资料进行应用，又要考虑不确定因素变化带来的风险。

6.3　项目可行性研究

前面已经讲过经济分析的是"未来"，工程经济学表现形式为规划、可行性研究报告、建议书和具体技术方案。工程经济学在可行性研究中有很重要的作用，下面重点讲解可行性研究。

6.3.1　项目可行性研究概念

项目可行性研究是运用多学科研究成果，对建设项目投资决策进行综合性技术经济论证的过程。在工程项目投资决策前，对拟建项目相关的市场、技术、经济、社会、环境、法律等多方面进行深入细致的调查研究，对各种可能的技术方案和建设方案进行认真的技术经济分析和比较论证，对项目建成后的经济效益进行科学的预测和评价，对拟建项目的技术先进性和适用性、经济合理性和有效性、建设必要性和可行性进行全面分析，由此得出项目"可行"或"不可行"的结论，为项目投资决策提供可靠的科学依据。

6.3.2　项目可行性研究的作用

项目可行性研究具有以下作用：

(1) 项目立项的依据;

(2) 投资者投资的依据;

(3) 编制项目设计任务书的依据;

(4) 贷款的依据;

(5) 签订合同或协议的依据;

(6) 项目施工组织、工程进度安排及竣工验收的依据;

(7) 项目后评价以及产品开发、技术更新等研究的依据。

6.3.3   项目可行性研究的工作阶段

投资前期的项目可行性研究依次包括四个阶段:

1. 投资机会研究

通过调查资源、市场需求、国家政策等各方面的情况,预测和分析研究,选择建设项目,寻找投资的有利机会。这个阶段的任务是提出投资的方向,主要是从投资收益的角度粗略研究投资的可能性。投资机会研究解决社会是否需要、是否具备开展项目的问题。

2. 初步可行性研究

在项目建议书被主管部门批准后,可先进行初步可行性研究。初步可行性研究也称为预可行性研究,为详细可行性研究奠定基础。研究的主要目的是,通过分析确定是否需要进行详细可行性研究和确定哪些关键问题需要进行辅助性专题研究。

初步可行性研究内容和结构与详细可行性研究基本相同,其主要区别是所获资料的详尽程度不同、研究深度不同。

3. 详细可行性研究

详细可行性研究又称为最终可行性研究,通常简称为可行性研究,是可行性研究的主要阶段。它是项目前期研究的关键环节,是项目投资决策的基础。它为项目决策提供技术、经济、社会方面的评价依据,为项目的具体实施提供指导,确定项目投资的最终可行性。该阶段主要提出项目建设方案,进行效益分析和选定最佳方案,对报建项目提出结论性意见。意见可以是一个最佳的建设方案或者多个可供选择的方案,还可以提出项目"不可行"的结论。

4. 投资决策部门的评价与决策

由投资决策部门或有关咨询公司或专家,代表业主或出资人对项目可行性研究报告进行全面的审核和再评价。其主要任务是对拟建项目的可行性研究报告提出最终评价意见,确定最佳投资方案。

6.3.4   项目可行性研究报告

项目可行性研究报告的核心内容包括六个方面,社会、环境、法律可行是项目可行的前提,市场、技术可行是项目可行的基础和保证,经济可行是项目评价和决策的依据。项目可行性研究报告核心内容解决问题如表 6.1 所示。

表 6.1　项目可行性研究报告核心内容解决问题

序号	方面	内　　容	解决问题
1	市场	项目产品的市场调查和预测研究。这是项目可行性研究的前提和基础	解决项目的"必要性"
2	技术	技术方案和建设条件研究。这是项目可行性研究的技术基础	解决项目在技术上的"可行性"
3	经济	项目费用效益的分析和评价。这是项目可行性研究的核心部分	解决项目在经济上的"合理性"
4	社会	确定项目是否危及社会安全或影响人们正常的生活秩序	拟建项目能否被社会所接受
5	环境	拟建项目是否适应项目的社会经济环境和自然生态环境	建成对环境有何影响
6	法律	分析拟建项目方案和项目运行是否在法律允许的范围内	合法性

6.4　工程经济学的基本原理

前面章节已经对可行性研究报告的内容作了讲解，对于报告中用到的工程经济学的基本原理是本节的重点。

6.4.1　现金流量与现金流量图

在项目经济评价中，考察经济效果的方式是分析项目寿命期内各年的现金流量。所有的支出现金称为现金流出(CO)，所有的流入现金称为现金流入(CI)，二者之差为净现金流量。

$$净现金流量 = CI - CO \tag{6-1}$$

为了能直观地反映项目在建设和寿命年限内现金流入与流出的情况，技术经济分析时常用的方式是绘制出现金流量图。现金流量图是反映经济系统的现金流量运动状态的图示，即将经济系统的现金流量绘制在一个时间坐标中，表现出各现金流入、流出与相应时点的对应关系。现金流量图是能简化反映现金活动的图示。现金流量图的垂直箭头，通常向上者表示正现金流入，向下者表示负现金流出。现金流量图如图 6.1 所示。

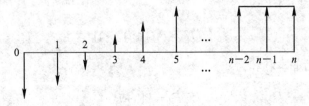

图 6.1　现金流量图

6.4.2　资金的时间价值

1．资金的时间价值的概念

资金的时间价值是工程经济学里面最基本的概念。在工程经济分析时不仅要考虑方案资金量的大小，而且也要考虑资金发生的时间。经济学常说："今天的 100 元比未来的 100 元更值钱。"这讲的是资金作为生产经营要素，在扩大再生产及流通过程中随时间的变化而产生的增值现象，这个现象称为资金的时间价值。可从两个方面来理解：一是资金参与社会再生产，劳动者创造剩余价值，使资金实现了增值；二是对放弃现期消费的损失应作的必要补偿。

资金的时间价值是客观存在的，生产经营的一项基本原则就是充分利用资金的时间价值并最大限度地获得其时间价值。影响资金的时间价值的因素很多，其中主要包含资金的使用时间、资金数量的大小、资金的投入和回收的特点、资金的周转速度等。

2．资金时间价值的计算方法

现在已经知道了资金的时间价值，那么时间价值的表现形式是什么呢？从经济学的角度来说，资金时间价值的一种重要表现形式就是利息，它是资金所有者放弃资金使用权取得的补偿，它是生产者使用该笔资金发挥营运职能所形成的利润的一部分。

衡量资金时间价值的尺度有绝对尺度(利息和利润)和相对尺度(利息率和利润率)。

计算资金时间价值的方法有单利法和复利法两种。

1) 单利计息

单利计息是指仅按本金计算利息，利息不再生息，其利息总额与借贷时间成正比。利息计算公式为

$$F_n = P + I_n \tag{6-2}$$

式中：I 为利息；F 为目前债务人应付(或债权人应收)的总金额；P 为本金。

n 个计息周期后的本利和为

$$I_n = P \cdot n \cdot i \tag{6-3}$$

式中的 i 为利率。

2) 复利计息

复利计息方式是指某个计息周期中的利息是按本金加上先前计息周期所累计的利息进行计息，即"利滚利"。

复利计算公式为

$$I_n = P[(1+i)^n - 1] \tag{6-4}$$

n 个计息周期后的本利和为

$$F_n = P(1+i)^n \tag{6-5}$$

3．名义利率与实际利率

在工程经济分析中，复利计算通常以年为计息周期，但在实际经济活动中，则有年、月、周、日等多种，当计息周期与付息周期不一致时，若按付息周期来换算利率，利率为年利率，实际计息周期也是一年，则这时年利率就是实际利率；若利率为年利率而实际计息周期小于一年，如按每季、每月或每半年计息一次，则这种利率就为名义利率。

6.4.3　资金等值

1．资金等值的概念

资金等值是指在时间因素下不同时点发生的绝对值不等的资金可能具有相同的价值，也可解释为"与某一时间点上一定金额的实际经济价值相等的另一时间点上的价值。"例如：现借入 100 元，年利率 10%，一年后要还的本利和为 110 元。也就是说，现在的 100 元与一年后的 110 元虽然绝对值不等，但它们的实际经济价值相等。等值概念在资金时间价值计算中很重要。

在资金等值中涉及几个重要概念，如表 6.2 所示。

表 6.2　资金等值中涉及概念表

序号	名称	概　　念
1	现值 (Present Value，P)	表示项目建设初期，即时间轴 0 时点上的资金价值，这是现金的绝对概念；在资金等值计算中，现值也表示确定的某时点之前任一时点的资金价值，这是现值的相对概念
2	终值 (Future Value，F)	表示计算期期末的资金价值，是终值的绝对概念；在资金等值换算中，表示确定的某时点之后任一时点的资金价值，是终值的相对概念
3	年金 (Annuity，A)	连续发生在每年年末且绝对数值相等的现金流序列。广义的年金是连续地发生在每期期末且绝对值相等的现金流序列

2．资金等值计算公式

在工程经济分析中，为了考察工程项目的经济效果，必须对项目分析期内的费用与收益进行分析计算，在考虑资金时间价值的情况下，只能通过资金等值计算将它们换算到同一时间点上才能相加减。常用等值计算公式主要有 6 个。

(1) 一次支付终值公式：

$$F = P\left(\frac{F}{P}, i, n\right) \tag{6-6}$$

式中的 $\left(\dfrac{F}{P}, i, n\right)$ 称为一次支付终值系数。

(2) 一次支付现值公式：

$$P = F\left(\frac{P}{F}, i, n\right) \tag{6-7}$$

式中的 $\left(\dfrac{P}{F}, i, n\right)$ 称为一次支付现值系数。

(3) 等额分付终值公式:

$$F = A\left(\frac{F}{A}, i, n\right) \qquad (6-8)$$

式中的 $\left(\frac{F}{A}, i, n\right)$ 称为等额分付终值系数。

(4) 等额分付偿债基金公式:

$$F = F\left(\frac{A}{F}, i, n\right) \qquad (6-9)$$

式中的 $\left(\frac{A}{F}, i, n\right)$ 称为等额分付偿债基金系数。

(5) 等额分付现值公式:

$$P = A\left(\frac{P}{A}, i, n\right) \qquad (6-10)$$

式中的 $\left(\frac{P}{A}, i, n\right)$ 称为等额分付现值系数。

(6) 等额分付资本回收公式:

$$A = P\left(\frac{A}{P}, i, n\right) \qquad (6-11)$$

式中的 $\left(\frac{A}{P}, i, n\right)$ 称为等额分付资本回收系数。

6.4.4 工程经济基本经济要素

工程经济分析评价主要是对工程方案投入运营后预期的盈利性作出评估,为投资决策提供依据。工程经济分析评价的基本经济要素是投资、收入、成本、利润和税金等方面的基本数据。

1. 一次性投资

一次性投资是指工程技术方案实施初期需要的一次性投入费用(简称投资),如工程项目方案的投资费用、设备方案的初始购置费或制造费用等。

2. 经营收益

经营收益是指工程技术方案投入运行使用后所产生的成果或收入,如工程项目的经营收入、产品或半产品销售收入或者提供劳务所得。它是可实现的,质量不合格无法实现的销售收入则不计入收益,它形成现金流入。

3. 总成本

总成本是指从企业财务会计角度核算生产产品(工程产品)的全部资源耗费。它包括固定资产的折旧费用、采掘采伐类企业维持简单再生产的维简费和无形资产的摊销费,这些是对方案初期投资所形成资产的补偿,是内部的现金转移。总成本可分为固定成本与可变成本。

4．经营成本

经营成本是指一种即期付现成本，是以现金流量实现为依据的成本耗费，为现金流出。它不包括折旧、摊销费、维简费和利息支出。

5．总成本与经营成本关系

税金具有强制性、无偿性和固定性特点。

1) 销售税及附加

增值税是指以商品生产和流通中各环节的新增价值和商品附加值作为征税对象的一种流转税。营业税是指对不实行增值税的劳务交易征收一种流转税。销售税及附加包括教育费附加和城乡维护建设税，以增值税和营业税为基础征收。

2) 所得税

所得税是以企业的生产、经营所得和其他所得为征税对象，属于收益税。

3) 其他税

其他税包括房产税、土地使用税、车船使用税和印花税等。

利润包含税前利润和税后利润。

税前利润，即所得税前利润或利润总额。

(1) 利润总额＝销售收入－总成本－销售税及附加。

(2) 净收益＝销售收入－经营成本－销售税及附加。

(3) 净收益＝利润总额＋折旧与摊销＋利息支出。

税后利润，即所得税后利润或利润总额。

$$税后利润＝利润总额－所得税$$

6.5　工程经济评价方法

投资项目评价是从工程、技术、经济、资源、环境、政治、国防和社会等多方面对项目方案进行全面的、系统的、综合的技术经济分析、比较、论证和评价，从多种可行方案中选择出最优方案。经济评价是投资项目评价的核心内容之一。为了确保投资决策的正确性和科学性，掌握经济评价的指标和方法十分必要。

投资项目评价的经济指标一般可以分作三大类：第一类是以时间单位计量的时间型指标，第二类是以货币单位计量的价值型指标，第三类是反映资金利用效率的效率型指标。这三类指标从不同角度考察项目的经济性，在对项目方案进行经济效益评价时，应当尽量同时选用这三类指标以较全面地反映项目的经济性。项目方案的决策结构多种多样，各类指标的适用范围和应用方法也不同，如表 6.3 所示。

表 6.3　经济评价指标表

指标类型	具 体 指 标
时间型	投资回收期、差额投资回收期
价值型	净现值、净年值、净终值、费用现值、费用年值
效率型	投资收益率、内部收益率、外部收益率、净现值率

评价指标按是否考虑了资金的时间价值来划分，将不考虑资金时间价值的评价方法称为静态评价方法，考虑资金时间价值的评价方法称为动态评价方法。项目评价指标如图 6.2 所示。

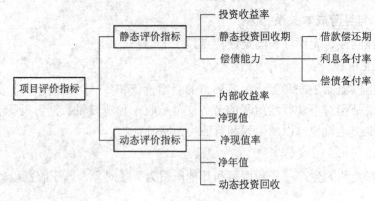

图 6.2 项目评价指标

6.5.1 工程经济静态评价指标

一般静态评价方法用于工程经济数据不完备和不精确的项目初选阶段。静态投资回收期法与投资收益率法是常用的方法。

(1) 投资回收期(P_t)：用项目各年的净收益来回收全部投资所需要的期限。

原理公式为

$$\sum_{t=0}^{P_t}(CI-CO)_t = 0 \tag{6-12}$$

式中：CI 为现金流入量；CO 为现金流出量；$(CI-CO)_t$ 为第 t 年的净现金流量；P_t 为静态投资回收期(年)。

静态投资回收期可根据项目现金流量表计算，当项目建成投产后各年的净收益不相同时，计算公式为

$$P_t = \text{累计净现金流量开始出现正值的年份数} - 1 + \frac{\text{上年累计净现金流量的绝对值}}{\text{当年的净现金流量}} \tag{6-13}$$

评价原则：$P_t \leqslant P_c$(行业基准投资回收期)，项目可以考虑接受；反之，项目应予拒绝。

特点：概念清晰，简便，能反映项目的风险大小，但回收期以后的经济数据没有考虑。

(2) 投资收益率(E)：项目在正常生产年份的净收益与投资总额的比值。

计算公式为

$$E = \frac{NB}{K} \times 100\% \tag{6-14}$$

① K 为总投资，NB 为正常年份的利润总额，则 E 称为投资利润率。

② K 为总投资，NB 为正常年份的利税总额，则 E 称为投资利税率。

评价原则：$E \geqslant E_c$(行业基准投资收益率)，项目可以考虑接受；反之，项目应予拒绝。

特点：舍弃了更多的项目寿命期内的经济数据。

6.5.2　工程经济动态评价指标

动态评价方法不仅考虑资金时间价值，而且考察项目在整个寿命期内收入与支出的全部数据，因此更为科学、全面。

1．净现值(NPV)

计算公式为

$$\text{NPV} = \sum_{t=0}^{n} (\text{CI}-\text{CO})_t \left(1+i_c\right)^{-t} \tag{6-15}$$

式中的 i_c 为行业基准收益率。

评价准则：单方案时，$\text{NPV} \geq 0$，项目可以考虑接受；多方案比选时，NPV 越大的方案相对越优。

2．净现值指数(NPVI)或净现值率(NPVR)

净现值率是指按基准折现率计算的方案寿命期内的净现值与其全部投资现值的比率。

$$\text{NPVR} = \frac{\text{NPV}}{K_p} = \frac{\text{NPV}}{\sum_{t=0}^{n} K_t \left(1+i_c\right)^{-t}} \tag{6-16}$$

评价准则：单方案时，$\text{NPVR} \geq 0$ 方案可以考虑接受；多方案比选时，$\max\{\text{NPVR}_j \geq 0\}$ 的方案最好。

3．净年值(NAV)

计算公式为

$$\text{NAV} = \text{NPV} \cdot \left(\frac{A}{P}, i_c, n\right) \tag{6-17}$$

评价准则：单方案时，$\text{NAV} \geq 0$，项目可以考虑接受；多方案比选时，NAV 越大的方案相对越优。

4．动态投资回收期($P_t{}'$)

原理公式为

$$\sum_{t=0}^{P_t{}'} (\text{CI}-\text{CO})\left(1+i_c\right)^{-t} = 0 \tag{6-18}$$

实用公式为

$$P_t = 累计净现值开始出现正值的年份数 - 1 + \frac{上年累计净现值的绝对值}{当年的净现金值} \tag{6-19}$$

评价准则：$P_t{}' \leq P_c$，项目可以考虑接受；反之，项目应予拒绝。

5．内部收益率(IRR)

内部收益率是指净现值等于零时的收益率。

原理公式为

$$\sum_{t=0}^{n}(CI-CO)_t(1+IRR)^{-t}=0 \tag{6-20}$$

评价准则：$IRR \geqslant i_c$，项目可以考虑接受；反之，项目应予拒绝。

6．费用评价指标

前面介绍了五个指标，每个指标的计算均考虑了现金流入、流出，即采用净现金流量进行计算。实际工作中，在进行多方案比较时，往往会遇到各方案的收入相同或收入难以用货币计量的情况。在此情况下，为简便起见，可省略收入，只计算支出。这就出现了经常使用的两个指标：费用现值和费用年值。

1) 费用现值(PC)

计算公式为

$$PC=\sum_{t=0}^{n}CO_t(1+i_c)^{-t}+S(1+i_c)^{-n} \tag{6-21}$$

式中：CO_t 为第 t 年的费用支出，取正号；S 为期末(第 n 年末)回收的残值，取负号。

评价准则：PC 越小，方案越优。

2) 费用年值(AC)

计算公式为

$$AC=PC \cdot \left(\frac{A}{P}, i_c, n\right) \tag{6-22}$$

评价准则：AC 越小，方案越优。

6.6　建设项目不确定性分析

投资决策基本方法都是建立在对项目的现金流量和投资收益率预测的基础上的，可理解为项目的确定性分析。由于外部环境，比如政治、经济、社会、道德、文化、风俗习惯等的变化以及预测方法的局限性，方案经济评价中所采用的基础数据与实际值必然有一定的偏差，因此工程项目就会出现风险与不确定性。

项目的风险与不确定性分析是为了弄清和减少不确定因素对经济效果评价的影响，以预测项目可能承担的风险，确定项目在财务上、经济上的可靠性，有助于提前采取措施以避免项目投产后不能获得预期的利润和收益，避免投资不能如期收回或给企业造成损失。项目的不确定性就意味着项目带有风险性。风险性大的项目通常具有较大的潜在获利能力。

6.6.1　盈亏平衡分析

盈亏平衡分析的目的是通过分析产品产量、成本与方案盈利能力之间的关系找出投资方案盈利与亏损在产量、产品价格、单位产品成本等方面的界限，以判断各种不确定因素作用下方案的风险情况。

1. 线性盈亏平衡的关系

销售收入与销售量呈线性关系，即

$$B = PQ \tag{6-23}$$

式中：P 为单价；Q 为销售量。

总成本费用是固定成本与变动成本之和，它与产品产量的关系也可以近似地认为是线性关系，即

$$C = C_F + C_V Q \tag{6-24}$$

式中：C_F 为固定成本；C_V 为可变成本。

2. 盈亏平衡点及其确定

将销售收入与总成本在坐标图上表示出来，可构成盈亏平衡分析图(如图 6.3 所示)，两线交点即为盈亏平衡点(BEP)，并分为盈利区与亏损区。

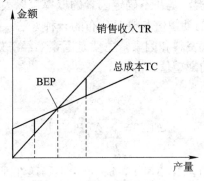

图 6.3 盈亏平衡分析图

盈亏平衡产量：

$$Q^* = \frac{C_F}{P - C_V} \tag{6-25}$$

目标利润为 Y 时的产量：

$$Q^* = \frac{C_F + Y}{P - C_V} \tag{6-26}$$

若项目设计生产能力为 Q_C，则盈亏平衡时项目生产能力利用率为

$$E^* = \frac{Q^*}{Q_C} \times 100\% = \frac{C_F}{(P - C_V)Q_C} \times 100\% \tag{6-27}$$

若按设计能力进行生产销售，则盈亏平衡销售价格为

$$P^* = \frac{B}{Q_C} = \frac{C}{Q_C} = C_V + \frac{C_F}{Q_C} \tag{6-28}$$

若按设计能力进行生产销售，则盈亏平衡可变成本为

$$C_V{}^* = P - \frac{C_F}{Q_C} \tag{6-29}$$

6.6.2　敏感性分析

由于未来影响项目的不确定因素会很多，而各影响因素对方案的影响程度又不相同，这就需要投资者去了解哪些是重要的影响因素，以利于将来更好地控制工程项目，这涉及项目的敏感性分析。对于不确定因素分析主要有两种方式：

(1) 单因素敏感性分析就是假定其他因素不变时分析某因素变动对经济效果的影响。

(2) 多因素敏感性分析就是要考虑各种因素可能发生的不同变动幅度的多种组合，分析其对方案经济效果的影响程度。由于组合变动影响多，其计算较为复杂，若组合因素不超过三个，可用作图法。

6.6.3　概率分析

概率分析又称为风险分析，是在不确定因素的概率可以大致估计的情况下，研究工程项目方案经济效果某一指标的期望值和概率分布的一种方法。概率分析主要包含：

(1) 收集不确定因素有关资料和因素，主要是因素的经济效果值及其出现的概率。

(2) 计算经济效果指标的期望值。

期望值的公式为

$$E(X)=\sum_{j=1}^{n}X_jP(X_j) \tag{6-30}$$

式中：X 为不确定因素；$j=1，2，3，\cdots，n$；n 为不确定性因素出现状态个数；X_j 为在第 j 个状态下不确定性因素的值；$P(X_j)$ 为不确定性因素出现第 j 个状态的概率。

(3) 计算方案经济效果概率分布的方差或标准差。

$$\sigma^2(X)=E(X^2)-[E(X)]^2 \tag{6-31}$$

式中：$\sigma^2(X)$ 为方差；σ 为标准差。

6.7　设备方案的工程经济分析

6.7.1　设备更新的含义及相关概念

1. 设备更新的含义

企业购置设备之后，从投入使用到最后报废，通常要经历一段时间，期间设备会逐渐磨损，当设备因物理损坏或技术陈旧落后不能继续使用或不宜继续使用时，就需要进行更新。所谓设备更新，是指为了完善设备性能和提高生产效率，对设备进行技术上的更新和结构上的改进，用比较经济和比较完善的设备来替换技术上和经济上不宜继续使用的设备。

为使使用中的设备保持最佳的工程经济性，就必须研究和分析设备的磨损规律，从中找出补偿的办法。

2. 设备磨损

设备在使用过程中始终存在着有形磨损和无形磨损。有形磨损亦称物质磨损，是指设备在使用过程中所发生的实体性磨损，表现为设备加工精度的降低等。机器设备的无形磨损主要是指由于技术相对落后造成的原有设备价值降低或使用价值的散失，表现为设备劳动生产率和使用成本升高。

3. 设备折旧

设备在使用过程中因磨损所散失的价值是通过折旧的形式来补偿的。折旧是指固定资产在使用过程中，由于损耗而转移到产品成本中去的那部分以货币表现的固定资产价值。折旧的方法一般有直线折旧法、均匀折旧、年限总和法与双倍余额递减法等，后两种方法属快速折旧。

6.7.2　工程设备租赁的经济分析

1. 设备租赁概述

设备租赁是指设备的使用者向出租者按合同规定定期地支付一定的费用(租金)而取得设备使用权的一种方式。

设备租赁的优点：

(1) 可减少购置设备的投资，改变"大而全""小而全"的不经济状况，从而提高设备的利用率。租赁特别适合于季节性或临时使用的设备，在企业资金缺少情况下仍然能正常使用设备。

(2) 避免设备技术落后的风险。当今技术更新快，租赁可以使企业常用新设备。

(3) 可减少税金的支出。

(4) 用户可保证获得良好的技术服务。

2. 设备租赁的经济分析

关键问题是租赁还是购买设备的经济比较分析。采用租赁设备时，租赁费直接计入成本，净现金流量为

净现金流量 = 销售收入 − 经营成本 − 租赁费 − 销售税及附加 − 所得税税率

　　　　× (销售收入 − 经营成本 − 租赁费 − 销售税及附加)　　　　　　　(6-32)

在同等情况下，购买设备的净现金流量为

净现金流量 = 销售收入 − 经营成本 − 设备购置等年值 − 销售税及附加 − 所得税税率

　　　　× (销售收入 − 经营成本 − 折旧 − 销售税及附加)　　　　　　　(6-33)

6.8　通信工程可行性研究案例

本章工程经济学的内容主要用在项目建设的可行性研究阶段。下面通过可行性研究的经济评价案例来说明工程经济学的重要性。

本次经济分析仍以 4G 建设为内容，并对 4G 基站建设进行可行性分析。4G 的建设要解决以下瓶颈：

(1) 增强企业竞争性的需要。

电信市场竞争日趋激烈，各家运营公司都在竭尽全力提高市场占有率。因此必须实现以用户为本，提升服务质量，降低运营成本，从而与其他运营商竞争巨大的业务资源，以提高市场占有率。

(2) 提高网络质量的需要。

通信市场在语音、数据、图像等大量应用的情况下，用户对服务质量和供给时间的要求也越来越高，要求所传送信号更加可靠、安全，传送时延更短，因此需要采用更先进、更为合理的技术建造适合发展、有利于竞争的网络。

(3) 对业务支撑、保障能力的需要。

语音不再是通信业务增长的催化剂，传统的话音业务正逐步被 VoIP/移动通信所替代，基于分组的新业务正在主导网络的发展。从用户需求来看，顾客对"个性化"及"永远在线"的需求正驱动对网络的新要求，主要体现在业务类型的多样化、业务种类及形式的多样化、业务量大、业务的突发性强等方面。

6.8.1 投资估算与资金筹措

本案例项目为某个区域拟新建 4 个 4G 基站，站点建设在已有的通信基站，针对此项目进行可行性研究中的经济评价分析。

1．投资估算

投资估算总额为 213.06 万元，投资估算表如表 6.4 所示。

表 6.4 投资估算表

分类	分项	单位	单价/万元	数量	金额/万元
设备	主设备	套	31.00	4	124.00
	配套设备 A	架	0.70	4	2.80
	配套设备 B	块	0.02	8	0.16
	配套设备 C	套	0.05	4	0.20
小计：					127.16
设备运杂费		小计 × 15%			19.07
安装工程费		小计 × 35%			44.51
工程建设及其他费		(小计 + 安装工程费) × 13%			22.32
合计					213.06

2．资金筹措

本工程所有投资用人民币支付。技术装备、工程建设其他费、建筑安装工程费等所需资金为自筹资金。

6.8.2 经济评价

1．基础数据

1) 计算期

本案例项目计算期取定为 7 年。其中，建设期为 5 个月，生产期为 6 年 7 个月。

2) 项目投资

本工程的固定资产投资、流动资金、固定资产余值如表 6.5 所示。

表 6.5　项目投资表

序号	项　　目	金额/万元
1	固定资产投资	213.06
2	流动资金	21.31
3	固定资产余值	6.39

3) 收入测算

本项目为新建 4G 项目的收入测算，主要是手机用户收入。手机用户的收入由移动设备、传输设备、光缆线路和其他配套设施几部分共同分摊。根据本工程的投资范围，采用年经费法，扣除配套设备和利旧设备的分摊则为本工程的再分配业务收入。收入预测表如表 6.6 所示。

表 6.6　收入预测表

收入来源	建设期	生　　产　　期					
	0	1	2	3	4	5	7	8
	1	2	3	4	5	6	7	8
业务收入		299	686	852.4	1011.8	991.5	971.7	952.3
再分配业务收入		29.90	68.60	85.24	101.18	99.15	97.17	95.23
合计		29.90	68.60	85.24	101.18	99.15	97.17	95.23

4) 经营成本测算

(1) 工资。

工资总额=生产人员定员数×预测年人均工资额。预测投产年人均工资额为 50000 元，按 1 人进行经济分析。

(2) 职工福利基金。

职工福利基金 = 年工资总额 × 14%。

(3) 维修费。

维修费=固定资产原值×预测万元固定资产年维修费费率。本项目维修费按每万元固定资产 650 元计算。

(4) 低值易耗品。

低值易耗品 =生产人员定员数×预测年人均低值易耗品。预测投产年人均低值易耗品为 3 万元。

(5) 经营管理费。

经营管理费包括管理费、电费。管理费 =生产人员数×预测年人均经营管理费。预测投产年人均经营管理费为 3 万元。

(6) 业务费。

根据调查资料数据测算，业务费按工资、职工福利基金、维修费、低值易耗品和经营管理费五项成本的 10% 估算。

6.8.3 财务评价

1. 基础数据

本工程财务现金流量及净现值计算表如表6.7所示。

表6.7 现金流量及净现值计算表　　　　　（单位：万元）

序号	项 目	起止时间	计算期7年(其中建设期为5个月，生产期为6年7个月)						
		年限	1	2	3	4	5	6	7
一	现金流入		29.90	68.60	85.24	101.18	99.15	97.17	122.93
1	再分配收入		29.90	68.60	85.24	101.18	99.15	97.17	95.23
2	固定资产余值								6.39
3	回收流动资金								21.31
二	现金流出		251.73	27.89	28.63	29.35	36.19	39.78	39.64
1	固定资产投资		213.06						
2	流动资金		21.31						
3	经营成本		16.39	25.67	25.87	26.07	26.28	26.50	26.74
4	经营税金		0.97	2.22	2.76	3.28	3.21	3.15	3.09
5	所得税		0.00	0.00	0.00	0.00	6.70	10.13	9.81
三	净现金流量		−221.83	40.71	56.61	71.83	62.97	57.39	83.29
四	累计净现金流量		−221.83	−181.13	−124.52	−52.69	10.28	67.67	150.96
五	净现值		−201.67	−168.03	−125.49	−76.43	−37.34	−4.94	37.80
	I=10%的贴现系数		0.91	0.83	0.75	0.68	0.62	0.56	0.51
	净现金流量现值		−201.67	33.64	42.53	49.06	39.10	32.39	42.74

本工程投资损益表如表6.8所示。

表6.8 投资损益表　　　　　（单位：万元）

序号	项目	时间	计算期7年(其中建设期为5个月，生产期为6年7个月)						
		年限	1	2	3	4	5	6	7
一	再分配收入		29.90	68.60	85.24	101.18	99.15	97.17	95.23
二	经营税金		0.97	2.22	2.76	3.28	3.21	3.15	3.09
三	总成本费用		101.62	76.81	56.55	45.88	46.09	26.50	26.74
四	利润总额		−72.69	−10.43	25.93	52.02	49.85	67.52	65.40
五	应纳税所得额		0.00	0.00	0.00	0.00	44.67	67.52	65.40
六	所得税		0.00	0.00	0.00	0.00	6.70	10.13	9.81
七	税后利润		0.00	0.00	0.00	0.00	37.97	57.39	55.59
1	盈余公积		0.00	0.00	0.00	0.00	3.80	5.74	5.56
2	公益金								
3	应付利润								
4	未分配利润		0.00	0.00	0.00	0.00	34.17	51.65	50.03
八	累计未分配利润		0.00	0.00	0.00	0.00	34.17	85.82	135.86

本工程经营成本费用表如表 6.9 所示。

表 6.9　经营成本费用表　　　　(单位：万元)

项目	计算期 7 年(其中建设期为 5 个月，生产期为 6 年 7 个月)						
项目年限	1	2	3	4	5	6	7
职工人数	1	1	1	1	1	1	1
每年工资额	2.92	3.06	3.22	3.38	3.55	3.72	3.91
年福利费	0.41	0.43	0.45	0.47	0.50	0.52	0.55
年维修费	8.08	13.85	13.85	13.85	13.85	13.85	13.85
低值易耗品	1.75	3.00	3.00	3.00	3.00	3.00	3.00
经营管理费用	1.75	3.00	3.00	3.00	3.00	3.00	3.00
业务费	1.49	2.33	2.35	2.37	2.39	2.41	2.43
合计	16.39	25.67	25.87	26.07	26.28	26.50	26.74

2. 评价指标

本项目财务评价指标的计算结果如表 6.10 所示。

表 6.10　财务评价指标

指标类别	指标	单位	计算值
静态指标	财务静态投资回收期	年	4.84
	投资利润率	%	10.83
	投资利税率	%	11.96
动态指标	财务内部收益率	%	15.63
	财务净现值	万元	37.80
	财务净现值比		0.16

3. 现金流量曲线图

根据财务现金流量表中的数据绘制出的本项目的现金流量曲线图如图 6.4 所示，图中曲线($I=0$)与横轴(时间轴)的交点就是投资回收点。曲线在横轴的下方负债，曲线在横轴的上方赢利。

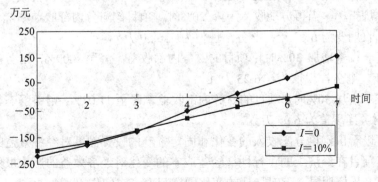

图 6.4　现金流量曲线图

4．评价指标分析

财务内部收益率、财务静态投资回收期、财务净现值和财务净现值比是反映项目获利能力的主要指标。

从表 6.10 中可看出，本工程全部投资的财务内部收益率为 15.63%，财务静态投资回收期为 4.84 年，财务净现值为 37.80 万元。本项目财务指标均高于信息产业部规定基准值，有一定盈利能力。

6.8.4　敏感性分析

1．敏感性指标分析

敏感性指标分析结果如表 6.11 所示。

表 6.11　敏感性指标分析结果

序号	项目	变化率/%						
		−30	−20	−10	预测值	+10	+20	+30
一	再分配收入							
1	财务内部收益率/%	0.94	5.97	10.87	15.63	20.26	24.82	29.34
2	财务静态投资回收期/年	6.86	6.17	5.43	4.84	4.40	4.06	3.79
3	财务净现值/万元	−59.05	−26.50	5.77	37.80	69.62	101.39	133.15
二	固定资产投资							
1	财务内部收益率/%	28.56	23.29	19.09	15.63	12.72	10.24	8.09
2	财务静态投资回收期/年	3.84	4.17	4.51	4.84	5.18	5.53	5.89
3	财务净现值/万元	91.20	73.42	55.63	37.80	19.84	1.88	−16.23
三	经营成本							
1	财务内部收益率/%	20.24	18.70	17.17	15.63	14.09	12.56	11.03
2	财务静态投资回收期/年	4.41	4.54	4.68	4.84	5.00	5.19	5.40
3	财务净现值/万元	68.45	58.25	48.05	37.80	27.51	17.23	6.94

从表 6.11 中可以看出，当业务量达不到预测值时，再分配收入就会减少，将直接影响几个主要的经济指标。当再分配收入下降 20% 时，项目的财务内部收益率降至 5.97%，财务静态投资回收期变为 6.17 年，财务净现值为 −26.50 万元。

当固定资产投资增加 30% 时，项目的财务内部收益率降至 8.09%，财务静态投资回收期变为 5.89 年，财务净现值为 −16.23 万元。

当经营成本增加 30% 时，项目的财务内部收益率降至 11.03%，财务静态投资回收期变为 5.40 年，财务净现值为 6.94 万元。

由上述可以看出，再分配收入的变化和固定资产的投资额度对经济效益的影响较大，将直接决定本项目在经济上的可行性；经营成本的变化对经济效益的影响虽然不如再分配收入和固定资产投资明显，但对指标的变化同样起着一定的作用。

总的来说，本项目具有一定的抗风险能力。但是，要确保工程盈利，本工程必须加强管理，在建设过程中严格控制规模、降低成本，做到增收节支；在工程建成后大力开发新业务，拓展市场，最大限度地发展用户。只有在投资、经营、收入等各方面同时努力，尤其是收入方面，增收节支，才能确保本工程取得良好的经济效益。

2．敏感性分析图

本项目 FIRR 的敏感性分析图如图 6.5 所示。

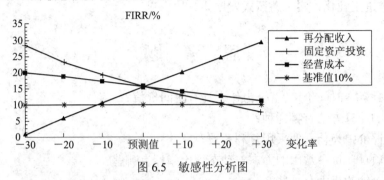

图 6.5　敏感性分析图

从图 6.5 可以看出，财务内部收益率高于信息产业部规定标准，信息产业部的基准值为 10%。再分配收入和固定资产投资的斜率最大，相对于经营成本具有更高的敏感性。因此，本项目特别要注意收入不能大幅下滑和严格控制预算投资，而降低经营成本也是改善本项目收益的重要手段，如从这三方面同时着手，效果会更明显。

6.8.5　本项目工程结论与国民经济评价

1．本项目工程结论

本工程的四项主要财务指标，即财务内部收益率、财务静态投资回收期、投资利润率和投资利税率均超过信产部规定的要求，说明本项目具有一定的获利能力。从敏感性指标分析中可以看出，项目抗风险能力一般，因此必须扩大业务量，加强管理，只有这样项目自身的经济效益才能得到保障并有所提高，否则将不能保证工程正常运营和盈利。

2．国民经济评价

通信业是国民经济中的基础性产业和战略性产业。通信是国民经济和社会发展的基础，通信业在国民经济中发挥着战略性的重要作用。在当前的社会环境和经济形势下，信息交流已经成为经济活动中的关键因素，而通信业在信息交流发展中起着决定性的作用，是各行业得以进一步发展的基础。这也就决定了通信业先导性的地位。根据信息产业"十三五"发展规划精神，通信设施建设要加快建设速度，为各种业务的发展提供大容量、高速率和安全可靠的平台。这在很大程度上提高了信息传递的可靠性和先进性，更大程度地满足及适应社会其他行业的通信需求，具有巨大的社会效益。

本工程的建成将最大限度地改善本业务区的通信质量，为经济建设的顺利发展提供强有力的通信保障。对于该地区进一步改革开放、招商引资和对外交流等起到了巨大的积极作用，同时也带动了其他产业的发展，促进了产业结构调整和各种资源的优化配置，推动了地区产业结构升级，也为经济增长和长远发展奠定了良好的基础，具有良好的经济效益和社会效益。

实践证明，通信业自身的高速发展在国民经济发展中起着战略性作用。通信业作为新兴的产业，在全世界范围内都是增长速度最快的一个行业，是国民经济新的增长点，对国民经济的直接贡献和间接贡献逐步增大。信息通信技术渗透到了各个产业，正在改变着各产业的生产操作和管理方式，带动了产业发展和产业结构调整，避免脱离实际，避免走国外发达国家的"先工业化，后信息化"的老路，发挥着信息流的先导作用，在工业化进程中用信息化推进工业化，实现跳跃式发展。

思 考 题

1. 什么是资金时间价值?资金为什么具有时间价值?
2. 利息的计算方法有哪几种?
3. 经济评价中为什么要采用复利系数?
4. 工程项目评价中常用的静态与动态评价指标有哪些?
5. 经济评价的步骤有哪些?

第 7 章　通信建设工程概预算

将先进的通信技术转化为现实生产力的实施过程就是通信工程建设。国家对于通信工程建设的投资资金使用有严格的要求。通信工程建设中所涉及的所有项目费用通过概预算进行计算并作为资金使用依据。

7.1　通信建设工程

7.1.1　通信建设工程概述

1．通信建设工程的概念

通信建设工程即通信系统网络建设和设备施工，包括通信线路光(电)缆架设或敷设、通信设备安装调试、通信附属设施的施工等。

凡是电信部门的房屋、管道、构筑物的建造，设备安装，线路建筑，仪器、工具、用具的购置，车辆的购置，软件的开发，通信设施和房屋的租赁，以及由此构成的新建、改建、扩建、迁建和恢复工程，都属于通信建设工程范畴。

2．通信建设工程的特点

通信建设工程具有以下特点：

(1) 不可移动。

通信建设工程的最终物质成果必然是固定在一定的地方，并且和土地、房屋或其他构筑物连成一体，位置不能移动，如机房、设备、缆线、管道、天线等。

(2) 设施先进，技术密集，类型多样。

每一个工程的最终成果都是一个产品，这种产品的使用功能各不相同，在类别、品种、规格、型号、整体构成上也各不相同。通信手段的多样化，决定了通信设备的种类繁多。

(3) 全程全网，联合作业，施工流动性大，施工难度大。

通信建设工程尤其是骨干网传输工程，一个工程项目的工地常常有几十个或几百个，分布在全国各地，规模大小悬殊。较大的跨省线路工程，全程达数千千米，有的还要经过地形复杂、地理条件恶劣的地段，工地十分分散，工程建设难度大。工程测试人员相距几千千米，沿线可能有上百个站点合作测试一个系统或一个测试项目，这必须要求沿线各站点密切协作，在整个工程建设中必须遵守统一的网络组织原则和统一的技术标准，解决工程建设中各个站点的协调配套，才有可能完成测试和项目建设，更好地发挥投资效益。

(4) 施工建设一次合格性。

类型多样决定了通信建设工程的施工很少按照同一模式进行重复的批量生产，这就提高了建设难度，要求通信建设企业必须有相应的施工企业资质和高素质的管理人才，而且还要有统一的施工操作规程，保证施工建设的一次合格性。

(5) 涉及面广，通力协作。

通信建设项目不仅内部要多工种综合作业，对外还要与投资方、业主、设计单位、监理单位、设备或材料供应商、市政规划管理部门以及普通百姓等进行广泛直接的联系。施工过程中如有任何一方协调不畅，就可能影响到工程的进度和质量，同时也会影响到企业的效益和合同的执行，甚至使工程不能按期投产。

(6) 通信技术发展很迅速，新技术、新业务层出不穷。

在建设中坚持高起点、新技术的方针，采用新设备，发展新业务，提高网络新技术含量，最大限度地提高劳动生产率和服务水平。

(7) 能够处理新建工程与原有通信设施的关系。

通信建设大多是对原有通信网的扩充与完善，也是对原有通信网的调整与改造，因此必须处理好新建工程与原有通信设施的关系，处理好新旧技术的衔接和兼容，并保证原有运行业务不能中断。

通信建设工程除了以上特点外，还包含第 9 章项目管理中介绍的传统项目特点。

7.1.2   通信建设工程类别划分

原邮电部〔1995〕945 号文件发布《通信建设工程类别划分标准》，将通信建设工程分别按建设项目、单项工程划分为一类工程、二类工程、三类工程、四类工程以加强通信建设管理，规范建设市场行为，确保通信建设工程质量。该工程类别划分标准是与设计、施工单位资格等级挂钩的，不同资格等级的设计、施工单位承担相应类别工程的设计施工任务。例如：甲级设计单位、一级施工企业可以承担各类工程的设计、施工任务；乙级设计单位、二级施工企业可以承担二、三、四类工程的设计、施工任务。以此类推，其他资格等级的设计施工单位承担相应设计施工任务。原则上不允许级别低的设计单位或施工企业承建高级别的工程。如特殊情况需越级承担时，应向设计、施工单位资质管理主管部门办理申报手续，经批准后才可承担。

1. 按建设项目划分

通信建设工程按建设项目划分如表 7.1 所示。

表 7.1   通信建设工程按建设项目划分

工程分类	工 程 特 点
一类工程	(1) 大、中型项目或投资在 5000 万元以上的通信工程项目； (2) 省际通信工程项目； (3) 投资在 2000 万元以上的部定通信工程项目
二类工程	(1) 投资在 2000 万元以下的部定通信工程项目； (2) 省内通信干线工程项目； (3) 投资在 2000 万元以上的省定通信工程项目
三类工程	(1) 投资在 2000 万元以下的省定通信工程项目； (2) 投资在 500 万元以上的通信工程项目； (3) 地市局工程项目
四类工程	(1) 县局工程项目； (2) 其他小型项目

2．按单项工程划分

单项工程是指具有单独的设计文件，建成后能够独立发挥生产能力或效益的工程。常见的单项工程包括通信线路工程、电信设备安装工程等。

通信线路工程按长途干线、海缆、市话电缆、有线电视网、建筑楼综合布线工程、通信管道工程等项目划分，分别分为一类工程、二类工程、三类工程和四类工程。

电信设备安装工程按市话交换、长途交换、通信干线传输及终端、移动通信及无线寻呼、卫星地球站、无线铁塔、非话务网、电源等项目划分，分别分为一类工程、二类工程、三类工程和四类工程。

7.1.3　通信建设工程项目划分

1．建设项目的概念

建设项目是指按一个总体设计进行建设，经济上实行统一核算，行政上有独立的组织形式并实行统一管理且具有法人资格的建设单位。凡属于一个总体设计中分期、分批进行建设的主体工程和附属配套工程、综合利用工程等都应作为一个建设项目。

单位工程是指具有独立的设计，可以独立组织施工，但不可以独立发挥生产能力或效益的工程。一个建设项目一般可以包括一个或若干个单项工程，一个单项工程又包含若干个单位工程。

2．建设项目的分类

为了加强建设项目管理，正确反映建设项目的内容及规模，可从不同标准、角度对建设项目进行分类，如图 7.1 所示。

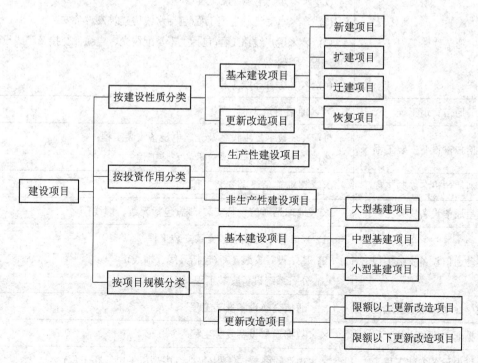

图 7.1　建设项目分类示意图

1) 按建设性质分类

按建设性质不同，建设项目可划分成基本建设项目和更新改造项目两大类。基本建设项目简称基建项目，是指投资建设用于以扩大生产能力或增加工程效益为主要目的新建、扩建工程及有关工作；更新改造项目是指建设资金用于对企、事业单位原有设施进行技术改造或固定资产更新，以及相应配套的辅助性生产、生活福利等工程和有关工作。

2) 按投资作用分类

按投资在国民经济各部门中的作用不同，建设项目可分为生产性建设项目和非生产性建设项目。生产性建设项目是指直接用于物质生产或直接为物质生产服务的建设项目；非生产性建设项目包括用于满足人民物质和文化、福利需要的建设和非物质生产部门的建设。

3) 按项目规模分类

按照国家规定的标准，基本建设项目可划分为大型、中型、小型三类；更新改造项目可划分为限额以上和限额以下两类。对于不同等级标准的建设项目，国家规定的审批机关和报建程序也不尽相同。

3. 通信建设工程项目划分

通信建设工程可按不同的通信专业分为 9 大建设项目，每个建设项目又可分为多个单项工程，初步设计概算和施工图预算应按单项工程编制。通信建设工程项目的划分如表 7.2 所示。

表 7.2　通信建设工程项目的划分

专业类别	单项工程名称
通信线路工程	(1) ××光、电缆线路工程； (2) ××水底光、电缆工程(包括水线房建筑及设备安装)； (3) ××用户线路工程(包括主干及配线光、电缆，交接及配线设备，集线器，杆路等)； (4) ××综合布线工程
通信管道工程	××通信管道工程
通信传输设备安装工程	(1) ××数字复用设备及光、电设备安装工程； (2) ××中继设备、光放设备安装工程
微波通信设备安装工程	××微波通信设备安装工程(包括天线、馈线)
卫星通信设备安装工程	××地球站通信设备安装工程(包括天线、馈线)
移动通信设备安装工程	(1) ××移动控制中心设备安装工程； (2) 基站设备安装工程(包括天线、馈线)； (3) 分布系统设备安装工程
通信交换设备安装工程	××通信交换设备安装工程
数据通信设备安装工程	××数据通信设备安装工程
供电设备安装工程	××电源设备安装工程(包括专用高压供电线路工程)

7.2　通信工程概预算

通信工程概预算是工程项目设计文件的重要组成部分，是根据各个不同设计阶段的深度和建设内容，按照相关主管部门颁布的相关定额、设备、材料价格、编制方法、费用定额等有关文件，对通信建设项目、单项工程预先计算和确定其全部费用的文件。它是加强企业管理、实行经济核算、考核工程成本、编制施工计划的依据，也是工程招投标报价和确定工程造价的主要依据。

7.2.1　通信工程概预算定义

通信工程概预算是设计概算和施工图预算的统称。

设计概算是指在初步设计阶段，根据设计深度和建设内容，按照国家主管部门颁布的概算定额、费用定额、编制方法、设备和材料概算价格、工资标准等有关规定，预先计算和确定的每项工程全部投资额的经济技术文件。

施工图预算是指在施工图设计阶段，根据设计深度和建设内容，按照国家主管部门颁布的预算定额、费用定额、编制方法、设备和材料预算价格、工资标准等有关规定，预先计算和确定的每项工程全部投资额的经济技术文件。

两者的区别如表 7.3 所示。

表 7.3　设计概算与施工图预算的区别

区　别	设　计　概　算	施　工　图　预　算
精确性	概算是按照国家主管部门颁布的概算定额概括的计算	预算是按照国家主管部门颁布的预算定额概括的计算，比概算精确
审批单位	概算由建设单位主管部门审批	施工图预算由建设单位审批
文件构成	建设项目在初步设计阶段编制设计概算，一般由建设项目总概算、单项工程总概算构成	建设项目在施工图设计阶段编制施工图预算，一般由单位工程预算、单项工程预算、建设项目总预算构成

通信建设工程概预算是设计文件的重要组成部分，它是根据各个不同设计阶段的深度和建设内容，按照设计图纸和说明以及相关专业的预算定额、费用定额、费用标准、器材价格、编制方法等有关资料，对通信建设工程预先计算和确定从筹建到竣工交付使用所需全部费用的文件。不同设计阶段所对应的不同通信建设工程概预算文件编制如图 7.2 所示。

概预算是利用工程的计划价格对工程项目设计概预算的管理和控制，是对所建设工程实行科学管理和监督的一种重要手段，在建设程序中的位置如图 7.3 所示。设计概预算是以初步设计和施工图设计为基础编制的，它不仅是考核设计方案经济性和合理性的重要指标，也是确定建设项目建设计划、签订合同办理贷款、进行竣工决算和考核工程造价的主要依据。

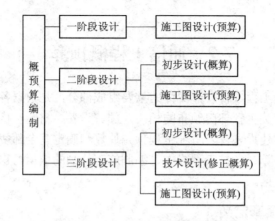

图 7.2   概预算文件编制示意图

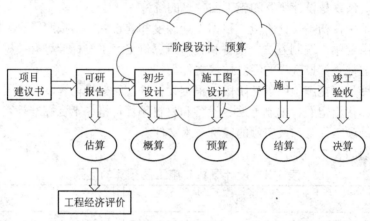

图 7.3   概预算在建设程序中的位置

7.2.2   通信工程概预算作用

1. 设计概算的作用

设计概算是用货币形式综合反映和确定建设项目从筹建至竣工验收的全部建设费用。其主要作用如下:

(1) 确定和控制固定资产投资、编制和安排投资计划、控制施工图预算的主要依据。建设项目需要多少人力、物力和财力,是通过项目设计概算来确定的,所以设计概算是确定建设项目所需建设费用的文件,即项目的投资总额及其构成是按设计概算的有关数据确定的,而且设计概算也是确定年度建设计划和年度建设投资额的基础。因此,设计概算的编制质量将影响年度建设计划的编制质量。

(2) 审核贷款额度的主要依据。建设单位根据批准的设计概算总投资,安排投资计划、控制贷款。如果建设单位投资额突破设计概算,应在查明原因后,由建设单位报请上级主管部门调整或追加设计概算总投资额。

(3) 考核工程设计技术经济合理性和工程造价的主要依据。设计概算是建设项目方案经济合理性的反映,可以用来对不同的建设方案进行技术和经济合理性比较,以选择最佳的建设方案或设计方案。同时,建设项目的各项费用是通过编制设计概算时逐项确定的,因此，造价的管理必须根据编制设计概算所规定的应包括的费用内容和要求严格控制各项费用，防止突破项目投资估算，加大项目建设成本。

(4) 筹备设备、材料和签订订货合同的主要依据。当设计概算经主管部门批准后，建设单位就可以开始按照设计提供的设备、材料清单，对不同厂家的设备性能及价格进行调查、询价，并进行比较、选择，签订订货合同，开展建设准备工作。

(5) 在工程招标承包制中是确定标底的主要依据。建设单位在按设计概算进行工程施工招标发包时，需以设计概算为基础编制标底，以此作为评标决标的依据。施工企业在投标竞争中必须编制投标书，标书表述中的报价也应以设计概算为基础进行编制。

2. 施工图预算的作用

施工图预算是设计概算的进一步具体化。它是根据施工图计算出工程量，并依据现行预算定额及取费标准、签订的设备材料合同价或设备材料预算价格等，进行计算和编制的工程费用文件。其主要作用如下：

(1) 考核工程成本和确定工程造价的主要依据。根据工程的施工图计算出其实物工程量，然后按现行建设工程预算定额、费用定额等资料计算出施工生产费用，再加上上级主管部门规定应计列的其他费用，即为建筑安装工程的价格，也就是工程预算造价。

(2) 签订工程承、发包合同的依据。建设单位与施工企业的经济费用是以施工图预算及双方签订的合同为依据的，所以施工图预算又是建设单位监督工程拨款和控制工程造价的一项主要依据。实行招标的工程，施工图预算又是建设单位确定标底和施工企业进行估价的依据，同时也是评价设计方案、签订年度总包和分包合同的依据。

(3) 价款结算的主要依据。工程价款结算是指施工企业在承包工程实施工程中，按照承包合同和已经完成的工程量关于付款的规定，依据程序向建设单位收取工程价款的经济活动。结算工程价款是以施工图预算为基础进行的，即以施工图预算中的工程量和单价为依据，再根据施工中设计变更后的实际施工情况以及实际完成的工程量情况编制项目结算。

(4) 考核施工图设计技术经济合理性的主要依据。施工图预算要根据设计文件的编制程序编制，它对确定单项工程造价具有特别重要的意义。施工图预算的工料统计表列出的各单位工程对各类人工和材料的需要量等，是施工企业编制施工计划、施工准备和进行统计、核算等不可缺少的依据。

7.2.3　概预算的编制

1. 通信工程概预算编制的原则和依据

1) 概预算编制原则

(1) 按工信部规〔2019〕75 号文件编制。

(2) 持证上岗。

(3) 概算应在投资估算的范围内进行；施工图预算应在批准的设计概算范围内进行；设计施工图预算应在投资估算的范围内进行。

(4) 按规定的设计标准和设计图纸计算工程量，正确使用各项计价标准，完整、准确地反映设计内容、施工条件和实际价格。

(5) 多单位合作设计时，总体设计单位负责统一概算、预算编制原则并汇总建设项目的总概算，分设计单位负责本设计单位所承担的单项工程概算、预算的编制。

2) 概预算编制依据

(1) 设计概算的编制依据包括以下文件：

① 批准的可行性研究报告；

② 初步设计图纸及有关资料；

③ 国家相关部门发布的有关法律、法规、标准规范；

④ 《通信建设工程预算定额》《通信建设工程费用定额》《通信建设工程施工机械、仪表台班费用定额》及有关文件；

⑤ 建设项目所在地政府发布的有关土地征用和赔补费用等有关规定；

⑥ 有关合同、协议等。

(2) 施工图预算的编制依据包括以下文件：

① 批准的初步设计概算及有关文件；

② 施工图、通用图、标准图及说明；

③ 国家相关部门发布的有关法律、法规、标准规范；

④ 《通信建设工程预算定额》《通信建设工程费用定额》《通信建设工程施工机械、仪表台班费用定额》及有关文件；

⑤ 建设项目所在地政府发布的有关土地征用和赔补费用等有关规定；

⑥ 有关合同、协议等。

2. 通信工程概预算文件的组成

概预算由 10 类总计 14 张表格组成，包括概算、预算总表(表一)；建筑安装工程费用系列表格(表二、表三、表四(主材))；设备购置费用表格(包括需要安装和不需要安装的设备)(表四)；工程建设其他费用表格(表五)。

具体表格形式见 7.4 节通信工程概预算案例。

7.3 　通信建设定额

7.3.1 　定额概述

1. 定额的定义

在生产过程中，为了完成某一单位合格产品，就要消耗一定的人工、材料、机具设备和资金。因为这些消耗受技术水平、组织管理水平及其他客观条件的影响，所以其消耗水平是不相同的。因此，为了统一考核其消耗水平，便于经营管理和经济核算，就需要有一个统一的平均消耗标准，这个标准就是定额。

所谓定额，就是在一定的生产技术和劳动组织条件下，完成单位合格产品在人力、物力、财力的利用和消耗方面应当遵守的标准。

定额是一种规定的额度，广义地说，也是处理特定事物的数量界限。它反映行业在一定时期内的生产技术和管理水平，是企业搞好经营管理的前提，也是企业组织生产、引入竞争机制的手段，是进行经济核算和贯彻"按劳取酬"原则的依据。

2．定额的特点

定额具有科学性、权威性、强制性、系统性、稳定性和时效性等特点。

1) 科学性

(1) 科学的制定定额态度。尊重客观事实，力求定额水平高低合理，易于被人认同和接受。

(2) 制定和贯彻的一致性、科学性。制定是为了贯彻时有依据，贯彻是为了实现管理的目标，同时又可以从实践中总结其使用的不足，反过来提高制定的水平。

(3) 方法的科学性。必须掌握一整套系统、完整、有效的制定定额的科学方法，才能将定额制定好，才能得到广大工程建设人员的肯定与执行，否则就是废纸一张。

2) 权威性和强制性

定额一旦公布实施就具有很大的权威性。权威性反映统一的意志和统一的要求，也反映信誉和信赖程度。强制性反映刚性约束，反映定额的严肃性，不能随意更改。工程建设定额权威性的客观基础是定额的科学性。只有科学的定额才具有权威性，但是在社会主义市场经济条件下，它必然涉及各有关方面的经济关系和利益关系。赋予工程建设定额一定的权威性，就意味着在规定的范围内，对于定额的使用者和执行者来说，不论主观上愿意不愿意，都必须按定额的规定执行。

3) 系统性

工程建设本身的多种类、多层次决定了以它为服务对象的建设工程定额的多种类、多层次。这就决定了定额的系统性与多样性。

工程建设定额的系统性是由工程建设的特点决定的。按照系统论的观点，工程建设就是庞大的实体系统，工程建设定额是为这个实体系统服务的。

4) 稳定性

定额是对一定时期技术发展和管理的反映，因而在一段时期内它应该是稳定不变的。如果定额处于经常修改变动之中，那么必然造成执行中的困难和混乱。

5) 时效性

上面所说的稳定性是相对的，即在一个较短的时期内来看，定额是稳定的，但在一个较长的时期内来看，定额是变化的，是具有时效性的。因为任何一种定额都只能反映一定时期的生产力水平，当生产力向前发展时，建设工程定额就会与已经发展了的生产力不相适应，这样它原有的作用就逐步减弱以致消失，甚至产生负面效应，这和生产力与生产关系的关系一样。所以，定额在具有稳定性特点的同时，也具有显著的时效性。当定额不再能起到促进生产力发展的作用时，建设工程定额就要重新编制或修订了。

7.3.2　预算定额

预算定额是以建筑物或构筑物各个分部、分项工程为对象编制的定额。其内容包括劳动定额、机械台班定额、材料消耗定额三个基本部分，并列有工程费用，是一种计价的定额，是编制预算时使用的定额。从编制程序上看，预算定额是以施工定额为基础综合扩大编制的，同时它也是编制概算定额的基础。

预算定额的作用如下：

(1) 预算定额是编制施工图预算、确定和控制建筑安装工程造价的基础。

施工图预算是施工图设计文件之一，是控制和确定建筑安装工程造价的必要手段。编制施工图预算，除设计文件决定的建设工程的功能、规模、尺寸和文字说明是计算分部、分项工程量和结构构件数量的依据外，预算定额是确定一定计量单位工程人工、材料、机械消耗量的依据，也是计算分项工程单价的基础。

(2) 预算定额是对设计方案进行技术经济比较、技术经济分析的依据。

设计方案在设计工作中居于中心地位。设计方案的选择要满足功能，符合设计规范，既要技术先进，又要经济合理。根据预算定额对方案进行技术经济分析和比较，是选择经济合理设计方案的重要方法。对设计方案进行比较，主要是通过定额对不同方案所需人工、材料和机械台班消耗量等进行比较。这种比较可以判明不同方案对工程造价的影响。对于新结构、新材料的应用和推广，也需要借助预算定额进行技术分项和比较，从技术与经济的结合上考虑普遍采用的可能性和效益。

(3) 预算定额是施工企业进行经济活动分项的参考依据。

实行经济核算的根本目的，是用经济的方法促使企业在保证质量和工期的条件下，用较少的劳动消耗取得预定的经济效果。目前，我国的预算定额仍决定着企业的收入，企业必须以预算定额作为评价企业工作的重要标准。企业可根据预算定额对施工中的劳动、材料、机械的消耗情况进行具体的分析，以便找出低工效、高消耗的薄弱环节及其原因，为实现经济效益的增长由粗放型向集约型转变提供对比数据，从而促进企业提供在市场上竞争的能力。

(4) 预算定额是编制标底、投标报价的基础。

在深化改革中的市场经济体制下，预算定额作为编制标底的依据和施工企业报价基础的作用仍将存在，这是由它本身的科学性和权威性决定的。

(5) 预算定额是编制概算定额和估算指标的基础。

概算定额和估算指标是在预算定额基础上经综合扩大编制的，也需要利用预算定额作为编制依据，这样做不但可以节省编制工作中的人力、物力和时间，收到事半功倍的效果，还可以使概算定额和概算指标在水平上与预算定额一致，以避免造成执行中的不一致。

7.3.3 预算定额编制

1. 通信建设工程预算定额编制原则

通信建设工程概预算定额编制原则如下：

(1) 贯彻关于修编通信建设工程预算定额的相关政策精神。

(2) 贯彻执行"控制量""量价分离""技普分开"的原则。

① 严格控制量。预算定额中的人工、主材、机械台班、仪表台班的消耗量是法定的，任何单位和个人不得擅自调整。

② 实行量价分离。预算定额中只反映人工、主材、机械台班、仪表台班的消耗量，而

不反映其单价。单价由主管部门或造价管理归口单位根据市场行情另行发布，以体现以市场为导向的经济发展规律。

③ 技普分开。凡是由技工操作的工序内容均按技工计取工日，凡是由非技工操作的工序内容均按普工计取工日。

对于设备安装工程一般均按技工计取工日(即普工为零)。

通信线路工程和通信管道工程按上述相关要求分别计取技工工日、普工工日。

(3) 预算定额子目编号。

定额子目编号由三部分组成：第一部分为汉语拼音缩写(三个字母)，表示预算定额的名称；第二部分为一位阿拉伯数字，表示定额子目所在章的章号；第三部分为三位阿拉伯数字，表示定额子目在章内的序号，如图 7.4 所示。

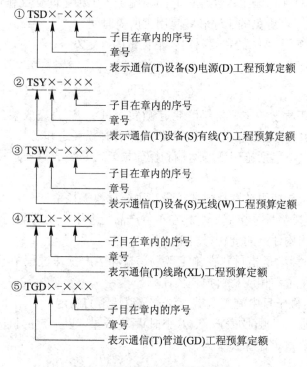

图 7.4　预算定额子目编号示意

例如："TXL2-113"表示通信线路工程第 2 章的第 113 条子条目，其内容是在第 2 章"敷设埋式光(电)缆"第三节"埋式光(电)缆保护与防护"的"铺水泥盖板"中，计量单位为 km，技工 2.00，普工 13.0，所需材料为水泥，盖板为 2040 块。

(4) 关于预算定额子目的人工工日及消耗的确定。

· 基本用工

完成定额单位产品的基本用工量包括该分项工程中主体工程的用工量和附属于主体工程中各项工程的加工量。

有劳动定额依据的项目，按劳动定额时间乘以该工序的工程量计算确定；无劳动定额可依据的项目，参照现行其他劳动定额，细算粗编；新增加、无劳动定额可参考的项目，参考相近定额，根据客观条件和工人水平，按工序的工程量计算确定。

　　· 辅助用工

劳动定额中未包括的工序用工量，包括施工现场某些材料临时加工用工量和排除一般故障、维持必要的现场安全用工量等。

　　· 其他用工

劳动定额中未包括而在正常施工条件下必然发生的零星用工量，内容包括：

① 工序间的搭接、工种间的交叉配合所需的停歇时间；

② 机械在单位工程之间转移及临时水电线路在施工过程中移动所致的不可避免的工作停歇；

③ 质量检查与隐蔽工程验收影响工人操作的时间；

④ 操作地点转移而影响工人操作的时间、施工中工种之间交叉作业的时间；

⑤ 难以测定的不可避免的工序和零星用工所需时间。

(5) 关于预算定额子目中的主要材料及消耗量的确定。

主要材料计算公式为

$$Q = W + \sum r \qquad (7\text{-}1)$$

式中：Q 为完成某工程量的主要材料消耗定额(实用量)；W 为完成某工程量实体所需主要材料净用量；$\sum r$ 为完成某工程量最低损耗情况下各种损耗之和。

主要材料净用量不包括施工现场运输和操作损耗，是完成每一定额计量单位产品所需某种材料的用量。

主要材料损耗量包括周转性材料摊销量和主要材料损耗率。

① 周转性材料摊销量是指周转材料在单位产品上使用一次的消耗量，即应分摊到每一单位分项工程或结构构件上的周转材料消耗量。

② 主要材料损耗率是指材料在施工现场运输和生产操作过程中不可避免的合理损耗量，要根据材料净用量和相应材料损耗率计算。

(6) 关于预算定额子目中施工机械、仪表及消耗量的确定。

台班消耗量标准：机械(仪表)一天(八小时)所完成量，以一定的机械幅度差来确定单位产品所需的机械台班量。计算公式为

$$预算定额中施工机械台班消耗量 = \frac{1}{每台班产量}$$

　　2. 通信建设工程预算定额构成

在这里主要以《信息通信建设工程预算定额》第四册通信线路工程和《信息通信建设工程预算定额》第三册无线通信设备安装工程为例来为大家介绍定额的构成及使用方法。

该预算定额由工信部通信〔2016〕451 号文件、总说明、册说明、目录、章节说明、定额项目表和附录构成。

1) 工信部通信〔2016〕451 号文件

工信部通信〔2016〕451 号文件如图 7.5 所示。

工业和信息化部关于印发信息通信建设工程预算定额、
工程费用定额及工程概预算编制规程的通知

工信部通信〔2016〕451 号

各省、自治区、直辖市通信管理局,中国电信集团公司、中国移动通信集团公司、中国联合网络通信集团有限公司、中国铁塔股份有限公司,相关单位:

　　为适应通信建设行业发展需要,合理有效控制通信建设工程投资,规范通信建设工程计价行为,根据国家法律法规及有关规定,我部对《通信建设工程概算、预算编制办法》及相关定额(2008 年版)进行修订,形成了《信息通信建设工程预算定额》(共五册:第一册通信电源设备安装工程、第二册有线通信设备安装工程、第三册无线通信设备安装工程、第四册通信线路工程、第五册通信管道工程)、《信息通信建设工程费用定额》及《信息通信建设工程概预算编制规程》,现予发布,自 2017 年 5 月 1 日起施行。工业和信息化部《关于发布〈通信建设工程概算、预算编制办法〉及相关定额的通知》(工信部规〔2008〕75 号)同时废止。

工业和信息化部
2016 年 12 月 30 日

图 7.5　工信部通信〔2016〕451 号文件

2) 总说明

总说明阐述定额的编制原则、指导思想、编制依据和适用范围,同时还说明有关规定及使用方法等。在使用定额前,应首先了解和掌握此部分内容,以便正确使用。具体内容如下:

(1) 通信建设工程预算定额(以下简称本定额)系通信行业标准。

(2) 本定额按通信专业工程分册,包括:第一册通信电源设备安装工程(册名代号 TSD),第二册有线通信设备安装工程(册名代号 TSY),第三册无线通信设备安装工程(册名代号 TSW),第四册通信线路工程(册名代号 TXL),第五册通信管道工程(册名代号 TGD)。

(3) 本定额是编制通信建设项目投资估算指标、概算、预算和工程量清单的基础,也可作为通信建设项目招标、投标报价的基础。

(4) 本定额适用于新建、扩建工程,改建工程可参照使用。本定额用于扩建工程时,其扩建施工降效部分的人工工日按乘以系数 1.1 计取,拆除工程的人工工日计取办法见各册的相关内容。

(5) 本定额以现行通信工程建设标准、质量评定标准、安全操作规程为编制依据;在1995 年 9 月 1 日原邮电部发布的《通信建设工程预算定额》及补充定额的基础上(不含邮政设备安装工程),经过对分项工程计价消耗量再次分析、核定后编制;并增补了部分与新业务、新技术有关的工程项目的定额内容。

(6) 本定额是按符合质量标准的施工工艺、机械(仪表)装备、合理工期及劳动组织的条件制定的。

(7) 本定额的编制条件如下:

① 设备、材料、成品、半成品、构件符合质量标准和设计要求。

② 通信各专业工程之间、与土建工程之间的交叉作业正常。

③ 施工安装地点、建筑物、设备基础、预留孔洞均符合安装要求。

④ 正常气候、水电供应等应满足正常施工要求。

(8) 本定额根据量价分离的原则，只反映人工工日、主要材料、机械(仪表)台班的消耗量。

(9) 关于人工的分类和消耗量。

① 本定额人工分为技术工和普通工。

② 本定额的人工消耗量包括基本用工、辅助用工和其他用工。

基本用工：完成分项工程和附属工程定额实体单位产品的加工量。

辅助用工：定额中未说明的工序用工量，包括施工现场某些材料临时加工、排除故障、维持安全生产的用工量。

其他用工：定额中未说明的而在正常施工条件下必然发生的零星用工量，包括工序间搭接、工种间交叉配合、设备与器材施工现场转移、施工现场机械(仪表)转移、质量检查配合以及不可避免的零星用工量。

(10) 关于材料的相关说明。

① 本定额中的材料长度，凡未注明计量单位者均为毫米(mm)。

② 本定额中的材料消耗量包括直接用于安装工程中的主要材料使用量和规定的损耗量。规定的损耗量指施工运输、现场堆放和生产过程中不可避免的合理损耗量。

③ 施工措施性消耗部分和周转性材料按不同施工方法、不同材质分别列出一次使用量和一次摊销量。

④ 本定额仅计列直接构成工程实体的主要材料，辅助材料的计算方法按相关规定计列。定额子目中注明由设计计列的材料，设计时应按实计列。

⑤ 本定额不含施工用水、电、蒸汽等费用。此类费用在设计概、预算中根据工程实际情况在建筑安装工程费中按实计列。

(11) 关于施工机械的相关说明。

① 本定额的机械台班消耗量是按正常合理的机械配备综合取定的。

② 施工机械单位价值在 2000 元以上，构成固定资产的需列入本定额的机械台班。

③ 施工机械台班单价参照有关部门动态发布的《通信建设工程施工机械、仪表台班定额》。

(12) 关于施工仪表的相关说明。

① 本定额的施工机械(仪表)台班消耗量是按通信建设标准规定的测试项目及指标要求综合取定的。

② 施工仪器仪表单位价值在 2000 元以上，构成固定资产的需列入本定额的仪表台班。

③ 施工仪器仪表台班单价参照有关部门动态发布的《通信建设工程施工机械、仪表台班定额》。

(13) 本定额子目编号原则说明。

本定额子目编号由三个部分组成：第一部分为册名代号，表示通信行业的各个专业，由汉语拼音(字母)缩写组成；第二部分为定额子目所在的章号，由一位阿拉伯数字表示；第三部分为定额子目所在章内的序号，由三位阿拉伯数字表示。

(14) 本定额适用于海拔高程为 2000 m 以下，地震烈度为七度以下地区，超过上述情况时，按有关规定处理。

(15) 在以下的地区施工时，本定额按下列规则调整。

① 高原地区施工时，本定额人工工日、机械台班量乘以表 7.4 中列出的系数。

表 7.4　高原地区调整系数表

海拔高程/m		2000 以上	3000 以上	4000 以上
调整系数	人工	1.13	1.30	1.37
	机械	1.29	1.54	1.84

② 原始森林地区(室外)及沼泽地区施工时，人工工日、机械台班消耗量乘以系数 1.30。

③ 非固定沙漠地带进行室外施工时，人工工日乘以系数 1.10。

④ 其他类型的特殊地区按相关部门规定处理。

以上四类特殊地区若在施工中同时存在两种以上情况时，只能参照较高标准计取一次，不应重复计列。

(16) 本定额中注有"××以内"或"××以下"者均包括"××"本身；"××以外"或"××以上"者则不包括"××"本身。

(17) 本说明未尽事宜，详见各专业册章节和附注说明。

3) 册说明

通信建设工程预算定额包括《通信设备电源安装工程》《有线通信设备安装工程》《无线通信设备安装工程》《通信线路工程》和《通信管道工程》，共五册。册说明阐述该册的内容、编制基础和使用注意事项等有关规定。这里以第四册《通信线路工程》为例介绍，其具体内容如下：

(1)《通信线路工程》预算定额适用于通信光(电)缆的直埋、架空、管道、海底等线路的新建工程。

(2) 当通信线路工程规模较小时，人工工日以总工日为基数按下列规定系数进行调整：工程总工日在 100 工日以下时，增加 15%；工程总工日在 100～250 工日时，增加 10%。

(3) 定额带有括号和以分数表示的消耗量，是供设计选用的；"*"表示由设计确定其用量。

(4) 定额拆除工程不单立子目，发生时按表 7.5 中的规定执行。

表 7.5　拆除工程系数表

序号	拆除工程内容	占新建工程定额的百分比/%	
		人工工日	机械台班
1	光(电)缆(不需清理入库)	40	40
2	埋式光(电)缆(清理入库)	100	100
3	管道光(电)缆(清理入库)	90	90
4	成端电缆(清理入库)	40	40
5	架空、墙壁、室内、通道、槽道、引上光(电)缆	70	70
6	线路工程各种设备以及除光(电)缆外的其他材料(清理入库)	60	60
7	线路工程各种设备以及除光(电)缆外的其他材料(不清理入库)	30	30

(5) 各种光(电)缆工程量计算时，应考虑敷设的长度和设计中规定的各种预留长度。

4) 目录

目录是指预算定额正文前所载的目次，为指导阅读的工具。

5) 章节说明

每册中包含若干章节，每章都有相应说明。其主要说明分部、分项工程的工作内容、工程量计算方法、有关规定、计量单位、适用范围等。这里以第四册《通信线路工程》第3章敷设架空光(电)缆为例介绍，其具体内容如下：

(1) 挖电杆、拉线、撑杆坑等的土质按综合土、软石、坚石三类划分。其中，综合土的构成按普通土20%、硬土50%、砂砾土30%计取。

(2) 定额中立电杆与撑杆、安装拉线部分为平原地区的定额，用于丘陵、水田、城区时应乘以1.30系数，用于山区时应乘以1.60系数。

(3) 更换电杆及拉线，按本定额相关子目的2倍计取；拆除工程，按定额相关子目人工与机械的0.7倍计取(拆除拉线未拆除地锚的，按相应定额人工与机械的30%计取)。

(4) 组立安装L杆，取H杆同等杆高定额的1.5倍；组立安装井字杆，取H杆同等杆高定额的2倍。

(5) 高桩拉线中电杆至拉桩间正拉线的架设套用相应安装吊线的人工定额，主要材料由设计根据具体情况另行计算。

(6) 安装拉线如采用横木地锚时，相应定额应取消地锚铁柄和水泥拉线盘两种材料，需另增加制作横木地锚的相应子目。

(7) 定额相关子目所列横木的长度，由设计根据地质地形选取。

(8) 架空明线的线位间如需架设安装架空吊线时，按相应子目的定额乘以1.3系数。

(9) 敷设档距在100 m及以上的吊线、光电缆时，其人工按相应定额的2倍计取。

(10) 拉线坑所在地表有水或严重渗水时，应由设计另计取排水等措施费用。

(11) 有关材料部分的说明。

① 定额中立普通品接杆限高15 m，特种品接杆限高24 m，工程中电杆长度由设计确定。

② 各种拉线的钢绞线定额消耗量按9 m以内的杆高、距高比1:1测定，如杆高与距高比根据地形地貌有变化，可据实调整换算其用量。杆高相差1 m单条钢绞线的调整量如表7.6所示。

③ 架设消弧线定额套用吊线定额。

表7.6　杆高相差1 m单条钢绞线的调整量

制式	7/2.2	7/2.6	7/3.0
调整量	±0.31 kg	±0.45 kg	±0.60 kg

6) 定额项目表

定额项目表是预算定额的主要内容，该表列出了分部、分项工程所需的人工、主要材料、机械台班及仪表的消耗量。这里以第四册《通信线路工程》第3章敷设架空光(电)缆立 9 m 以下水泥杆为例介绍，其具体内容如表 7.7 所示。

表 7.7　敷设架空光(电)缆立 9 m 以下水泥杆

定　额　编　号			TXL3-001	TXL3-002	TXL3-003
项　　目			立 9 m 以下水泥杆(根)		
			综合土	软石	坚石
名称		单位	数量		
人工	技工	工日	0.61	0.64	1.18
	普工	工日	0.61	1.28	1.18
主要材料	水泥电杆	根	1.01	1.01	1.01
	H 杆腰梁(带抱箍)	套			
	硝铵炸药	kg		0.3	0.7
	火雷管(金属壳)	个		1	2
	导火索	m		1	2
	水泥 C32.5	kg	0.2	0.2	0.2
机械	汽车式起重机(5t)	台班	0.04	0.04	0.04
仪表					

7) 附录

预算定额的最后列有附录，供使用预算定额时参考。

7.4　通信工程概预算案例

本节仍然以 4G 基站建设为基础，对一个 4G 基站的建设进行概预算的编制。基站的情况引用第 5 章通信工程制图的案例，相关工作量数据已标注在 5.4 节工程制图案例的图纸上。

7.4.1　概预算编制步骤

工程概预算编制流程如图 7.6 所示。

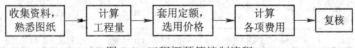

图 7.6　工程概预算编制流程

(1) 收集资料，熟悉图纸。

(2) 通过图纸计算工程量。

在编制概预算前，通过 CAD 图纸对工程相关工作进行具体统计，完成主要工程量表。

(3) 套用定额，选用价格。

工程量经复核后套用与工程内容一致的定额内容。套用定额时，要注意定额所描述的“工作内容”是否与所选定的“工作项目”一致。

(4) 计算各项费用。

　　根据工信部下发的费用定额所规定的计算规则、标准分别计算各项费用，并按照信息通信建设工程概预算表格的填写要求填写表格。填表顺序为(表三)甲→(表三)乙→(表三)丙→(表四)甲→(表四)乙→(表二)→(表五)甲→(表五)乙→(表一)，如图7.7所示。

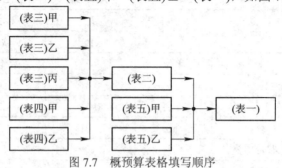

图7.7　概预算表格填写顺序

　　(5) 复核。

　　对表格内容进行一次全面检查，检查所列项目、工程量、计算结果、套用定额、选用单价、取费标准以及计算数值等是否正确。

　　检查的顺序应按照填写表格的顺序来进行。

7.4.2　概预算文件

　　因为 4G 基站的建设为无线通信的设备安装，所以使用的是通信建设工程预算定额中的《无线通信设备安装工程》。概预算文件组成如表 7.8～表 7.14 所示。

表 7.8　工程预算总表(表一)

单项工程名称：新建基站主设备安装工程　　　建设单位名称：某公司　　　表格编号：TSW-1

序号	表格编号	费用名称	小型建筑工程费	需要安装的设备费	不需安装的设备、工器具费	建筑安装工程费	其他费	预备费	总价值/元			
			/元						除税价	增值税	含税价	其中外币()
I	II	III	IV	V	VI	VII	VIII	IX	X	XI	XII	XIII
1	TSW-4 甲 BTSW-2	工程费		18035.45		4682.56			22718.01	3470.01	26188.02	
2	TSW-5 甲	工程建设其他费					11085.80		11085.80	649.02	11734.82	
3		合计		18035.45		4682.56	11085.80		33803.81	4119.03	37922.84	
4		预备费()										
5		建设期利息										
6		总计		18035.45		4682.56	11085.80		33803.81	4119.03	37922.84	
7		回收器材费(不计入投资)										

设计负责：某某　　　审核：某某　　　编制：某某　　　编制日期：××××年××月

表 7.9　建筑安装工程费用预算表(表二)

序号	费用名称	依据和计算方法	合计/元	序号	费用名称	依据和计算方法	合计/元
Ⅰ	Ⅱ	Ⅲ	Ⅳ	Ⅰ	Ⅱ	Ⅲ	Ⅳ
	建筑安装工程费(含税价)	一+二+三+四	5277.37	7	夜间施工增加费	人工费×2.1%	20.37
	建筑安装工程费(除税价)	一+二+三	4682.56	8	冬雨季施工增加费	室外部分人工费×1.8%	16.68
一	直接费	(一)+(二)	3465.71	9	生产工具用具使用费	人工费×0.8%	7.76
(一)	直接工程费	1+2+3+4	3222.52	10	施工用水电蒸气费	据实计列	
1	人工费	(1)+(2)	970.14	11	特殊地区施工增加费	∑各类特殊地区施工工日×补贴金额	
(1)	技工费	技工工日×114	970.14	12	已完工程及设备保护费	人工费×1.5%	14.55
(2)	普工费	普工工日×61		13	运土费	据实计列	
2	材料费	(1)+(2)	2202.72	14	施工队伍调遣费		
(1)	主要材料费	主要材料表	2138.56	15	大型施工机械调遣费	2×(调遣用车运价×调遣运距)	
(2)	辅助材料费	主要材料费×3%	64.16	二	间接费	(一)+(二)	1022.82
3	机械使用费	表三(乙)		(一)	规费	1+2+3+4	757.00
4	仪表使用费	表三(丙)	49.66	1	工程排污费	据实计列	
(二)	措施费	1+2+⋯+15	243.19	2	社会保障费	人工费×28.5%(按定额标准计取)	640.38
1	文明施工费	人工费×1.1%(按定额标准计取)	24.72	3	住房公积金	人工费×4.19%(按定额标准计取)	94.15
2	工地器材搬运费	人工费×1.1%	10.67	4	危险作业意外伤害保险费	人工费×1%(按定额标准计取)	22.47
3	工程干扰费	人工费×4%	38.81	(二)	企业管理费	人工费×27.4%	265.82
4	工程点交、场地清理费	人工费×2.5%	24.25	三	利润	人工费×20%	194.03
5	临时设施费	人工费×3.8%	36.87	销项税额	销项税额	(直接费+间接费+利润－主要材料费)×10%+主材增值税	594.81
6	工程车辆使用费	人工费×5%	48.51				

表7.10　建筑安装工程量预算表(表三)甲

单项工程名称：新建基站主设备安装工程　　　建设单位名称：某公司　　　表格编号：TSW-3甲

序号	定额编号	项目名称	单位	数量	单位定额值/工日		合计值/工日	
					技工	普工	技工	普工
I	II	III	IV	V	VI	VII	VIII	IX
1	TSW1-055	放绑软光纤，光纤分配架内跳纤	条	1.000	0.13		0.13	
2	TSW1-083	封堵馈线窗	个	1.000	0.75		0.75	
		合计1					0.88	
3	TSW1-058	布放射频拉远单元(RRU)用光缆	米/条	48.000	0.04		1.92	
4	TSW1-068	室外布放电力电缆(单芯) 16 mm²以下	十米/条	0.200	0.18		0.04	
5	TSW1-068	室外布放电力电缆(单芯) 16 mm²以下，2芯	十米/条	4.800	0.20		0.96	
6	TSW2-011	安装定向天线，地面铁塔上(高度) 40 m以下	副	1.000	6.35		6.35	
7	TSW2-027	布放射频同轴电缆1/2英寸以下(4 m以下)，出厂时已连接好端头	条	4.000	0.08		0.32	
8	TSW2-044	宏基站天、馈线系统调测(1/2英寸射频同轴电缆)	条	4.000	0.38		1.52	
9	TSW1-034	接地跨接线	十处	0.100	0.80		0.08	
10	TSW1-035	接地网电阻测试	组	1.000	0.70		0.70	
11	TSW2-081	配合基站系统调测(定向)远端、近端相距1 km以上的宏站	扇区	1.000	1.69		1.69	
12	TSW2-094	配合联网调测	站	1.000	2.11		2.11	
13	TSW2-055	安装射频拉远设备，地面铁塔上(高度) 40 m以下	套	1.000	2.88		2.88	
14	TSW2-036	安装电调天线控制器	套	2.000	0.10		0.20	
15	TSW1-056	室外布放控制信号线	十米/条	0.200	0.30		0.06	
		合计2 (室外地区施工)					18.83	
		合计 (Σ 合计1、2)					19.71	
		人工工日折扣 (扣减：技工56.8163%)					11.20	
		总计					8.51	
		其中：室外部分施工工日					8.13	

设计负责人：某某　　　审核：某某　　　编制：某某　　　编制日期：××××年××月

表 7.11　建筑安装工程仪器仪表使用费预算表(表三)丙

单项工程名称：新建基站主设备安装工程　　　　建设单位名称：某公司　　　表格编号：TSW-3 丙

序号	定额编号	项目名称	单位	数量	仪表名称	单位定额值		合计值	
						消耗量/台班	单价/元	消耗量/台班	合价/元
I	II	III	IV	V	VI	VII	VIII	IX	X
1	TSW2-044	宏基站天、馈线系统调测(1/2 英寸射频同轴电缆)	条	4.000	天馈线测试仪	0.05	140.00	0.20	28.00
2	TSW2-044	宏基站天、馈线系统调测(1/2 英寸射频同轴电缆)	条	4.000	操作测试终端(电脑)	0.05	125.00	0.20	25.00
3	TSW2-044	宏基站天、馈线系统调测(1/2 英寸射频同轴电缆)	条	4.000	互调测试仪	0.05	310.00	0.20	62.00
		合计							115.00
		仪器仪表使用费折扣				扣减：合计×56.8163%			65.34
		总计							49.66

设计负责人：某某　　　　审核：某某　　　　编制：某某　　　　编制日期：××××年××月

表 7.12　国内器材预算(主要材料)表(表四)

单项工程名称：新建基站主设备安装工程　　　　建设单位名称：某公司　　　表格编号：TSW-4 甲 A

序号	名称	规格程式	单位	数量	单价/元	合计/元			备注
					除税价	除税价	增值税	含税价	
I	II	III	IV	V	VI	VII	VIII	IX	X
1	尾纤	3 米/条	条	1.000	8.00	8.00	1.28	9.28	其他
2	RRU 室外接地卡		个	1.000	7.00	7.00	1.12	8.12	其他
3	标签纸		张	4.000	0.30	1.20	0.19	1.39	其他，0.004
	(1) 小计					16.20	2.59	18.79	本段主材税率 16%
	其他					16.20	2.59	18.79	—
	(2) 运杂费	小计×0.4%				0.06	0.01	0.07	运至工地仓库，税率 10%
	(3) 合计 1	Σ(1)、(2)				16.26	2.60	18.86	
4	RRU 安装套件(上塔)		套	1.000	1838.00	1838.00	294.08	2132.08	其他
5	电下倾调整套件		套	1.000	255.00	255.00	40.80	295.80	其他
	(1) 小计					2093.00	334.88	2427.88	本段主材税率 16%
	其他					2093.00	334.88	2427.88	
	(2) 运输保险费	小计×1%				20.93	2.09	23.02	税率 10%
	(3) 运杂费	小计×0.4%				8.37	0.84	9.21	税率 10%
	(4) 合计 2	Σ(1)～(3)				2122.30	337.81	2460.11	
	总计	Σ 合计 1、2				2138.56	340.41	2478.97	
	其中：甲供主材					2138.56	340.41	2478.97	

设计负责人：某某　　　　审核：某某　　　　编制：某某　　　　编制日期：××××年××月

表 7.13 国内器材预算(需要安装的设备)表(表四)

单项工程名称：新建基站主设备安装工程　　　　建设单位名称：某公司　　　　表格编号：TSW-4 甲 B

序号	名　称	规格程式	单位	数量	单价/元	合计/元			备　注
					除税价	除税价	增值税	含税价	
I	II	III	IV	V	VI	VII	VIII	IX	X
1	LTE-eNodeB 硬件-光模块-单芯双向-6G-10 km(RRU 侧)		套	1.000	711.00	711.00	113.76	824.76	
2	LTE-射频模块-1800M-2T4R-2×60W-直流(new)		套	1.000	10737.00	10737.00	1717.92	12454.92	
3	LTE-OMC-R 软件-基本软件包		套	1.000	13.00	13.00	2.08	15.08	
	(1) 小计	合同设备				11461.00	1833.76	13294.76	本段设备税率 16%
	(2) 运输保险费	小计×1%				114.61	11.46	126.07	税率 10%
	(3) 运杂费	小计×0.4%				45.84	4.58	50.42	运至工地仓库，税率 10%
	(4) 合计 1	Σ(1)～(3)				11621.45	1849.80	13471.25	
4	LTE-eNodeB 软件-RRC License		个	20.000	25.00	500.00	80.00	580.00	
5	LTE-eNodeB 软件-基本软件包		套	1.000	831.00	831.00	132.96	963.96	
6	LTE-eNodeB 软件-四通道通道许可		套	1.000	1569.00	1569.00	251.04	1820.04	
	(1) 合计 2	合同设备				2900.00	464.00	3364.00	本段设备税率 16%
7	定向天线	1800 MHz、18 dBi、四端口天线	副	1.000	2240.00	2240.00	358.40	2598.40	
8	RCU		个	2.000	550.00	1100.00	176.00	1276.00	
9	电调基站天线-电调控制线-2 米		副	1.000	160.00	160.00	25.60	185.60	
	(1) 小计					3500.00	560.00	4060.00	本段设备税率 16%
	(2) 运杂费	小计×0.4%				14.00	1.40	15.40	运至工地仓库，税率 10%
	(3) 合计 3	Σ(1)、(2)				3514.00	561.40	4075.40	
	总计	Σ 合计 1~3				18035.45	2875.20	20910.65	
	其中：合同设备					14361.00	2297.76	16658.76	

设计负责人：某某　　　　审核：某某　　　　编制：某某　　　　编制日期：××××年××月

表 7.14　工程建设其他费用预算表(表五)甲

单项工程名称：新建基站主设备安装工程　　建设单位名称：某公司　　表格编号：TSW-5 甲

序号	费 用 名 称	计算依据及方法	金额/元			备　注
			除税价	增值税	含税价	
I	II	III	IV	V	VI	VII
1	建设用地及综合赔补费					
2	项目建设管理费		338.04		338.04	(总概算×2%)×0.5
3	可行性研究费	依据中标价格，按照合同计取	183.00	10.98	193.98	税率 6%
4	研究试验费					
5	勘察设计费		5355.00	321.30	5676.30	
	(1) 勘察费	依据中标价格，按照合同计取				
	(2) 设计费	依据中标价格，按照合同计取	5355.00	321.30	5676.30	税率 6%
6	环境影响评价费	按照 1000 元/站计取	1000.00	60.00	1060.00	税率 6%
7	劳动安全卫生评价费					
8	建设工程监理费	依据中标价格，按照合同计取	850.00	51.00	901.00	税率 6%
9	安全生产费		103.76	10.38	114.14	建安费×1.5%，税率 10%
10	引进技术及引进设备其他费					
11	工程保险费					
12	工程招标代理费					
13	专利及专用技术使用费					
14	其他					
	(1) 人工搬运费					
	(2) 退网设备搬运费					
	(3) 搬迁站督导费					
15	厂家服务费		3256.00	195.36	3451.36	
	合计	Σ1～15	11085.80	649.02	11734.82	
16	生产准备及开办费(运营费)					

设计负责人：某某　　　审核：某某　　　编制：某某　　　编制日期：××××年××月

思　考　题

1. 什么是通信建设工程？它有什么特点？

2. 一类工程、二类工程、三类工程、四类工程对设计施工单位的资格等级有什么不同的要求？

3. 什么是建设项目？如何对其进行分类？

4. 设计概算和施工图预算的区别是什么？

5. 简述不同设计阶段所对应的通信建设工程概预算文件编制。

6. 简述设计概预算在工程建设中的重要性。

7. 通信工程概预算编制的原则和依据是什么？

8. 通信工程概预算文件由哪些表格组成？

9. 什么是定额？它在工程中起何作用？

第8章　通信建设工程规划与设计

通信网络是实现通信的基础设施，如何建设既经济合理，又能满足用户各种需求的通信网络，是一个非常复杂的问题。通信需求纷繁复杂，通信技术日新月异，通信市场千变万化，这就要求做网络规划与设计的工程师能够把握时代前进的脉搏，看清网络发展趋势，准确掌握网络过去、现在与未来需求的有机联系，做好网络规划，创造建设最佳通信网络的必要条件。

通信工程设计是对现有通信网络的装备进行整合与优化，是在通信网络规划的基础上，根据通信网络发展目标综合运用工程技术和经济方法，依据技术标准、规范、规程，对工程项目进行勘察和技术、经济分析，编制作为工程建设依据的设计文件和配合工程建设的活动。本章侧重于通信网络规划的讲解。

8.1　通信工程规划的理论基础

通信网络是由多个系统、设备、部件组成的复杂而庞大的整体，按第 1 章讲解的项目流程我们知道，网络建设之前需要规划出既能够满足各项性能指标要求又能节省费用的最佳设计方案。通信网络规划设计的基础理论包括图论、排队论和可靠性理论，各基础理论对应的作用如表 8.1 所示。

表 8.1　通信网络规划设计的基础理论及对应的作用

基础理论	作　用
图　论	确定最佳的通信网拓扑结构
排队论	通信网内业务分析方法的基础
可靠性理论	计算通信网的可靠性

8.1.1　图论

图论是进行网络研究的基本理论工具。在网络研究中，会遇到各种类型的网络，它们都可以用图论的语言和符号精确简洁地描述。图论的结论和技巧已经被广泛地移植到复杂网络的研究中。图论中的随机图论已经与统计物理并驾齐驱地成为研究复杂网络的两大解析方法之一。

在普鲁士的哥尼斯堡普雷格尔河中有两个小岛，有七座桥连接这两个小岛和两岸，如图 8.1 所示。当时哥尼斯堡的居民中流传着这样一道难题：能否把所有的桥都只走一次，最后回到出发点？这是图论研究中著名的七桥问题。

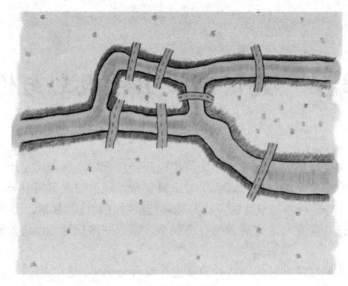

图 8.1　哥尼斯堡七桥

欧拉向当时俄国的圣彼得堡科学院递交了一篇名为《有关位置几何的一个问题的解》的论文，阐述了他是如何确定哥尼斯堡七桥是无法一次走完的。在文中，他还就此类问题进行了一般性意义的讨论："若连接奇数座桥的地点多于两个，则找不到符合要求的路线；若仅有两个地点与奇数座桥相连，则可从这两个地点的任意一个出发，找出符合要求的路线；若无一地点是通往奇数座桥的，则无论从哪个地点出发，都能找到所要求的路线。"这是首次人们开始认识到可以用点与线来描述具体问题，直接引发了后续对图论的继续研究。

图论研究人们在自然界和社会生活中遇到的包含某种二元关系的问题或系统，并把这种问题或系统抽象为点和线的集合。现在图论已被广泛应用于各种网络分析、可靠性设计、集成电路设计等领域。

通信网络由终端节点、业务节点和传输链路组成，其中研究时，点表示通信网中的节点，线表示传输链路。在通信网规划中，图论可以用于确定最佳网络结构、选择路由、分析网络可靠性等。

下面介绍图论中的一些基本概念。

(1) 图：由若干个点和连接点的线组成。图可用有序二元组来表示，也可用几何图形来表示，但一个图所对应的几何图形不是唯一的。

如图 8.2 所示，两个不同的几何图形，其二元组表示却是相同的。

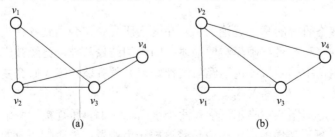

图 8.2　二元组相同的两个几何图形

(2) 链路：图 8.3 中的 $K(K \geq 2)$ 条边与同其相连的点依次排成点和边的交替序列，则称该序列为链路。

(3) 路径：若链路中不出现重复的边，则称为路径。

(4) 回路：若路径的起点和终点重合，则称为回路。

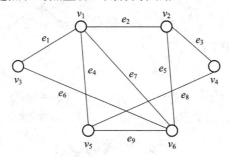

图 8.3　链路、路径、回路示意图

图 8.3 中，$(v_1, e_4, v_5, e_8, v_4)$ 为链路，$(v_1, e_4, v_5, e_9, v_6, e_5, v_2)$ 为路径，$(v_1, e_4, v_5, e_9, v_6, e_7, v_1)$ 为回路。

(5) 有向图和无向图：若图中的任一边对应有序点，则称为有向图；若对应无序点，则称为无向图，如图 8.4 所示。

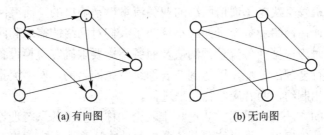

(a) 有向图　　　　　　　　　(b) 无向图

图 8.4　有向图和无向图

(6) 有权图：每边赋以某一实数，则称该图为有权图(或加权图)，所赋实数为边的权值。权值可以代表不同的含义，如距离、流量、费用等。给图赋以权值，就使图有了实际意义，从而可以用图论的方法来解决实际问题。

(7) 连通图和非连通图：若图中任意两点之间均至少存在一条路径，则称为连通图，否则为非连通图，如图 8.5 所示。

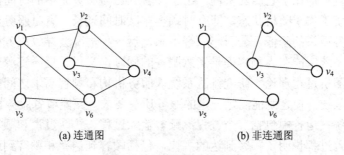

(a) 连通图　　　　　　　　　(b) 非连通图

图 8.5　连通图和非连通图

(8) 完全图：任意两点间都有一条边的无向图。比如，通信网中的网状结构就构成了完全图。

(9) 正则图：各顶点的度数均相等的连通图。目前，在传输网中应用较为广泛的 SDH 环形结构所构成的图就是正则图。

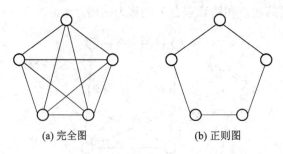

(a) 完全图　　　　　　　(b) 正则图

图 8.6　完全图和正则图

利用图论可以解决路径选择或者路径优化的问题，即在多个节点之间建立通信网时，如何确定能够连接所有节点并使线路费用最小的网络结构，在一定的网络结构下如何选择通信路由，如何确定首选路由和迂回路由等。

8.1.2　排队论

通信业务的随机发生决定了通信网络的业务流量也是随机的，研究网络的性能必须从这种随机性出发。通信网络业务流量的大小反映了人们对网络的需求和网络具有的传送能力，通信网络设计时应根据业务流量预测值及服务指标要求确定交换设备和线路的容量，并对网内的流量进行合理的分配，以达到节省网络资源的目的。网络流量设计与网络结构设计相辅相成，互相制约，两者应结合起来进行。

业务流量分析的方法主要采用排队论。排队论又称随机服务系统理论，它是网络流量设计中广泛应用的基础理论，是通信网业务分析和性能计算不可缺少的工具。

资源的有限性和需求的随机性是排队现象存在的基础。例如，人们到商店购物，当售货员较少而顾客较多时就会出现排队现象。又如，在通信网中，当信息到达交换节点时也要排队等待处理与传输。我们把由服务请求者和服务提供者双方构成的系统称为排队系统。通信系统中的信息流与通信网提供的服务能力即服务请求者和服务提供者的关系，可以理解为顾客与服务窗口的关系。

排队系统的复杂性在于它的随机性。由于顾客到达与服务完毕的时间都是不确定的，绝大多数排队系统工作于随机状态，即有时顾客排队时间过长，有时服务员却闲着。前一种情况会导致服务质量的降低，会引起顾客不满，后一种情况会导致服务资源的浪费。一个高效率的排队系统应能在为顾客提供满意服务的同时，又尽量提高资源的利用率。排队论利用概率论和随机过程理论，研究排队系统内服务机构和顾客需求之间的关系，合理地设计和控制排队系统，使之既能满足一定的服务质量要求，又能节省服务机构的费用。

任何排队系统在运行中包括三个过程：顾客输入过程、排队过程和顾客接受服务然后离去的过程。输入过程说明了顾客到达的规律，包括顾客到达率和顾客到达时间的随机特性。排队过程与排队规则有关，顾客接受服务的过程取决于服务机构的效率和服务时间的长短。

排队系统的工作方式如表 8.2 所示。

表8.2　排队系统的工作方式

排队规则分类	排队规则类型	工 作 方 式
按排队规则划分	拒绝方式	当顾客输入时，若系统已有 n 个顾客，m 个服务窗口，且服务窗口均被占满，则未被服务的顾客会遭到拒绝服务，即不允许他们排队
	不拒绝方式	顾客到达，若窗口不空，就依次排队等待，直到被服务完毕后才离去
按服务规则划分	先到先服务	即按顺序服务，通信网一般采用这种方式
	后到先服务	如计算机中内存的提取
	优先制服务	对各类顾客赋予不同的优先级，优先级越高，越被提前服务

通常，我们将拒绝方式的排队规则建立为损失制模型，将不拒绝方式的排队规则建立为等待制模型，按照服务窗口的数量和排队规则将排队模型分为单通道损失制模型、多通道损失制模型、单通道等待制模型、多通道等待制模型、单通道排队长度有限制模型和多通道排队长度有限制模型等。

通信网中的信息流总是随机的，当网络资源(比如信道)不足时，必然会出现排队现象。通信网中的业务模型可以用排队论来分析，通信网的很多指标与排队论的术语相对应。采用排队论分析通信网中各端的业务问题时的一般步骤如下：

首先，选择适当的排队模型，使之与实际问题近似。如果某种排队模型与实际问题有较理想的符合，则可直接引用排队模型分析的结果，否则就应作具体分析。尤其是考虑某些排队规则如优先制等，必须建立相应的模型，再按步骤去进行分析。

其次，定义状态变量。这是求解难易的关键。所选择的状态变量要便于计算，并使结果具有可用性。有时要选用多维的变量，维数愈大，计算将愈复杂，所以应尽量用维数少的变量来描述问题。常用的变量是队长、占用线数等。

再次，列出状态方程。先画状态转移图，直接列出稳态方程，即进入某状态的概率等于离开该状态的概率。

最后，求解上述稳态方程，并计算所需的目标参量，得到通信网的质量指标和有效性指标。

8.1.3　可靠性理论

可靠性理论的基础是可靠性数学。一个产品的可靠性可以定义为该产品在给定条件下和规定时间内，完成规定功能的能力。当产品丧失了这种能力时就表示出了故障。故障具有随机的性质，研究它需要使用概率论和数理统计的知识。通信网是由众多的元件、部件、子系统、系统构成的，它们会由于物理、化学、机械电气、人为及自然灾害等种种因素造成故障，甚至是通信中断，对社会的政治、经济、生活带来不可估量的影响，这一点在通信中表现更为突出。因此，研究通信网的可靠性十分重要，它是通信网设计和维护的一项重要指标。

可靠性研究的对象可以分为不可修复产品和可修复产品。

不可修复产品只有两种状态：一种为运行，另一种为失效。而且只有运行状态向失效状态转移一种可能。一旦失效，就不会再回到运行状态，换言之，出现故障就废弃了。这是最基本也是最简单的研究对象。一般元器件属于这一类，但也不排除某些部件或更大的系统，例如通信设备中的印刷电路板、人造卫星等。

可修复产品出现故障后可以修复，更多的设备系统都是可修复产品。例如，对于大型设备，一般不能一出故障就丢弃，而是要把它修复后再使用。可修复产品的状态仍可规定为两种，即正常运行和出故障或失效。此时，不但能从运行状态转移到失效状态，而且还能从失效状态转移到正常运行状态。

不可修复系统的可靠性用可靠度、不可靠度、平均寿命来描述。

复杂系统往往由多个器件、部件或子系统组成。但复杂系统可以分解为串联系统和并联系统的组合。

(1) 串联系统：由 n 个部件串联而成的系统，各部件相互独立，当 n 个部件有一个失效时，串联系统就会失效。因此，串联系统的寿命为 n 个部件的寿命中的最小值。

(2) 并联系统：由 n 个部件并联而成的系统，各部件相互独立，当 n 个部件全部失效时，并联系统才失效。因此，并联系统的寿命为 n 个部件的寿命中的最大值。

可修复系统的可靠性通常用可用度(A)、不可用度($U=1-A$)、平均故障间隔时间(MTBF)和平均故障修复时间(MTTR)来表述。

通信网的可靠性定义为"在人为或自然的破坏作用下，通信网在规定条件下和规定时间的生存能力"。

研究通信网的可靠性主要基于网络拓扑结构，探讨当某些节点或链路失效时，网络能继续进行通信的能力。通常是根据图论中的连通性来研究的。连通性越好，可靠性越高。

通信网的可靠性设计是要在满足给定的可靠性指标的条件下，寻找最经济的网络结构。由于影响通信网可靠性的因素很多，因此在进行网络的可靠性设计时，可以从网络部件的可靠性、网络拓扑结构、路由选择方式等方面来考虑。

(1) 网络部件的可靠性：通信网是由基本的部件或子系统等构成的，提高网络的可靠性首先必须尽量降低部件或子系统的故障率。这包括尽量简化系统构成，减少元器件和部件的数目；接口尽量标准化以减少转换设备；在进行系统设计时，避免过多部件的串联，对可靠性高的系统采用备份，形成并联系统等。

(2) 网络的拓扑结构：要提高通信网的可靠性，从网络拓扑结构来讲即提高连通性，至少应保证任何两个节点之间有两条无共边的径。这是因为在实际中，端局(即以承载终端用户设备为主的交换设备)一般维护力量较集中，可靠度较高，而传输链路则是薄弱环节。由于近代技术的发展，传输链路的可靠度也不会太低，一旦出现故障，也能及时修复，在修复期间另一条边也出现故障的概率比较小，因此只要任何两个节点之间有两条无共边的路径即可满足一定的可靠性。如果对于某些重要的节点之间两条路径仍不能满足要求，则可根据需要增加链路，在这些节点之间形成多径网。

(3) 路由选择方式：路由选择方式是交换网络的核心技术，不同的路由选择方式给网络带来的可靠性有很大差别，如无级选路比有级选路具有更高的可靠性，动态选路比固定选路具有更高的可靠性。我国近期在长途网上采用分平面的固定无级选路方式，而远期则采用动态无级选路方式。

8.2 业　务　预　测

预测是利用科学的手段预先推测和判断事物未来的发展趋势和规律。通信业务预测应根据通信业务由过去到现在发展变化的客观过程和规律，并参照当前出现的各种可能性，通过定性和定量的科学计算方法，分析和推测通信业务未来若干年内的发展方向及发展规律。通信业务预测是通信网规划设计的基础。

8.2.1 通信业务预测的概念

1．通信业务预测的基本内容

通信业务的预测主要包括用户预测、各局业务量预测和局间业务流量预测三项内容，如表 8.3 所示。

表 8.3 通信业务的预测内容

预测内容	说　　明
用户预测	对用户的数量、类型和分布等进行预测
各局业务量预测	对各交换局电话业务或其他业务量进行预测。电话业务量通常以爱尔兰、忙时呼叫次数和话单张数等单位来表示
局间业务流量预测	对本地或长途局间的话务量或其他业务的流量与流向进行预测

规划设计一个特定的通信网络，首先需要对用户的总数量进行预测。按照一般的处理方法，用户总数量应该按月进行统计，这样就可以通过统计数据观察出用户总数量随时间增长的情况。由于网络设计必须留有一定的提前量，以应对将来增长的业务需求，所以很有必要对于用户总数量随时间增长情况进行正确的预测。

如果提供的通信业务有多种类型，那么将有多种不同类型的用户群，对于这种情况，在进行用户预测时必须针对不同类型的用户群分别进行考虑。例如：一个网络运营商选择提供一些组合业务，可以包括纯话音业务、话音和数据业务、纯数据业务等。另外，所提供的纯数据业务又可以根据业务提供方式以及用户设备类型进一步细分。例如：一种数据业务可能仅限于浏览 Web，另一种数据业务则可能包括其他的数据业务，再一种数据业务可能是针对远程信息处理设备设计的，所以必须对每种类型的用户总数量分别进行预测。

业务预测需要综合考虑多个因素，这些因素包括总的用户数量、每个用户的话音业务使用率、每个用户的数据业务使用率以及信令要求等。通信系统规划初始，网络设计者需要基于这些数据预测网络的发展趋势，获得网络在未来几年内所需要满足的业务规模，即网络所应满足的用户总数量，话音用户爱尔兰总量和数据业务吞吐量总量。

2．通信业务预测的分类

通信业务预测的分类如表 8.4 所示。

表 8.4   通信业务预测的分类

分 类 标 准	分 类
按预测期限	近期预测
	中期预测
	远期预测
按预测结果的属性	定性预测
	定量预测
按预测范围	宏观预测
	微观预测
按预测的性质	判断性预测
	历史资料延伸性预测
	因果性预测
按预测区域	长途通信业务预测
	本地网通信业务预测
	小区预测
按预测的业务性质	电话业务预测
	非电话业务预测

3．预测的依据及原则

通信工程规划中业务预测的依据主要包括以下几个方面：

(1) 明确预测对象，确定要预测的业务及区域范围，应能够为通信网络工程设计提供设计所需的数据。

(2) 对基础数据进行收集和准备，应了解所要预测的区域/省市用户发展历史、各运营商市场占有情况、运营商市场策略、经济发展、政府和行业态势等。

(3) 对现有用户发展情况进行分析，找出规律和趋势，并能够分析出该区域/省市的用户发展显著特点，为业务预测的取值及结果判断起着至关重要的作用。

(4) 运用科学的预测方法和工具也是业务预测重要的基础，需要结合预测范围及对象选择合适的预测方法和工具。在业务预测之前做好各种方法的学习和掌握，寻找或开发相应的业务预测工具为更好地进行业务预测奠定基础。

(5) 结合国家经济发展政策、移动市场发展环境等因素，准确把握通信的发展规律，正确认识我国通信所处的发展阶段是进行市场需求预测的前提。通信网络发展还不可避免地受到各种环境条件的影响，在不同的环境条件作用下，将导致不同的发展历程，因此，对于预测期内环境条件的分析是很重要的。

用户预测是确定通信建设规模的重要依据，决定了工程建设的投资及建设投产后的经济效益。它既要反映客观需要，又要考虑现实条件的可能性。进行用户业务预测的基本原则是：以国家的总体发展战略为依据，充分考虑各地经济发展对通信的具体需求，同时结合现有通信设施的基本情况、通信建设规划目标、投资能力，以及有关的通信发展技术经济政策、用户的经济承受能力和消费意识等进行综合考虑。

4．通信业务预测的主要步骤

第一步：确定预测对象。深入调查、收集预测对象的发展数据以及对其产生影响的各种因素的资料，并认真地加以整理，为预测工作打好基础。

第二步：对已掌握的资料进行预测分析，找出预测对象过去的发展规律，选出可用的预测方法。预测方法是否适当对预测结果有很大影响。

第三步：建立数学模型，验证模型的合理性，通过具体计算得出有一定参考价值的预测值。这样得到的结果比非解析方法得到的结果科学，方法简便。

第四步：对以上得出的预测值进行综合分析、判断和评价，并根据某些情况进行必要的调整和修正，以确定最后的预测结果，从而作为通信网规划设计的依据。

进行通信业务预测时要注意以下问题：

(1) 在收集历史数据时，应注意各种历史数据在不同时期的统计背景和口径问题。

(2) 为提高预测的准确性，一般采用两种或两种以上的预测方法进行预测，如预测结果相近，则认为预测结果可行；否则，应进行分析，找出原因，选取较为合理的结果。

(3) 需要对预测结果进行定期跟踪、观察和修正，以保证业务预测工作的长期性，从而不断提高业务预测结果的准确性。

下面对通信业务常用的用户预测方法、各局业务量预测方法和局间业务流量预测方法进行具体讲解。

8.2.2　常用的用户预测方法

用于用户预测的方法有许多种，如趋势外推法、人口普及率法、市场调查法、瑞利分布多因素法、人均 GDP 法、曲线拟合法、成长曲线法、增长率法、专家评议法等。这些方法都有不同的特点，适用不同业务和范围。下面介绍一些常用的方法。

1．趋势外推法

趋势外推法是研究事物发展渐进过程的一种统计预测方法，当预测对象依时间变化呈现某种上升或下降的趋势，并且无明显的季节波动，又能找到一条合适的函数曲线反映这种变化趋势时，就以时间为自变量，时序数值(如本预测中的用户数)为因变量，建立趋势模型。它的主要优点是可以揭示事物发展的未来，并定量估计其功能特性。

该方法的特点是，假定用户容量的增长符合某种数学统计曲线，根据以前若干年网络用户数的历史数据，并采用数学曲线拟合的方式，可以预测今后一段时间用户的增长情况。

图 8.7 给出了利用趋势外推法进行容量预测的一个示例，其中横轴表示年份，纵轴表示用户数或普及率。根据用户增长的趋势，分为以下几个区间：K_1 表示起步时期，用户较少，增长缓慢；K_2 表示起飞时期，随着人们对该项服务的了解和认知程度的提高，该项服务为市场所认可，市场容量迅速膨胀；K_3 表示平稳发展时期，随着用户基数的增大，增长速度减慢；K_4 表示用户容量进入饱和期。

使用趋势外推法进行容量预测的步骤如下：

(1) 采集用户数增长的历史数据，画出历史增长曲线；

(2) 选择合适的数学曲线进行拟合；

(3) 根据拟合曲线的后半段预测今后某个时间点的用户容量。

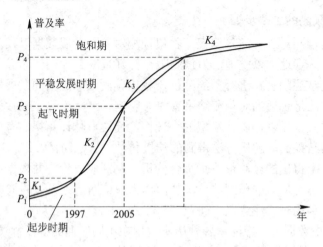

图 8.7　利用趋势外推法进行容量预测

使用趋势外推法进行容量预测反映了市场发展的一种趋势，其预测结果有一定的参考价值，但是也存在一定的局限性。因为它是建立在市场环境基本不变的基础上，难以反映未来各种变化对市场发展趋势的影响，所以比较适合于近期预测。

2．人口普及率法

人口普及率法结合类比分析，找出类似城市发展的趋势来推及自身发展的趋势。人口是确定移动电话普及率指标所必需的基础数据，通过对人口总数的预测以及分析人口数量中城乡人员的比例、从业人员的比例、年龄分布的比例等因素，按照各层次人口的普及比率因素，综合得出移动电话的预测用户数。

人口普及率法是从社会需求的宏观角度来考虑用户的增长，其基本公式如下：

$$某移动通信网络的用户数 = 区域人口总数 × 移动电话普及率 ×$$
$$该移动通信网络的市场占有率 \qquad (8\text{-}1)$$

本方法涉及的预测因素较多。其中，区域人口总数的增长预测可以从有关政府部门获得；移动电话普及率可运用上面介绍的趋势外推法或其他渠道获得；移动通信网络的市场占有率是一个变化量，与移动运营商的市场、服务策略密切相关，需要由运营商根据对业务的预期提供比较准确的预测数据。

在取定普及率指标时还必须考虑以下因素：世界中等发达国家移动电话普及率，全国未来几年内预期达到的指标，运营者在该地区用户普及率情况，该地区经济发展状况，影响购买力的一些潜在因素等。

3．市场调查法

市场调查法通过对网络覆盖范围内主要人群的市场调查，得出某移动通信服务在不同人群中的渗透率数据，进而得出当地的潜在用户数。

主要人群的划分，不同地方不尽相同，应根据当地的情况灵活选择。以某地市中心区域为例，可以将人群划分为商业用户和住宅用户，不同的人群有不同的消费特征、消费时段。例如：商业用户对通信资费相对不敏感，话务量大，对通信质量要求高；而住宅用户对资费敏感，话务量小。

4．瑞利分布多因素法

瑞利分布多因素法是一种研究移动电话在潜在用户中渗透率的变化趋势的预测方法。潜在用户真正转化为实际用户受多种因素影响，如终端价格、移动资费、业务需求等，对这些影响因素进行量化后就可确定实际用户在潜在用户市场中的渗透率，进而得出移动用户的规模。基于瑞利分布模型的多因素预测，能较好地体现经济发展、消费水平与移动用户发展的密切关系，是适合移动通信用户中、长期预测的一种有效方法。

瑞利分布多因素法预测移动用户的原理是研究移动用户在潜在用户群中渗透率的变化趋势，从而得到对用户数的预测结果。如果个人的平均收入达到并超过一定的门限值，将会成为潜在的移动通信业务的用户。但是，由于实际的需求情况和消费心理的不同，只有部分潜在用户会成为移动通信业务的实际用户。该预测模型涉及两个关键的环节：一是潜在用户群的确定，二是潜在用户群中渗透率变化趋势的量化。

预测步骤主要分为以下几步：

(1) 确定潜在移动用户群。根据未来几年的人均收入预测，确定收入门限，预测潜在移动用户的比例。

(2) 根据未来几年的人口预测及潜在移动用户的比例计算潜在用户数。

(3) 将影响渗透率的多个因素，如一次性付费、月消费、移动和固定的费用比、多种支付方式、覆盖及服务质量、新业务提供速度和运营商数量等量化加权后计算出每预测年的移动通信业务的潜在用户渗透率。

(4) 根据以上得到的移动业务潜在用户群的预测结果，以及潜在用户市场中业务渗透率的预测结果，便可以预测出各年移动业务的用户数。

针对不同的预测期、预测要求，各种移动用户的预测方法各有不同的适用范围和精度。可采用多种预测方法预测工程范围内的移动通信用户数，并进行综合，最后得到预测结果。

8.2.3　常用的各局业务量预测方法

目前，常用的电信业务量预测方法主要有时间序列分析法、弹性系数法、定性预测法等。

1．时间序列分析法

时间序列是将预测对象的历史发展状况按时间顺序排列的统计数据。时间序列分析法假定预测对象未来的发展趋势与过去发展趋势相一致并且不考虑外界因素的影响，找出这些统计数据与时间的函数关系，并选用相应的数学模型进行预测。常用的方法有线性回归法、指数曲线回归法、多因子相关回归预测法。

1) 线性回归法

如果将预测对象的时间序列拟合成的趋势线可以用线性方程表示，则称为线性回归。其数学模型为

$$y_t = a + bt \tag{8-2}$$

式中：y_t 为预测对象在 t 年的预测值；t 为基年起算的年数；a、b 为线性回归系数。建立线性回归预测模型即确定回归系数 a、b，常使用最小二乘法，也就是通过使已知的时间序列数据到待求的拟合趋势线距离的平方和为最小，得到的最佳值。

2) 指数曲线回归法

如果将预测对象的时间序列数据近似为一条指数增长曲线，用指数方程表示，则称为指数曲线回归。指数曲线回归的数学模型为

$$y_t = A + B^t \qquad (8\text{-}3)$$

式中：y_t 为第 t 年的预测值；t 为从基年起算的年数；A、B 为指数回归系数。

3) 多因子相关回归预测法

在多用户预测分析研究中，有时会发现电话需要量(因变量)并不完全是随时间(自变量)而变化的，还有其他因素(若干个自变量)对它产生影响，如国内经济生产总值、人均经济收入、平均家庭收入等。多因子相关回归预测法首先根据历史资料，对各种变量进行研究，找出通信业务与各种因素之间的相关性，然后采用适当的方法得到拟合曲线，并建立回归预测的数学模型。多因子相关回归模型为

$$y = a_0 + a_1 x_1 + a_2 x_2 + \cdots + a_n x_n \qquad (8\text{-}4)$$

式中：y 为预测值；x_1，x_1，$\cdots$，x_n 为影响因子；a_0，a_1，a_2，$\cdots$，a_n 为回归系数。

使用多因子相关模型进行预测，需对回归结果进行检验。通过检验略去某些相关性不强的因素，以简化相关模型。在实际应用中，一般使用 2、3 个因子，因为因子太多，引入的误差将增大，会影响预测的精度。

2. 弹性系数法

根据电话发展与国民经济发展的关系，引入弹性系数指标。弹性系数表示电话通信需求的增长速度与经济发展的相适应程度。于是，国民生产总值增长率与电话增长率有以下关系：

$$(1 + k)^\beta = (1 + r) \qquad (8\text{-}5)$$

式中：k 为国民经济生产总值年增长率；r 为电话量的年增长率；β 为弹性系数，一般取 1.3～2.0 为佳。

t 年的预测值为

$$y_t = y_0 (1 + \beta \cdot k)^t \qquad (8\text{-}6)$$

式中：y_0 为基础年预测对象的实际值；t 为预测年限。

弹性系数法适于在本地网中作短期或中期预测。

3. 定性预测法

定性预测主要是通过调查研究来分析和预测通信业务未来的发展。调查对象主要是有关方面的群众和专家，对群众的调查可以采用发调查表的方式，对专家的调查可采取开预测调研会等方式。作为定量预测的前期工作，定性预测法简单易行，可以充分听取各方面的意见，但这种方法容易引入人为的因素。

8.2.4　常用的局间业务流量预测方法

1. 流量预测概述

局间业务流量是通信网中两交换局间通信业务的数量，可分为来流量和去流量。在电话网中，业务流量是指局间的话务流量。若不考虑长途话务量，则局间话务流量具有封闭

性，即网内各局流出话务量总和等于流入话务量总和；若考虑长途话务量，则该系统不再是封闭的，即各局流出的话务量总和不等于流入话务量的总和。

通信网要保证网络任何两点之间都能进行通信，在保证质量的前提下，要求经济合理地建设通信网。因此，需要进行流量流向的预测。流量是两点之间的通信数量，它是合理组织通信网的依据。可根据各点之间的流量大小来决定设备和电路的容量。

电信业务流量定量地表示通信系统中各种设备或通道承受的负荷，或定量地表示用户对通信系统的通信业务需求的程度，在话音业务通信中常叫作电话负载话务量，在非话音业务通信中常叫作信息流量或业务流量。影响通信系统负载能力的因素有：

(1) 呼叫强度：单位时间里用户为实现通信而发起的呼叫次数，用户通信次数越多，业务流量越大。

(2) 呼叫占用时长或服务时间：在呼叫强度一定的条件下，用户每次通信的时间越长，则呼叫占用设备或系统的时间就越长，在通信系统中表现为电信业务流量越大。

(3) 时间区间：在呼叫强度和占用时间一定的条件下，所考察的一个时间区间也影响到业务流量。

流入的业务量强度表示用户对通信需求的程度，在数值上等于到达的呼叫都得到服务时完成的业务流量强度。在呼叫损失系统，流入的业务强度总是大于或等于完成的业务流量强度。在呼叫等待系统中流入的业务强度总是等于完成的业务流量强度。

通信网中各交换局之间的业务流量可以用流量矩阵表示，如表 8.5 所示。

表 8.5 流 量 矩 阵

去话局 i	来话局 j				i 局去业务量
	1	2	⋯	n	
1	a_{11}	a_{12}	⋯	a_{1n}	y_1
2	a_{21}	a_{22}	⋯	a_{2n}	y_2
3	a_{31}	a_{32}	⋯	a_{3n}	y_3
⋮	⋮	⋮	⋮	⋮	⋮
n	a_{n1}	a_{n2}	⋯	a_{nn}	y_n
j 局来业务量	q_1	q_2	⋯	q_n	

表中，a_{ij} 为由 i 局到 j 局的去流量，也是由 j 局到 i 局的来流量；$y_i = \sum_{j=1}^{n} a_{ij}$ 为 i 局去业务量；

$q_j = \sum_{i=1}^{n} a_{ij}$ 为 j 局来业务量；$\sum_{i=1}^{n} y_i = \sum_{j=1}^{n} q_j$，即全网中来、去业务量总量相等。

表 8.5 中，对角线元素 a_i 在长途电话流量矩阵中为零，但在其他专业中(如市话、电报和邮政中的各项业务等)就不一定为零，而为本地(局)的业务量(话务量)。

2. 流量预测方法

流量预测一般是根据各局的去(来)业务量的预测数，以基础流量矩阵为基础进行合理分配，或利用通信网中其他有关数据进行分配而得到预测的流量矩阵。确定流量矩阵的方法很多，常用的有吸引系数法、重力法、双因子平衡法、类比法等。

1) 吸引系数法

通信网内各局间的吸引系数表示各局间用户实际联系的密切程度。吸引系数法是在已知各局的去流量(或发话话务量)的基础上，通过计算吸引系数来求得预测流量矩阵。

吸引系数的计算要求有较完整的历史话务量数据，计算公式如下：

$$f_{ij} = \frac{\hat{A}_{ij}}{\sum_{i=1}^{n} \hat{A}_i} \tag{8-7}$$

式中：f_{ij} 为 i 局呼叫 j 局的吸引系数；$\sum_{i=1}^{n} \hat{A}_i$ 为已知全网各局发话话务量之和；$\hat{a}_{ij}$ 为已知 i 局流向 j 局的话务量。

根据历史话务量数据计算出吸引系数后，如果可以得到各局的发话话务量预测值 A，则可得到各局间的预测流量值，即

$$A_{ij} = \sum_{i=1}^{n} A_i \cdot f_{ij} \tag{8-8}$$

i 局的发话话务量预测值可按下式计算：

$$A_i = C_i \cdot T_i \tag{8-9}$$

式中：C_i 为 i 局的用户总数或局容量；T_i 为 i 局平均单机发话话务量。

2) 重力法

当已知某局总发话话务量的预测值，但缺乏相关各局话务量的历史数据和现状数据时，为了将其总发话话务量的预测值分配到各局去，可采用重力法得到局间话务流量预测值。

根据统计分析得出，两局间的话务流量与两交换局的用户数或人口数的乘积成正比，而与距离的 k 次方成反比。其计算公式为

$$A_{ij} = \frac{\dfrac{c_i c_j}{d_{ij}^k}}{\sum_{j=1}^{i-1} \dfrac{c_i c_j}{d_{ij}^k} + \sum_{f=i+1}^{n} \dfrac{c_i c_j}{d_{ij}^k}} A_i \tag{8-10}$$

式中：A_{ij} 为 i 局到 j 局的话务流量；A_i 为 i 局预测的发话话务量；d_{ij} 为 i 局到 j 局的距离；C_i、C_j 分别为 i 局、j 局服务区域内预测的用户数或人口数，或为 i 局和 j 局的交换局容量。

k 值的选取应根据具体情况如两局服务区域之间的经济、政治联系等综合因素来选取，一般取 k 为 1、2 或 1/2。

3) 双因子平衡法

双因子平衡法又称 Kruithof 法，它是在已知各局来流量、去流量预测值的条件下，在现有已知的流量矩阵的基础上，通过反复调整迭代，使得网中各局的去流量之和与来流量

之和两个因子相等或近似相等，且迭代的结果应保证来流量之和、去流量之和与预测值之间的误差小于规定值。

4) 类比法

对于时间跨度很大，或者没有历史数据可言的全新业务而言，采用前述的方法进行预测难度很大。这时采用类比法来进行预测，可以取得较好的效果。类比法认为，同类型的业务在大体类似的条件下，其发展过程总体上是相似的。因此，相对落后的地区就可以从先进地区的发展经历中取得参考数据。在此基础上，根据地区特性对其进行修正，便可以得到相对准确的预测值。

各流量预测方法对比如表 8.6 所示。

表 8.6　常用的流量预测方法

常用的流量预测方法	适 用 范 围
吸引系数法	容量比较小的城市进行短期预测
重力法	话务量变化较大的本地话务或长途话务预测
双因子平衡法	没有新局出现(如扩容)的情况下的流量预测
类比法	时间跨度很大，或者没有历史数据的全新业务的预测

8.3　网　络　规　划

8.3.1　网络规划的基本概念

1. 通信网规划的基本定义

ITU-T《通信网规划手册》对通信网规划的定义为：为了满足预期的需求和给出一种可以接受的服务等级，在恰当的地方、恰当的时间、以恰当的费用提供恰当的设备。通信网规划就是要在时间、空间、目标、步骤、设备和费用等六个方面，对未来的通信网作一个合理的安排和估计。通信网规划包括业务规划、网络规划和发展规划。

首先进行业务规划。业务规划包括对业务需求的预测和对市场引导能力的预测，常用的业务预测方法在 8.2 节中进行了详细阐述。

然后进行网络规划。业务规划方案是网络规划的基础，有了成熟的业务规划方案，网络规划就顺理成章了。网络规划就是根据业务规划的结果、建网目标和网络发展，结合成本要求，选择合适的网元设备进行规划，最终得出网元数目、网元配置及网元间的连接方式，为下一步的工程实施提供依据。

网络规划就是考虑如何以最小的代价、最大限度地实现业务规划的目标。如果网络规划是在已有网络的基础上进行规划，不但要考虑新技术的应用，还要充分利用已有网络资源。网络规划往往是重复工作的结果，它得出的也只能是准最佳方案。不同的角度、不同的出发点得出的网络规划方案可能会有较大的差异，这往往需要对网络容量、技术先进性、安全可靠性、性价比等因素进行综合比较。

最后进行发展规划。根据前面工作的成果，有针对性地分期、分批进行建设。网络建设有轻重缓急之分，发展规划正是要根据业务规划与网络规划的结论，最大化利用有限的资金，争取最大的回报。

在规划工作中，一些概念的区别是非常重要的，要清楚并准确区分其准确含义。

(1) 规划与计划的区别：规划要考虑较长远的发展条件、方向和目标，规划过程是对事业发展中一系列重大问题的决策过程。计划对事业的发展起着更具体的指导作用，要周密考虑各种细节问题。

(2) 通信网规划与建设项目的区别：通信网规划是确定在一定时期或时间阶段即规划期内，通信网应该实现的目标，其时间一般较长，是连续发展的，在此期间要实现其发展目标，必须投入一定的物质和资金。建设项目是指在一个总体设计或初步设计范围内，由一个或若干个有内在联系的单项工程所组成的、经济上实行统一的核算、行政上有独立的组织形式并实行统一管理的建设工程总体。

(3) 规划与可行性研究的区别：规划是在考虑的时间区间，按照划分的规划期内应该实现的目标，对发展条件、方向等方面的研究。可行性研究是建设项目的前期研究，要考虑各种细节问题，特别是要有详尽的经济财务分析，从而确定该建设项目是否可行。

(4) 需求、规划、计划和建设项目四者的相互关系：先根据需求确定和指导规划的制定，再根据长远规划去指导计划的制订，然后计划去指导建设项目的安排。在建设项目完成的基础上，探索新一轮的需求、规划、计划和建设项目，如此循环下去。

2. 规划分类

CCITT《通信网规划手册》中将规划分为四类，即战略规划、实施规划、发展规划和技术规划，如表 8.7 所示。

表 8.7　规划的分类

规　划　类　型	功　　能
战略规划(Strategic Planning)	给出网络要遵循的基本结构准则
实施规划(Implementation Planning)	给出实现投资目的的特定途径
发展规划(Development Planning)	确定为适应目标所需要的装备的数量问题
技术规划(Technical Planning)	确定为了保证按所需要的服务质量满意地运行而采用的选择和安装设备的方法

在《通信网规划手册》的规划分类中，以战略与实施为横坐标，发展与技术为纵坐标，构成一个矩阵，在每个矩阵元中又有更低一级的分类规划。

规划可以主要从时间跨度、业务范围、规划的范围、规划的细致程度等角度进行划分。按时间跨度的不同，规划可分为长期规划、中期规划、近期规划(滚动规划)等；按业务范围的不同，规划可分为全面的业务发展规划、分类的业务规划、单项业务规划等；按规划的范围不同，规划可分电信网总体规划、分类或分项网络规划、单种业务网或单种专业网规划等；按规划的细致程度不同，规划可分定量规划和定性规划。

定量规划给出各规划期末应达到的指标，即包括静态、看得见的指标，如网络拓扑、设备规模、用户数量、设备投资等；也包括动态、看不见的指标，如话务量、动态带宽需求、可用性等。

定性规划给出发展趋势、技术走向、网络演变、生命周期、经济效益、社会效果及一些深层次问题的分析等。比起定量规划，定性规划涉及面更广，综合的层面更高，要求编制人员的知识面更宽，因而规划的难度也更大。

8.3.2　网络规划的目的与任务

1．网络规划的目的

网络规划是指在用户需求分析的基础上确定网络的总体方案和网络体系结构的过程。网络规划直接影响到网络的性能和分布情况，决定着一项网络工程能否既经济实用，又兼顾长远发展，它是网络系统建设的重要一环。

网络规划的主要目的如下：

(1) 保证网络系统具有完善的功能、较高的可靠性和安全性。

(2) 能使网络系统发挥最大的潜力，具有扩大新的应用范围的能力。

(3) 具有先进的技术支持，有足够的扩充能力和灵活的升级能力。

(4) 保质保量，按时完成系统的建设。

(5) 为网络的管理和维护以及人员培训提供最大限度的保证。

2．网络规划的任务

网络规划的主要任务是要对系统的性能指标给出尽可能准确的定量或定性的分析和估计，这些指标包括业务需求、网络规模、网络结构、网络管理需要、网络增长预测、网络安全要求以及与外部网络的互联。只有顺利地完成这些任务，在网络具体建设的时候才有据可依，从而避免盲目、错误的建设，避免各方面的损失。网络规划需要进行的主要工作包括以下三个方面：

(1) 研究、制定通信发展的方向、目标、发展速度和重大比例关系。

(2) 探索通信发展的规律和趋势。

(3) 提出规划期内有关的重大建设项目和技术经济分析，研究规划的实施方案，分析讨论可能出现的问题以及相应的对策和措施。

为了实现上述任务，应遵循以下步骤进行网络规划：

(1) 对网络、业务、市场的现状进行调查研究。

(2) 确定规划目标。规划目标包括满足社会需求目标、技术发展目标、保证社会经济发展的目标等。

(3) 对网络的用户数(业务量)、采用的技术等发展动向、趋势和前景进行科学的预测。

(4) 对网络发展进行规划，这也是网络规划的核心所在。针对不同的网络，具有不同的规划方法和优化模型。在这一阶段中，可大量采用定量分析和优化技术，还可采用计算机辅助优化的方式进行，同时要注意定量分析和定性分析相结合的情况。

3．影响网络规划的主要因素

(1) 距离。一般而言，通信双方之间的距离越大，通信费用就越高，通信速率就越慢。随着距离的增加，时延也会随着互连设备(例如路由器等)数量的增加而增大。

(2) 时段。网络通信与交通状况有许多相似之处。一天中的不同时间段，一个星期中的不同日子或一年中的不同月份，都会使通信流量有高低的不同分布。这是因为人们生活和生产的方式直接影响着网络的通信流量。

(3) 拥塞。拥塞能够造成网络性能严重下降，如果不加抑制，拥塞将使网络中的通信全部中断。因此，需要网络具有能有效发现拥塞的形成和发展，并使客户端迅速降低通信量的机制。

(4) 服务类型。有些类型的服务对于网络的时延要求较高，如视频会议；有些类型的服务对差错率要求很高，如银行账目数据；还有些服务可能对带宽要求较高，如视频点播(VOD)。因此，不同的数据类型对于网络要求差异较大。

(5) 可靠性。现代生活因为需求的增加而变得越来越复杂，从而事物的可靠性就显得越来越重要。网络能够满足不断增长的需求是建立在网络的可靠性的基础之上的。

(6) 信息冗余。在网络中传输大量的、相同的数据是司空见惯的事情。例如，网络上随时都有大量的人在不断接收股票交易的数据，而且这些股票信息是相同的。这种大量冗余的数据充斥着 Internet，消耗了大量的带宽。

8.3.3 网络规划的基本步骤

在实际操作中，通信网规划的对象在系统规模、专业性质、功能、建设目的等各方面都会有较大的差异。因此，制定规划很难有一个统一的模型。但总的来说，制定规划的基本目标是一致的，都需要解决如何建设、如何发展的问题，都需要研究与网络发展紧密相连的问题，都需要遵循一些基本步骤。制定规划大致包括六个步骤，即现状调查研究、科学预测、确定规划目标、建立评价指标体系、网络发展规划和选择规划发展重点。

1．现状调查研究

如前所述，通信网规划是一项根据历史与现状，制定未来发展方式、方法、方案的工作，现状调查研究是此项工作的基础。离开了历史与现状，规划就成了无源之水，无本之木，难以真正合理有效地指导通信网建设。

2．科学预测

科学预测是指对网络的业务量、业务类型、技术发展动向、趋势和前景等的合理预测，有了科学的预测，才能对网络的技术发展、规模发展有相对合理的估计。

3．确定规划目标

没有目标，规划就无所适从。明确了规划目标，就明确了工作的方向。规划目标应至少体现以下几个方面的内容：

(1) 满足社会需求的目标；

(2) 保证社会经济发展的目标；

(3) 保证投资效益的目标；

(4) 保证技术发展目标。

4．建立评价指标体系

衡量所作的规划是否与发展目标相一致，需要有一系列评价指标，形成一个指标体系。这些指标要尽可能做到定量化。在规划实施过程中，通过评价这些指标的实现程度来衡量该规划的成功与否，是否要修正。在实际工程中，应用最多的是部门经济效益、社会经济效益等经济指标。

5．网络发展规划

有了准确的规划目标和科学预测，规划的方向就明确了。网络发展规划应以前期工作成果为依据，针对不同的专业，有针对性地选择合适的规划方法和优化模型，大量采用定量分析和优化技术并采用计算机辅助优化，进行网络的多方案比较。这种比较一方面应当从技术角度进行，另一方面还应该利用前面建立的评价指标体系，从经济上进行比较和评价。

6．选择规划发展重点

规划不仅要明确网络的总体发展方向，还要选择发展重点。制定规划要根据地区的特点有针对性地选择发展重点。

8.3.4　工程设计的原则

网络工程建设目标关系到现在和今后几年用户方网络信息化水平和网上应用系统的成败。在工程设计前应对网络系统的设计原则进行选择和平衡，并确定各项原则在方案设计中的优先级。网络工程设计原则的确定对网络工程的设计和实施具有重要的指导意义。

1．实用、好用与够用性原则

随着计算机系统、计算机外部设备、网络服务器以及网络通信设备等在技术性能逐步提升的同时，其价格却在逐年或逐季下降，不可能实现"一步到位"。所以，网络方案设计中应采用成熟可靠的技术和设备，充分体现"够用""好用""实用"的建网原则，切不可用"今天"的钱，买"明、后天"才可能用得上的设备。

2．开放性原则

网络系统应采用开放的标准和技术，资源系统建设要采用国家标准，有些还要遵循国际标准。其目的包括两个方面：一方面，有利于网络工程系统的后期扩充；另一方面，有利于与外部网络互联互通，切不可"闭门造车"形成信息化孤岛。

3．可靠性原则

网络系统的可靠性是一个工程的生命线。比如，一个网络系统中的关键设备和应用系统偶尔出现死锁，这对于政府、教育、企业、税务、证券、金融、铁路、民航等产生的将是灾难性的事故。因此，应确保网络系统有很高的平均无故障工作时间和平均无故障率。

4．安全性原则

网络的安全性主要是指网络系统的防病毒、防黑客能力，网络系统的可靠性、高效性，网络数据的可用性、一致性和可信赖性等。

5．先进性原则

网络系统应采用国际先进、主流和成熟的技术。

8.4　通信工程规划案例

8.4.1　LTE 规划思路

根据前面学习的工程项目建设的流程，本章将通过对 LTE 的规划进行具体案例分析，并对通信工程规划内容进行详细学习。LTE 规划流程如图 8.8 所示。

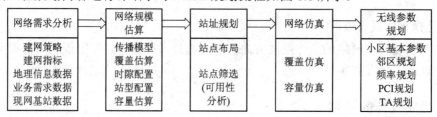

图 8.8　LTE 网络规划流程

1．网络需求分析

明确建网策略，提出相应的建网指标，并搜集到准确而丰富的地理信息数据、业务需求数据、现网基站数据等。这可以从行政区划分、人口经济状况、无线覆盖目标、所需容量目标和网络质量目标等几个方面入手。

2．网络规模估算

通过覆盖估算和容量估算来确定网络建设的基本规模，即综合覆盖和容量估算的结果来确定目标覆盖区域需要的网络规模。

1) 覆盖估算

如图 8.9 所示，覆盖估算首先要确定所规划区域的覆盖需求，然后通过确定系统带宽、小区边缘速率目标、接收机灵敏度等进行链路计算得到链路预算表，再结合适当的传播模型得到单个基站(扇区)所覆盖的小区半径并计算基站(扇区)覆盖面积，最后用总的覆盖面积除以基站覆盖面积得到要建设的基站数量。

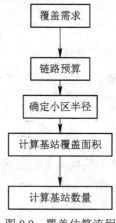

图 8.9　覆盖估算流程

2) 容量估算

如图 8.10 所示，容量估算首先通过话务模型机需求分析得到每用户的吞吐量，以此确定业务类型和用户数；根据用户数和每用户吞吐量的要求，可以得到区域内的总容量需求；通过对组网结构的确定，可以得到单站点的吞吐量；最后，用总容量需求除以单站点吞吐量，可以得到容量站点需求，即该地区需要建设的总站点数目。

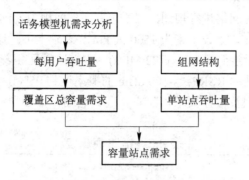

图 8.10　容量估算流程

3．站址规划

依据链路预算的建议值，结合目前网络站址资源情况，进行站点布局工作，并在确定站点初步布局后，结合现有资料或现场勘测来进行站点可用性分析，从而确定目前覆盖区域可用的共址站点和需新建的站点。其内容包括基站选址、基站勘察和基站规划参数设置等。

4．网络仿真

得到初步的站址规划结果后，需要将站址规划方案输入到 LTE 规划仿真软件中进行覆盖及容量仿真分析，通过仿真分析输出结果，可以进一步评估目前规划方案是否可以满足覆盖及容量目标，如存在部分区域不能满足要求，则需要对规划方案进行调整修改，使得规划方案最终满足规划目标。仿真分析流程包括规划数据导入、传播预测、邻区规划、时隙和频率规划、用户和业务模型配置以及蒙特卡罗仿真。

5．无线参数规划

在利用规划软件进行详细规划评估之后，可以输出详细的无线参数，主要包括天线高度、方向角、下顷角等小区基本参数，邻区规划、频率规划、PCI 规划等，这些参数将作为规划方案输出参数提交给后续的工程设计及优化使用。

8.4.2　规划方案

LTE 规划需要根据项目的项目背景，结合当地的通信发展总体水平与竞争格局进行调研。通过市场对网络的需要、提高服务质量的需要、发展移动新业务的需要，得到项目建设的必要性。

规划中需要对区域按以下场景进行分场景分析：

(1) 城区和县城的覆盖。

(2) 乡镇和农村覆盖。

(3) 旅游景点覆盖。

(4) 旅游沿线数量、里程数量及覆盖。

(5) 道路数量和里程数量。

(6) 铁路覆盖里程。

1. 城区 LTE 覆盖规划

我们对某地拟建 LTE 网络进行规划，网络规划区域面积为 5 km²，其中密集城区和一般城区分别为 2 km² 和 3 km²，人口密度为 1560 人/km²，要求上下行速率为(256 kb/s)/(4 Mb/s)，单小区上下行平均吞吐量达到(4 Mb/s)/(22 Mb/s)，规划区域面积覆盖率为 95%(目标覆盖区域内公共参考信号接收功率 RSRP≥−100 dBm 的概率达到 95%)，仅考虑室外覆盖。

根据确定的覆盖面积及覆盖要求，建立合适的无线传播模型并分析出该案例的链路预算表，如表 8.8 所示。

表 8.8　链路预算表

地区类型	单位	密集城区	一般城区
中心频率	MHz	1900	1900
系统带宽	MHz	20	20
可调用的 RB 数目	个	100	100
基站发射功率	dBm	46	46
基站馈线损耗	dB	3	3
基站发射天线增益	dBi	18	18
基站发射天线 EIRP	dBm	50	50
接收机灵敏度	dBm	−122.67	−122.67
移动台接收天线增益	dBi	0	0
移动台馈线损耗	dB	0	0
移动台天线高度	m	1.5	1.5
人体损耗	dB	3	3
衰落余量	dB	5.44	5.44
穿透损耗	dB	25	20
最大允许路径损耗	dB	138	143
地域纠正因子	dB	0	0
小区半径	km	0.4	0.6

根据链路预算中的小区半径求出基站覆盖面积，密集城区基站能覆盖的面积约为 0.5 km²，一般城区中基站覆盖面积约为 1.13 km²，用总面积除以基站覆盖面积可得密集城

区应修建基站 $\frac{2}{0.5}=4$ 座，在一般城区应修建基站 $\frac{3}{1.13}\approx 3$ 座。

　　仿真软件对覆盖估算结果进行仿真，仿真结果分别如图 8.11 和图 8.12 所示，由此可以看出规划设置能够满足覆盖需求。

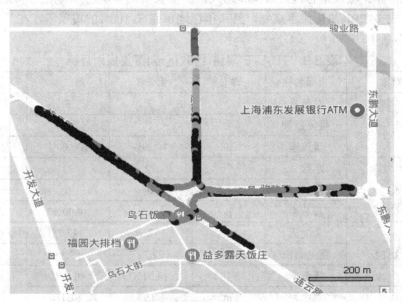

图 8.11　电子地图参数测试

Table表 - UE2 51010006201609281175417ms3

No.	PC Time	RSRP
225545	17:59:47.106	-89.12 (*)
225879	17:59:47.419	-88.12 (*)
226211	17:59:47.757	-89.81 (*)
226538	17:59:48.067	-90.81 (*)
226870	17:59:48.405	-89.87 (*)
227205	17:59:48.718	-88.62 (*)
227535	17:59:49.025	-90.31 (*)
227867	17:59:49.358	-90.31 (*)
228199	17:59:50.097	-89.18 (*)
228224	17:59:50.117	-89.31 (*)
228457	17:59:50.324	-89.25 (*)
228781	17:59:50.621	-89.68 (*)
229114	17:59:50.944	-87.87 (*)
229460	17:59:51.268	-85.68 (*)
229780	17:59:51.588	-86.68 (*)
230105	17:59:51.910	-86.31 (*)
230432	17:59:52.221	-89.12 (*)
230764	17:59:52.540	-90.06 (*)
231094	17:59:52.858	-90.06 (*)
231426	17:59:53.187	-89.56 (*)
231755	17:59:53.514	-90.50 (*)
232080	17:59:53.832	-91.56 (*)

图 8.12　地区 RSRP 测试

2. 全区 LTE 规划

对整个区域的 LTE 网络覆盖进行整合，针对不同行政区进行覆盖目标划分，对不同地区的 LTE 用户数量增长进行预测，得出未来三年各地区的 LTE 覆盖目标。如表 8.9 所示，将地区按地市和县城根据总覆盖面积和总人口的增长情况分别进行为期三年的规划。第一年在地市完成 14.29% 的覆盖率规划，第二年在地市完成 100% 的覆盖率，在第三年完成县城 100% 的覆盖率。

表 8.9　TD-LTE 网络(行政区域)覆盖规划目标

覆盖对象	指标名称	单位	第一年	第二年	第三年
地市	总数量	个	7	7	7
	覆盖数量	个	1	7	7
	覆盖率	%	14.29%	100.00%	100.00%
县城	总数量	个	72	72	72
	覆盖数量	个	0	0	72
	覆盖率	%	0.00%	0.00%	100.00%
市区国土面积	总面积	km^2	147.62	147.78	147.81
	覆盖面积	km^2	27.32	59.86	91.38
	覆盖率		18.51%	40.51%	61.82%
县城国土面积	总面积	km^2	80.93	81.11	81.21
	覆盖面积	km^2	0	0	38.11
	覆盖率	%	0.00%	0.00%	46.93%
人口	总人口	万人	314.15	318.79	323.57
	覆盖人口	万人	0.9	2.3	4.8
	覆盖率	%	0.29%	0.72%	1.48%

思 考 题

1. 通信网络规划设计的基础理论有哪些？它们的功能分别是什么？
2. 简述排队系统运行的三个过程。
3. 什么是串联系统？什么是并联系统？
4. 通信业务的预测包含哪些内容？
5. 简述通信业务预测的主要步骤。
6. 常用的流量预测有哪些？它们各自的特点是什么？
7. 什么是通信网规划？
8. 影响网络规划的主要因素有哪些？
9. 简述网络规划的基本步骤。

第四篇　通信工程管理

第9章　工程项目管理概述

对照第 1 章中提及的项目流程，本章将学习工程项目管理涉及的全过程。也就是运用科学的理念、程序和方法，采用先进的管理技术和现代化管理手段，对工程项目投资建设进行策划、组织、协调和控制的系列活动。

9.1　项目与项目管理

9.1.1　项目管理的发展过程

从 20 世纪 30 年代的美国开始使用项目管理，一直到 2001 年我国开始建立中国项目管理知识体系和资格认证标准的工作，项目管理经历了半个多世纪的发展。项目管理的发展阶段如表 9.1 所示。

表 9.1　项目管理的发展阶段

发展阶段	应用范围	发展特点
20 世纪 60 年代以前	主要应用于航空、航天领域	按计划进行管理
20 世纪 60 年代中期到 80 年代	应用于航天项目、建筑项目和军事项目等一些大型项目	项目管理作为重要的管理手段
20 世纪 80 年代中期到 90 年代	制造业、信息产业、IT 行业等	加入组织管理和质量管理
20 世纪 90 年代后半阶段	应用于各个领域	普及

9.1.2　项目的定义和要素

1. 项目的定义

生产工作中，我们会接受各种任务，比如：开会，购买工作用品，举办一次活动，开展一项复杂的研究，建设一个基站，开发一款产品，提高产品质量，建设一流大学，团队建设，提高劳动生产率。有人认为完成交派的工作任务就是在完成项目，这是个错误的概念。任务有两种不同的方式：第一种是持续不断和重复的任务，第二种是独特的一次性的任务。哪一种方式才是项目呢？答案是第二种。国际标准化组织(ISO)和国家标准化管理委员会对项目的标准定义是：由一系列具有开始和结束日期、相互协调和控制的活动组成的，通过实施而达到满足时间、费用和资源等约束条件目标的独特的过程。从项目的标准定义可以发现项目是创造独特产品、服务或其他成果的一次性工作任务。

2. 项目的要素

项目无论大小，一般包括具体的结果、明确的开始与结束日期、既定的预算等要素。

9.1.3　项目管理的定义与基本要素

1. 项目管理的定义

项目管理是以项目为对象的一种科学的管理方式，通过一个临时性专门的组织，实现项目全过程的综合、动态管理，有效地完成项目总目标。

项目管理是指将各种知识、技能、手段、技术应用到项目中，以满足或超过项目干系人的要求和期望，它指导项目从开始、执行、直至终止的过程。这个定义清楚地解释了项目管理就是通过项目各方干系人的合作，把各种资源应用于项目，以实现项目的目标，使项目干系人的需求得到满足。

项目管理的基本特性如图 9.1 所示。

图 9.1　项目管理的基本特性

2. 项目管理的基本要素

项目管理的基本要素即项目、干系人、资源、目标和需求。

(1) 项目的定义在 9.1.2 中已作解释。

(2) 干系人是指在项目中有既定利益的任何人员。它主要包括项目团队、项目资源的提供者或者项目发起人、客户、合作的其他职能部门、承包商。干系人与项目之间的关系如图 9.2 所示。

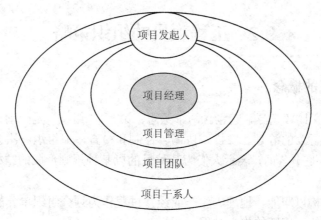

图 9.2　干系人与项目之间的关系

(3) 资源是指一切具有现实和潜在价值的自然资源、人造资源、内部资源、外部资源、有形资源和无形资源。它主要包括人力和人才、原料和材料、资金和市场、信息和科技、还包含专利、商标、信誉以及某种社会联系等。

(4) 目标是指成功的项目是项目管理的总体目标。这个目标主要包括在限定的时间内，在限定的资源条件下，以尽可能快的进度、尽可能低的费用圆满完成项目任务。

(5) 需求是指项目根据要求来确定达到的目标。项目的不同干系人有不同的需求，有的相去甚远，甚至互相抵触，因此要求项目管理者对需求加以协调，统筹兼顾，最大限度地调动项目干系人的积极性。根据需求进行范围管理自始至终都是项目管理中极为重要的内容。

9.1.4　项目管理的体系

项目管理经过多年的发展变化已经形成了完善的知识体系。项目管理体系主要包含 8 个方面，如表 9.2 所示。

表 9.2　项目管理体系表

序号	体系内容	解 决 内 容
1	项目范围管理	为实现项目的目标对项目的工作内容进行控制的管理过程
2	项目时间管理	为确保项目最终能按时完成进行的一系列管理过程
3	项目成本管理	为保证完成项目的实际成本、费用不超过预算成本、费用进行的管理过程
4	项目质量管理	为确保项目达到客户规定的质量要求所实施的一系列管理过程
5	人力资源管理	为保证所有项目干系人的能力和积极性都能最有效地发挥和利用所做的一系列管理措施
6	项目沟通管理	为确保项目信息的合理收集和传输所需要实施的一系列措施
7	项目风险管理	涉及项目可能遇到的各种不确定因素
8	项目采购管理	为从项目实施组织之外获得所需资源或服务所采取的一系列管理措施

9.2　工程项目的组织策略

9.2.1　项目组织的概念

"组织"的含义比较宽泛，它包含两个意思：第一，"组织"是个动词，表示对一个过程的组织工作，对行为的筹划、安排、协调、控制和检查，如组织一次会议、组织一次活动；第二，"组织"是个名词，表示人们为某种目的以某种规则形成的结构性组织，如项目组织、企业组织。

传统的组织结构以职能、地理、生产或经营过程作为划分组织单元的依据，传统的公司组织适应标准化的、连续的生产过程。

项目组织是指为完成特定的项目任务而建立起来的，从事项目具体工作的组织。

9.2.2　项目组织的基本原则

要实现项目目标，项目组织必须是高效率的。项目组织的设置和运行必须符合组织学的基本原则。

1．目标统一原则

一个组织有效的运行，必须有明确的统一目标。由于干系人并不一定隶属于一个单位，他们有不同的目的，为了使项目顺利实施达到项目的总目标，必须要求项目干系人的总目标一致。

2．责权利平衡原则

项目的组织设置过程中明确了项目投资者、业主、项目其他干系人以及其他利益相关者之间的经济关系、职责和权限，并通过合同、计划、组织规则等文件定义。这些关系错综复杂，为达到责权利平衡一般通过以下六种方式：

(1) 权责对等。

(2) 权力制约。

(3) 成员有责任或工作任务，也应有相应的权力。

(4) 通过合同、组织规则、奖励政策对项目参与者各方的权益进行保护。

(5) 按照责任、工作量、工作难度、风险程度和最终的工作成果给予相应的报酬，或给予相应的奖励。

(6) 公平地分配风险。

3．适用性和灵活性原则

(1) 项目的组织结构要适合于项目的范围、项目组的大小、环境条件及业主的项目战略。

(2) 项目组织结构要考虑与原组织的适应性。

(3) 利用项目管理者过去的项目管理经验，选择最合适的组织结构。

(4) 项目组织结构应有利于项目的所有参与者的交流和合作，便于领导。

(5) 组织机构要简单，工作人员要精简，项目组要保持最小规模。

9.2.3　工程项目组织的优势

项目组织是项目的干系人按一定的规则或规律构成的整体，是由项目的行为主体构成的系统。项目组织的建立和运行符合一般的组织原则和规律，如具有共同的目标、需要不同层次的分工合作、具有系统性和开放性。工程项目组织的优势如下：

(1) 将市场、生产过程、资源、研究与开发过程高度地综合起来，具有高度的活力和竞争力。

(2) 能够形成以任务为中心的管理，使工作的透明度更高和更注意结果。

(3) 能够迅速改进产品的质量和可靠性，缩短产品的开发时间和降低费用。

(4) 能迅速地反映市场和用户要求。

(5) 能更方便地协调和控制整个过程，信息传输过程更有效率。

(6) 能形成以人为中心的创新模式，在项目组织中下层人员有更多的权力、更多的责任，更能够激发他们的积极性、创造性和创新精神。员工有机会在项目中直接实现自己的思想或将自己的思想提供给高层管理部门，能够进行面对面的交流。

(7) 能削弱传统的权威，但必须通过沟通、信任和理解来实现其目标。

9.2.4　项目管理组织结构的基本形式

项目管理组织结构的形式有很多种，从不同的角度去分类，也会有不同的结果。由于每个项目执行过程中涉及技术、财务、行政等相关方面的工作的唯一性，因此，项目组织需要符合项目特点的结构。

工程项目组织结构的基本形式是职能式、项目式和矩阵式。

1. 职能式

(1) 职能式组织结构的形式。职能式组织结构是现实中运用得最为广泛的一个组织形态，如图 9.3 所示。它把直线制结构与职能式结构结合起来，以直线为基础，在各级行政负责人之下设置相应的职能部门，分别从事专业管理的组织结构形式。

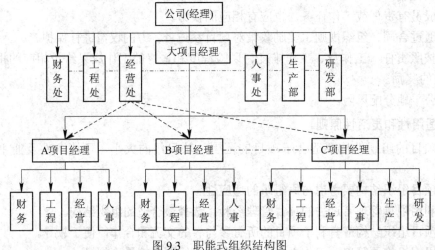

图 9.3　职能式组织结构图

(2) 职能式组织结构的优点。

① 项目各成员来自各职能部门，在项目工作期间所属关系没有发生变化，项目成员不会为将来项目结束时的去向担忧，因而能客观地为项目去考虑、去工作。

② 各职能部门可以在本部门工作任务与项目工作任务的平衡中去安排力量。如项目团队中的某一成员因故不能参加时，其所在的职能部门可以重新安排人员予以补充。

③ 当项目工作全部由某职能部门负责时，项目的人员管理与使用变得更为简单，具有更大的灵活性。

④ 项目团队的成员有同一部门的专业人员作技术支撑，有利于项目专业技术问题的解决。

⑤ 以各职能部门做基础，项目管理的发展不会因项目团队成员的流失而有过大的影响。

(3) 职能式组织结构的缺点。

① 项目管理没有正式的权威性。由于项目团队成员分散于各职能部门，团队成员受其所在职能部门与项目团队的双重领导，相对来说项目团队对其的约束显得更为无力。

② 项目团队中的成员不易产生事业感与成就感。团队中的成员普遍会将项目的工作视为额外工作，对项目的工作不容易激发更多的热情。这对项目的质量与进度都会产生较大的影响。

③ 对于参与多个项目的职能部门，特别是具体到个人来说，不容易安排好在各项目之间投入力量的比例。

④ 不利于不同职能部门团队成员之间的交流。

⑤ 项目的发展空间容易受到限制。

2．项目式

(1) 项目式组织结构的形式。项目式组织结构是指将项目的组织独立于公司职能部门之外，由项目组织自己独立负责项目的主要工作的一种组织管理模式。项目的具体工作主要由项目团队负责，项目的行政事务、财务、人事等在公司规定的权限内进行管理，如图9.4 所示。

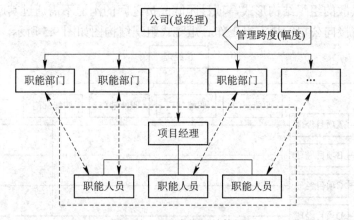

图 9.4　项目式组织结构图

(2) 项目式组织结构的优点。

① 项目经理是真正意义上的项目负责人。项目经理对项目及公司负责，团队成员对项目经理负责，项目经理可以调动团队内外各种有利因素，因而是真正意义上的项目负责人。

② 团队成员工作目标比较单一。独立于原职能部门之外，不受原工作的干扰，团队成员可以全身心地投入到项目工作中去，也有利于团队精神的形成和发挥。

③ 项目管理层次相对简单，因而使项目管理的决策速度和响应速度变得快捷起来。

④ 项目管理指令一致。命令主要来自于项目经理，团队成员避免了多头领导、无所适从的情况。

⑤ 项目管理相对简单，使项目成本、质量及进度等控制更加容易进行。

⑥ 项目团队内部容易沟通。

(3) 项目式组织结构的缺点。

① 容易出现配置重复、资源浪费的问题。如果一个公司多个项目都按项目式进行管理组织，那么在资源的安排上很可能出现项目内部利用率不高，而项目之间则是重复与浪费。

② 项目组织成为一个相对封闭的组织，公司的管理与决策在项目管理组织中贯彻可能遇到阻碍。

③ 项目团队与公司之间的沟通基本上依靠项目经理，容易出现沟通不够和交流不充分的问题。

④ 项目团队成员在项目后期没有归属感。团队成员不得不为项目结束后的工作考虑投入相当的精力，从而影响项目的后期工作。

⑤ 由于项目管理组织的独立性，容易使项目组织产生小团体观念，在人力资源与物资资源上造成资源浪费。同时，各职能部门因为考虑其独立性，对其资源的支持会有所保留，从而会影响项目的最好完成。

3. 矩阵式

(1) 矩阵式组织结构的形式。为解决职能式组织结构与项目式组织结构的不足，发挥它们的长处，人们设计出介于职能式与项目式之间的一种项目管理组织结构形式，即矩阵式。矩阵式项目组织结构中，参加项目的人员由各职能部门负责人安排，而这些人员在项目工作期间、工作内容上服从项目团队的安排，人员不独立于职能部门之外。矩阵式是一种暂时的、半松散的组织结构形式，项目团队成员之间的沟通不需通过其职能部门领导，项目经理往往直接向公司领导汇报工作。矩阵式组织结构图如图 9.5 所示。

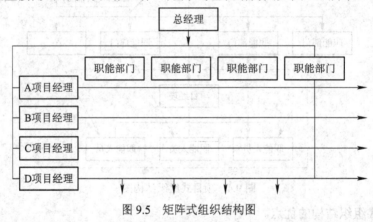

图 9.5 矩阵式组织结构图

(2) 矩阵式组织结构的优点。矩阵式项目组织结构具备了职能式组织结构和部分项目式组织结构的优点。

① 团队的工作目标与任务比较明确，有专人负责项目工作。

② 团队成员无后顾之忧。项目工作结束时，不必为将来的工作分心。

③ 各职能部门可根据自己部门的资源与任务情况来调整、安排资源力量，从而提高了资源利用率。

④ 提高了工作效率与反应速度，相对职能式组织结构来说，减少了工作层次与决策环节。

⑤ 相对项目式组织结构来说，可在一定程度上避免资源的囤积与浪费。

⑥ 由于项目经理来自于公司的项目管理部门，可使项目运行符合公司的有关规定，不易出现矛盾。

(3) 矩阵式组织结构的缺点。

① 项目管理权力平衡困难。矩阵式组织结构中项目管理的权力需要在项目经理与职能

部门之间平衡，这种平衡在实际工作中是不易实现的。

　　② 信息回路比较复杂且比较多，既要在项目团队中进行，又要在相应的部门中进行，必要时在部门之间还要进行交流、沟通。

　　③ 项目成员处于多头领导状态。项目成员正常情况下至少要接受两个方向的领导，即项目经理和所在部门的负责人的领导，容易造成指令矛盾、行动无所适从的问题。

9.3　项目管理主要内容

9.3.1　项目范围管理

1．项目范围管理概念

　　范围管理是指项目的成果和产生成果需要做的工作，包含用以保证项目能按要求的范围完成所涉及的所有过程，包括范围核准、范围规划、范围定义、范围变更控制和范围核实。

2．项目范围管理主要内容

　　(1) 确定项目目标：各方同意项目成果和过程的明确与隐含的需求。

　　(2) 定义和规划项目范围：为确定项目是否完成的标准，需要根据项目目标编制项目范围的书面说明，包括定义和规划项目目标、交付成果的技术指标、约束条件、工作原则及其管理策略和方法等。

　　(3) 制订范围管理计划：描述如何管理和变更项目范围，包括对可能发生范围变更的原因、频率和变更量的评估、对变更的分类，以及对实施变更的程序规定等。

　　(4) 范围管理的实施：按照项目范围管理计划，控制项目中实际执行的工作单元和活动，使其符合项目范围的要求。

　　(5) 范围的变更管理：当进度、费用、质量以及顾主需求等因素出现变化使得项目范围也发生变化。

　　项目范围管理示意图如图 9.6 所示。

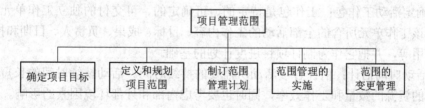

图 9.6　项目范围管理示意图

3．技术与方法

　　为了管理和控制的目的，将项目进行工作分解结构(WBS)的技术是指按层次把项目分解成子项目，子项目再分解成更小的、更易管理的工作单元，直至具体的活动的方法。工作分解结构示意图如图 9.7 所示。分解涉及以下几个主要步骤：

　　(1) 确定项目主要组成部分，通常是项目可交付成果和项目管理活动。

(2) 确定在每个细化了的组成部分的层次上能否进行费用和持续时间的恰当估算。

(3) 确定可交付成果的组成部分,这些部分应是切实的、可验证的,以便于执行情况的测量。

(4) 确定核实分解的正确性,即最底层的组成部分对项目分解是否必需、充分,每个组成部分的定义是否清晰、完整,是否都能确定它们的进度和预算。

工作分解结构应该描述可交付成果和工作内容,在技术上的完成程度应该能够被验证和测量,同时也要为项目的整体计划和控制提供一个完整的框架。

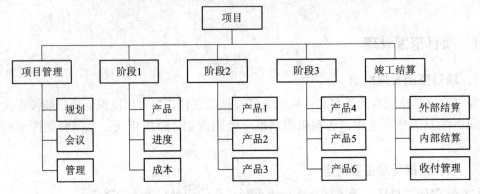

图 9.7   工作分解结构示意图

9.3.2   项目时间管理

1. 项目时间管理概念

项目时间管理是指为确保项目按时完成所需要的过程。项目时间管理与项目进度的制定、分析和控制等有关。

2. 项目时间管理主要内容

(1) 活动和活动依赖关系分析:活动是项目工作分解结构中确定的工作单元或工序。根据范围定义和规划的成果以及项目干系人相应的需求,确定为完成项目所必须进行的活动,找出各项活动之间的依赖关系。

(2) 确定活动工作包:工作包是特定的、可确定的、可交付的独立工作单元,用以定义和描述该工作单元所含的全部活动的工作内容、目标、成果、负责人、日期和持续时间、资源和费用等,并把它作为制订项目进度计划的基础。

(3) 活动时间估计:估计各项活动所需要的持续时间。活动持续时间的长短取决于分配给它们的资源的数量和工作效率,同时也要考虑内部和外部环境因素的影响。

(4) 制订进度计划:根据所需的资源和具体的条件限制,确定项目进度计划。

(5) 项目进度控制:用网络计划技术和项目管理软件(常用的软件是 Project)控制项目进度,以确保与时间和可用资源有关的要素(如范围、目标、约束条件)发生变化时采取适当的措施确保项目按计划进展。对进度评审结果及时进行分析,以便确定项目进度变化情况和预测发展趋势,并制定相应的对策。

项目时间管理示意图如图 9.8 所示。

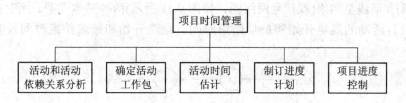

图 9.8　项目时间管理示意图

3．技术与方法

项目进度计划可以用摘要、详细说明、表格或图表等多种方式表示，其中较为直观、清晰的图表方式有网络图和甘特图。

1）网络图

网络图表示项目活动依赖关系，又表示处在关键线路上的活动，如图 9.9 所示。

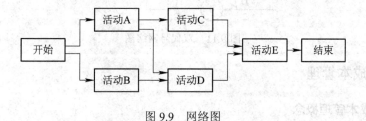

图 9.9　网络图

2）甘特图

甘特图用具有时间刻度的条形图表示每一项活动的时间信息，又称为横道图，如图 9.10 所示。

序号	工作内容	持续时间	工程建设进度安排/周								
			2	4	6	8	10	12	14	16	18
1	工程周期	18									
2	可研编制及批复	2									
3	技术规范书编写	2									
4	主设备招标订货	2									
5	施工图设计	2									
6	主设备配套设备到货	1									
7	机房装修	6									
8	设备安装	2									
9	网络试运行	2									
10	网络优化	2									
11	竣工验收交付使用	2									

图 9.10　甘特图(横道图)

4．网络计划技术

网络图是指用于计算活动时间和表达进度计划的管理工具。网络图有节点型网络图(单代号网络图)和箭线型网络(双代号网络图,如图 9.11 所示)两种基本类型。所有的网络计划都要计算项目活动的最早开始和最早结束时间、最晚开始和最晚结束时间及其时差等时间参数。

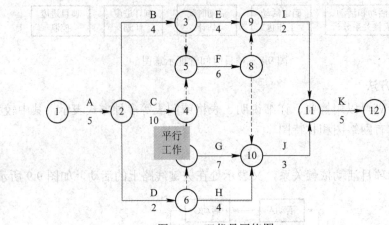

图 9.11　双代号网络图

9.3.3　项目成本管理

1. 项目成本管理概念

项目成本管理旨在预测和计划项目费用,并控制项目费用以确保项目在预算的约束条件下完成。项目成本管理包括项目的资源规划、费用估算、费用规划和控制等过程。

2. 项目成本管理主要内容

资源规划依据范围规划和工作分解结构,确定项目各项活动所需资源的种类、投入数量、规格和时间的过程。

(1) 费用估算是编制一个为完成项目各项工作所需经费的近似估计。估算费用时,要考虑经济环境的影响,会用到工程经济学的相关知识。当费用估算涉及重大的不确定因素时,应设法减小风险,并对余留的风险考虑适当的应急备用金。

(2) 制订费用计划是把整个项目估算的费用分配到各项活动和各部分工作上。费用计划也被称作费用预算,是确定测量项目实际执行情况的费用基准。

(3) 费用控制的内容包括:

① 对造成实际费用偏离基准费用计划的因素施加影响,以保证其朝着有利的方向发展。

② 确定基准费用计划是否必须变更和如何变更。

③ 基准费用计划需要变更或已经变更时,要对这种变更进行管理。

(4) 项目结束时,对项目资金的实际使用情况进行财务决算,以表明实际项目及其费用的支付均已完成并核实。

项目成本管理示意图如图 9.12 所示。

图 9.12　项目成本管理示意图

3．技术与方法

(1) 费用分解结构(CBS)。费用按照与工作分解结构(WBS)和组织分解结构(OBS)相适应的规则进行分解，并形成相应的、便于管理的账目分解结构(ABS)。ABS 是组织单元为承担分项工作而对其费用加以管理的一种工具。分解的结果可作为项目费用测定、衡量和控制的基准。

(2) S 曲线。S 曲线是项目从开始到结束的整个生命期内的费用累计曲线，它描述了到项目生命期的某个时点为止的累计费用，如图 9.13 所示。S 曲线常用于优化项目计划和降低项目的动态总费用(或总费用的现值)。

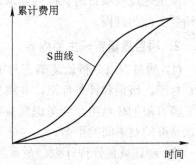

图 9.13　S 曲线

当进度计划按所有活动的最早开始或最晚开始或两者之间的某个时点开始来安排时，就形成了各种不同形状的 S 曲线，又称为香蕉图，它反映了项目进度允许调整的余地。

(3) 挣得值。分析挣得值表示已完成工作的计划费用或预算费用。挣得值分析是测量执行情况常用的方法，它综合了范围、费用和进度测量，帮助项目管理班子评价项目执行情况，如图 9.14 所示。挣得值涉及 3 个值：

① 计划费用值 PV：在规定时间内计划在某个活动和工作单元上的预算费用。

② 实际用费值 AC：在规定时间内在实际已经完成活动和工作单元上的实际发生的直接与间接费用的总和。

③ 挣得费用值 EV：在规定时间内在已经完成活动和工作单元上，按计划应当花费的预算费用。

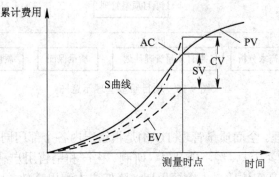

图 9.14　挣得值分析

(4) 类比估算法。类比估算法也称为自上而下估算，即利用以前类似项目的实际费用作为估算当前项目费用的基本依据，是一种专家评定法，精度较低。如果被估算的项目与以前的项目是相似的，且进行估算的个人或团体具有所需要的专门知识，则这种方法也是可靠的，可用于编制费用计划。

(5) 参数模型法。将项目特征(参数)用于数学模型，可以预测项目费用。模型可以是简单的，也可以是复杂的。如果开发模型的历史资料可靠，模型中所用参数可以被量化，模型可以按比例调整，则预测结果会相当精确。

9.3.4　项目质量管理

1. 项目质量管理概念

质量是反映项目对目标的需求及需求满足的程度。项目质量管理是保证项目满足其需要所要实施的过程。

2. 项目质量管理主要内容

(1) 质量需求分析就是确定与项目相关的质量目标和标准。根据项目需求确定质量目标、标准、级别和评判标准，并将其作为检验质量成果的基础。在确定质量需求时，特别在资源有限的环境中，要考虑质量目标的优先级，以及品质、性能、费用和时间等影响客户满意度的要素间的平衡。

(2) 制订质量管理计划。质量管理计划就是为确定如何满足质量需求分析中制定的质量目标和标准，以及要采取哪些必要行动。质量管理计划包括质量控制、质量保证、持续改进措施等过程，以及在这些过程中所要采取的沟通、授权、明确职责、编制质量管理文件、质量检查、审计、报告和审查等管理行动。

(3) 质量保证是保证质量管理计划得以系统实施的全部活动，定期评价总体项目执行情况，以提供项目满足质量标准的信心。质量保证通过质量管理系统来实现。

(4) 质量控制具体监控项目活动的进程和结果，以确定其是否符合相关的质量标准；分析产生质量问题的原因，并制定相应措施来消除导致不符合质量标准的因素，以确保项目质量得以持续不断地改进。

项目质量管理示意图如图 9.15 所示。

图 9.15　项目质量管理示意图

3. 技术与方法

(1) 全面质量管理。全面质量管理(TQM)是指组织内各个部门同心协力，综合运用管理技术、专业技术和科学方法，经济地开发、研制、生产和销售用户满意的成果的管理活动。全面质量管理包括提高实体质量、缩短周期、降低成本和提高效益。

(2) ISO9000 系列质量认证。ISO9000 系列质量认证是现代质量管理体系，它是建立质量体系的基本要求和企业进行质量管理的基本要求。

(3) 收益/成本分析。质量计划编制过程必须考虑收益/成本的平衡。降低返工率是达到质量要求条件下降低成本的主要方式。有效的质量管理必须使收益高于成本。

(4) 流程图。流程图是指显示系统内从事质量管理的各种因素如何关联的一种逻辑图。质量管理中主要使用因果分析图、系统或过程流程图。

(5) 检查。检查为确定过程和结果是否符合要求所采取的活动。检查可在任何层次上执行。检查在不同情况下也被称为审查、成果审核、巡回视察等。

(6) 控制图。过程的结果随时间变化的图形显示叫作控制图，用于确定过程是否在控制之中。控制图可以用于监控任何类型的输出变量，包括监控费用和进度的偏差、范围变化的数值和频度、文档中的错误或其他管理结果。

(7) 帕累托图。帕累托(Pareto)图是指按发生频率进行等级排序的直方图，也称为排列图，它显示可识别原因的种类和造成结果的量值。等级排序用于指导纠正措施，解决造成最大缺陷的问题。帕累托图与帕累托定律相关，它认为绝大多数问题或缺陷产生于相对有限的起因。

9.3.5　项目人力资源管理

1．项目人力资源管理概念

项目人力资源管理是指有效地使用涉及项目的人员所需要的过程。项目人力资源管理的目的是调动所有项目干系人的积极性，以实现项目目标在项目承担组织的内部和外部建立有效的工作机制。

2．项目人力资源管理主要内容

(1) 组织设置和人力资源规划是识别、确定和分派项目角色、职责和报告关系的过程。根据项目对人力资源的需求，建立项目组织结构，组建和优化队伍，并将确定的项目角色、组织结构、职责和报告关系形成文档。在项目生命期内，制定的组织和人力资源规划既要有适当的稳定性和连续性，又要随项目的进展作必要的修改，以适应变化的情况。

(2) 严格管理项目成员的工作，以提高工作效率。明确每个项目成员的职责、权限和个人业绩测量标准，以确保项目成员对工作的正确理解，并作为进行评估的基础。

(3) 建立合适的团队机制，以提高成员与项目管理的工作效率。分析影响项目成员和团队业绩和士气的因素，并采取措施调动积极因素，减少消极影响。建立项目成员之间进行沟通和解决冲突的渠道，创立良好的人际关系和工作氛围。在矩阵式组织机构中，项目成员要接受项目经理和职能部门经理的双重领导。在这种情况下，在组织层次、职责、权限、利益等方面处理好项目经理和职能部门经理之间的关系，使项目团队能够有效地开展工作，及时识别和分析人力资源偏离计划的情况，并采取相应措施充实和健全项目团队。

项目人力资源管理示意图如图 9.16 所示。

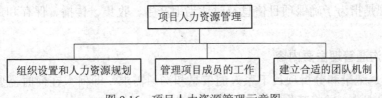

图 9.16　项目人力资源管理示意图

3．技术与方法

(1) 网络计划技术和系统工程模型。用网络计划技术和系统工程模型实现人力资源的均衡优化。

(2) 组织结构图。组织结构图是项目组织关系的图形表示，包括外部关系和内部关系。

组织分解结构(OBS)是组织结构图的一种特殊形式,描述负责每个项目活动的具体组织单元。工作分解结构(WBS)是实现组织结构分解的依据。

(3) 责任分派。责任图要与 WBS、OBS 相匹配,规定每个组织单元对哪个工作单元承担什么样的责任。它已被广泛应用于确定项目组织的责任分派。WBS 与 OBS 在各个层次上都可以做出相应的责任图。在责任图中利用符号可以描述参与的类型,通过责任图可以进行资源估算。表 9.3 就是一个责任分派的例子。

表 9.3　责任分派表

阶　　段	人　　员					
	王一	刘二	张三	李四	吴五	…
系统技术要求	I	A	P	X	P	X
系统设计	I		P	I	d	
系统分解	I		P			
系统部件设计		P		X	I	
部件制造		P	X		I	X
关键部件测试	A		D		P	
系统组装和调试	A		D		P	X

注:X—执行工作;D—单独或决定性决策;d—部分参与决策;P—控制进展;
　　　I—必须通报;A—可能提出意见

(4) 冲突管理。冲突管理是一门控制冲突的艺术,它为解决或缓解冲突提供了必要的手段。冲突可能危及项目目标的实现,但通过适当的方法解决或缓解冲突也可能提高项目的效率。解决和缓解冲突的方法有采纳、合作、妥协、阻止或使用权力等。

9.3.6　项目沟通管理

1．项目沟通管理概念

沟通管理是指为了确保项目信息及时适当地产生、收集、传播、保存和最终配置所必需的过程。

2．项目沟通管理主要内容

(1) 确定、记录和分析项目干系人的信息和沟通需求,即何人在何时需要何种信息以及信息提供的方法,并将其作为制订沟通计划的基础。

(2) 报告项目执行情况信息是重要的项目管理信息,它显示项目进展的各方面情况,执行情况报告应涉及项目范围、资源、费用、进度、质量、采购、风险等多个方面,可以是综合的报告,也可以是强调某一方面的分项报告。

项目沟通管理图如图 9.17 所示。

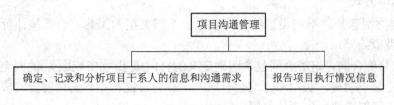

图 9.17　项目沟通管理图

3．技术与方法

(1) 沟通技能。沟通是信息的交流。发送者应当保证发送的信息清晰、准确且完整，以确保接收者能正确接收。接收者确保信息被完整地接收并被正确地理解。

(2) 谈判。谈判是解决问题的一种方法。对话和会议是谈判常用的工具。对话和会议的管理包括组织、主持、后续工作等，涉及会议的内容、过程、时间、信息、纪要、决策手段和其他相关文档。

9.3.7　项目采购管理

1．项目采购管理概念

项目采购管理是指从组织以外获得物资或服务的过程。项目采购管理涉及管理与合同有关的活动，如需采购的物资和服务的种类、数量、规格和时间的确定、市场分析、招标、合同签订、合同的执行和合同收尾等。

2．项目采购管理主要内容

(1) 项目采购规划。项目采购规划是确定怎样从项目组织以外采购物资和服务，从而最好地满足项目需求的过程。采购计划包括从制订采购策略、采购程序，到每项物资和服务合同收尾的全过程。

(2) 采购准备。通过市场调查确定能够满足采购需求的潜在供方，并对他们可能满足项目目标的程度作出评价。通过与供应商沟通和各种类型的招标或协议的方式，以及事先制订的评选标准，选择最满意的供方。

(3) 合同管理。与选择的供应商进行有关合同的谈判以达成协议。合同或协议的内容和条款应尽可能准确、周全，将不确定因素减到最小。明确潜在的、可觉察的和实际存在的合同争议，并采取适当措施尽可能避免合同争议发展成为法律争端。

(4) 合同收尾。对采购的货物和服务进行最后验收，解决所有项目进展中遗留的合同问题，确认合同已经完成可以移交。

项目采购管理图如图 9.18 所示。

图 9.18　项目采购管理图

3. 技术与方法

(1) 合同类型选择。不同类型的合同适合于不同类型的采购。合同按计价方式通常分为以下三种类型：

① 固定总价合同。这类合同包含明确定义的合同成果(物资或服务)的固定总价格。如果合同成果定义不明确，买卖双方均会有风险，买方可能得不到满意的合同成果或卖方为提供合同成果可能需要发生额外费用。

② 单价合同。按合同中事先规定的单价支付，其合同总金额为实际发生并经过测定的提供物资量或服务量的函数。

③ 费用补偿合同。这类合同是指买方按实际费用支付。费用通常分为直接费用和间接费用。

(2) 加权选择体系。在选择供方时，通常需要综合考虑价格之外的因素，如供方的经验、物资的性能、服务的质量、供应的时间以及满足项目需求的程度等，为此可使用加权体系。加权选择体系是一种量化定性变量的比选技术，具体的做法是：

① 为每个评审标准分配一个数字权重；

② 根据每个评审标准给潜在的供方打分；

③ 分数乘以权重。

(3) 独立估算。采购组织可以对采购产品编制自己的估算，用以检查供应商的报价。独立估算又称为"合理费用"估算。

(4) 合同谈判。合同谈判是谈判的一种特殊形式。合同谈判时间是在选定供方后和合同签约前，涉及双方的责任和权利、应用的法律和条款、使用的技术和商务管理办法以及价格等。

(5) 合同变更控制。合同变更控制用于控制合同修改的过程。它包括文档工作、追踪系统、争议解决程序和授权变更的批准等级等。合同变更控制系统应与总体变更控制系统相匹配，是整体变更控制系统的一个组成部分。

9.3.8　项目风险管理

1. 项目风险管理概念

项目风险管理是指项目发生不确定的事件和条件时会对项目目标产生某种正面和负面的影响，从而对项目风险进行识别、分析，采用应对措施等一系列的过程。

2. 项目风险管理主要内容

(1) 风险识别。风险识别是对项目面临的尚未显性化的各种潜在风险进行系统分析，目标是识别项目在实施过程中可能面临的风险因素和风险事件。

(2) 风险评估。风险评估是指对工程项目风险发生概率及严重程度进行定量化分析和评估的过程。

风险评价是指通过科学分析和定量计算方法来估计和预测某种风险发生的概率和损失程度，同时根据行为主体的风险承受能力和偏好，对各种风险的综合效果进行处理。

(3) 风险控制。风险控制是指根据风险评价结果和风险控制目标运用合理有效的方法来处理各种风险，制定项目规避策略以及具体措施和手段的过程。

项目风险管理图如图 9.19 所示。

图 9.19　项目风险管理图

3．技术与方法

项目风险管理由认识机理、实现方法和风险实施效果的反馈形成一个有效的控制闭环，如图 9.20 所示。

图 9.20　项目风险管理过程示意图

9.3.9　项目管理主要内容之间的关系

前面讲解了项目管理的主要内容，其中有六个内容称为项目管理的六要素：目的、范围、组织、质量、时间、成本，如图 9.21 所示。

在项目实施中，这六个指标能否达标，关系到项目管理的成败。其中，项目目标的实现要靠组织来完成，而工程项目管理的一切工作也都要依托组织来进行，科学合理的组织制度和组织机构是项目成功建设的组织保证。

通过要素的关系图可以看出，项目管理是一个综合性的工作，项目的实现过程由一系列的项目工作过程构成，项

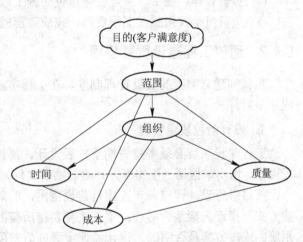

图 9.21　项目管理六要素关系图

目都包括了六要素，一个要素发生变化会对目的产生影响。这种内在的相互作用可能是很明确的、可以把握的，也可能是不确定的、难以把握的。比如，项目范围的变动会影响项目的成本，但是这是否会影响时间或者质量就不一定了。

在项目管理中提得最多是"三控、三管、一协调"。"三控"就是质量控制、进度控制、成本控制，"三管"就是安全管理、合同管理、信息管理，"一协调"就是关系协调。

9.4　通信项目管理案例

前面讲过项目管理的不同的干系人对项目负责范围内都要进行各自的项目管理。下面

主要以建设方(通信运营商)的角度来讲解本案例。我们从职能设置到管理内容进行分解。

9.4.1　项目管理职能设置

1. 项目管理职能部门

工程建设项目由运营商负责建设的部门负责，并由该部门负责设立此项目的项目组及项目经理，组织形式采用的方式是矩阵式。

2. 项目部项目经理主要职责

(1) 负责编制工程实施方案和计划，申请网络资源，组织项目开工、设备安装调测、系统联调测试、验收测试、割接上线及项目交维，工程实施期间执行质量、进度、成本、合规及施工安全各项管理要求。

(2) 负责工程物资的领用、使用和退库管理。

(3) 负责组织工程初步验收。

(4) 负责提出工程结算审计申请。

(5) 负责组织工程竣工验收。

(6) 负责提出工程决算审计申请。

(7) 负责设计、施工、监理合作单位的施工过程管理。

(8) 负责组织收集整理工程资料，完成工程档案归档。

9.4.2　通信工程建设质量管理

项目部建立完善的质量管理制度，在工程实施期间要严格执行质量管理各项要求，达成质量目标。

1. 设计阶段质量管理

工程建设项目必须坚持先勘察、后设计、再施工的原则，设计单位必须到施工现场进行勘察，切实掌握第一手材料，并编制勘察文件，勘察文件要满足工程选址和设计的需要。

严格进行设计评审，审查项目建设范围，明确本工程建设范围内的责任分工；审查割接方案及搬迁方案是否明确；审查工程实施所需的全部资源是否明确；审查本工程与关联系统的连接方案是否明确。设计经评审通过后方可组织施工。

2. 施工阶段质量管理

(1) 负责工程物资进行驻厂检测及到货检测，对于检测中发现的质量问题要严格按照合同进行违约处罚，以保障工程物资质量。

(2) 负责施工现场工程物资验收，通过使用工器具检验工程物资完好无损、物理及电气性能指标达标，不合格产品严禁投入使用。

(3) 严格按照工程建设强制性标准和相关规范、设计图纸、基本工序进行施工。

(4) 配置质量监督管理人员，加强对施工过程工程实体质量的监督检查，以提高施工质量。

3. 验收阶段质量管理

验收是工程建设阶段质量管控的最后一道防线，要严格把控。

(1) 验收测试内容严格依据设计和合同的要求进行。

(2) 未经验收测试或验收测试不通过的,不得组织割接上线。

9.4.3　通信工程建设时间管理

工程建设时间管理主要包括进度计划编制、实施、跟踪监控及调整,目标是按时完成网络能力建设等内容。

(1) 根据标准制订项目总体进度计划,依据进度总体目标进行工作任务分解,确定各工作任务责任部门、起止时间和完成标志。总体进度计划在立项批复中就要明确。

(2) 相关各单位严格按照既定的总体进度要求,细化自己负责范围内的实施计划,做好工作部署并按时完成。

(3) 制订设备到货、开工、割接上线、转资、验收及付款等项目实施计划,做好项目全过程监控点跟踪,及时沟通进展情况,协调解决问题。

(4) 对于项目建设发生重大变化并已确定无法完成的项目建设,要及时进行项目终止。

(5) 面向工程建设全过程,统计项目各阶段的完成时间、分析制约因素和主要问题,进一步完善和优化标准工期体系与项目标准监控点跟踪体系,从而实现项目建设周期的闭环管理。

9.4.4　通信工程建设成本管理

工程建设成本管理主要包括:

(1) 设计批复金额、竣工决算金额均不能突破立项批复金额。

(2) 负责设计阶段预算审核、实施阶段工程物资管理、验收阶段工程结算和工程决算审计申请提出。

(3) 设计预算要与合同设备清单、价格保持一致,工程服务费用要依据相关定额进行计取。

(4) 在建工程物资发生报废时,应依据相关管理办法提出报废申请。

(5) 项目初步验收完成后应提出工程结算审计申请,项目竣工验收完成后应提出工程决算审计申请。

9.4.5　通信工程建设安全管理

根据国家相关法律、法规,建立完善通信工程施工安全管理制度,严格执行施工安全管理各项规定,保障人员安全、网络安全和工程物资安全。

(1) 严格执行安全生产费取费标准,项目开工前要及时向施工单位足额支付安全生产费,以保障施工安全各项措施落实到位。

(2) 审查施工单位主要负责人、项目负责人以及专职施工安全管理人员的安全生产考核合格证书,也要审查特种作业人员持有相符的上岗证书。

(3) 严格按照施工安全操作规范及工程建设强制性标准,组织设计、实施和监理,保障施工期间的人员安全。

(4) 根据工程物资属性采取安全防护和防盗措施,避免在建工程物资损毁和丢失。

(5) 配置施工安全管理人员,定期开展通信工程施工安全管理检查,及时发现和处理安全隐患。

利用工程建设管理系统对项目管理全过程，固化管理流程，提高各阶段衔接效率，实现对项目进度、质量、资金、资产、资源数据、资料的全程跟踪和管理。

9.4.6　通信工程建设项目管理总流程

通信工程建设项目管理总流程如图 9.22 所示。

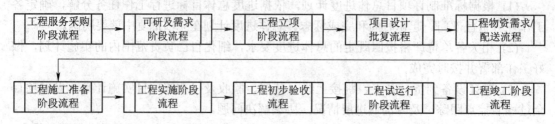

图 9.22　通信工程建设项目管理总流程

各流程中具体工作管理内容分别如图 9.23～图 9.26 所示。

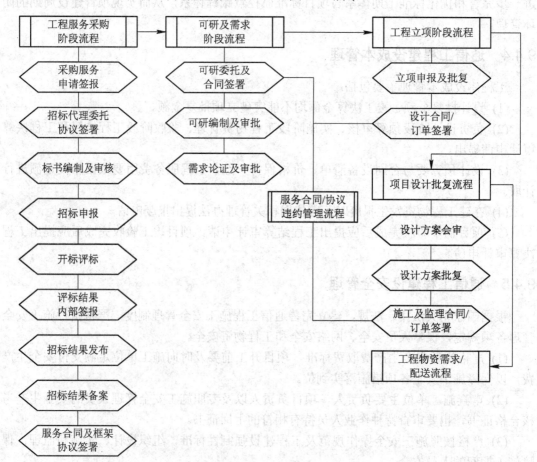

图 9.23　通信工程建设项目管理流程具体工作管理内容(1)

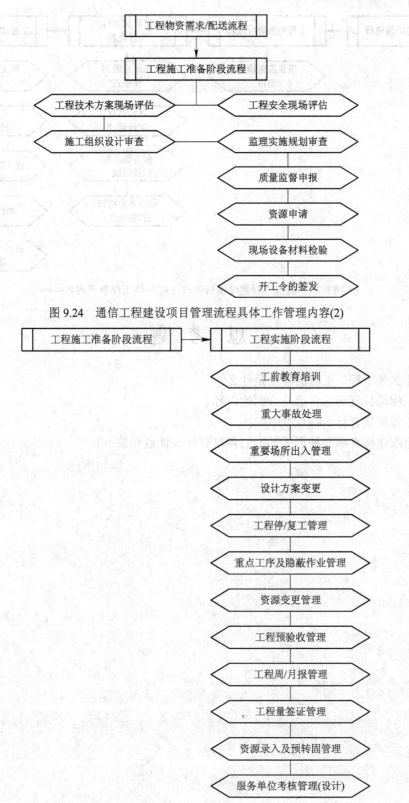

图 9.24 通信工程建设项目管理流程具体工作管理内容(2)

图 9.25 通信工程建设项目管理流程具体工作管理内容(3)

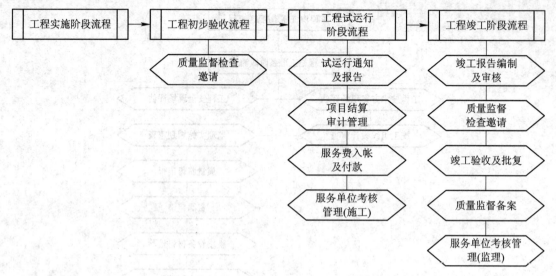

图 9.26   通信工程建设项目管理流程具体工作管理内容(4)

思 考 题

1. 什么是工程？工程的特点是什么？
2. 工程项目管理包含哪几方面的内容？
3. 工程质量有什么特点？
4. 组织结构有哪几种形式？它们各自有什么优点和缺点？

第 10 章　项目招投标管理

当社会出现了商品交换时，市场也随之形成，并随着社会分工的进一步扩大，出现了直接以交换为目的的商品生产，同时也出现了市场竞争。通过市场竞争可以选择最便宜的资源，达到以最小的投入获得最大的产出的目的，招投标就是一种重要的市场竞争手段。本章的重点是了解和学习招标投标(招投标)的交易方式。

10.1　招投标制度

通常，大宗商品购销、承揽加工、财产租赁、技术攻关等服务采用的交易程序为竞争交易，即按照预先规定的条件对外公开邀请符合条件的服务卖方进行报价，由买方最终选出价格和条件优惠的服务卖方，并与之签订合同。这一过程称为招投标。工程招投标已成为工程管理的一个重要领域，其中涉及工程招标、投标活动客观规律、管理理论和方法。

随着市场经济体制的建立和深化发展，我国招标投标制度的建立也不断完善。1999年，《中华人民共和国招标投标法》颁布实施，标志着我国招标投标制度进入了一个新的发展阶段。经过十几年的规范发展，2015年《中华人民共和国政府采购法实施条例》的颁布施行，标志着我国招标投标法律法规体系已经基本形成，招标投标市场已经信息化、透明化。

10.1.1　招投标的基本概念

1. 招投标的适用范围

当我国由计划经济发展到市场经济之后，市场经济下所产生的新的交易方式就是招投标。采用这种交易方式必须具备两个基本条件：

(1) 有能够开展公平竞争的市场经济运行机制。早期的计划经济年代都是按照指令进行统一的计划安排，不可能采用招标投标的交易方式。

(2) 存在招投标采购项目的买方市场。采购项目形成多家卖方竞争的局面，买方居于主导地位，才有条件以招标方式从多家竞争者中选择中标者。

招投标是商品经济和竞争机制发展到一定阶段的必然产物和结果。招投标实质上是通过有规范、有约束的竞争活动进行选择，是一种有目的的择优过程。

2. 招标人、投标人和中标人的概念

(1) 招标人。招标人是指进行招标的法人或者其他组织。招标人分为两类：一是法人，二是其他组织。

(2) 投标人。投标人是指响应招标，参加投标竞争的法人或者其他组织。

投标人分为三类：一是法人，二是其他组织，三是自然人。法人、其他组织和自然人必须具备响应招标和参与招标竞争两个条件后，才能成为投标人。

(3) 中标人。中标人是指招标人从众多投标人中选择出来的、能最大限度地满足事先公布条件要求的最佳投标人。

3．招投标的意义

实行招投标是社会趋向规范化、完善化的重要举措，具有十分重要的意义，具体表现在：

(1) 形成了由市场定价的价格机制；

(2) 不断降低社会平均劳动消耗水平；

(3) 工程价格更加符合价值基础；

(4) 遵循公开、公平、公正的原则；

(5) 能够减少交易费用。

10.1.2　招标范围

1．强制招标的范围

我国《招标投标法》指出，凡在中华人民共和国境内进行下列工程建设项目，包括项目的勘察、设计、施工、监理以及与工程建设有关的重要设备、材料等的采购，必须进行招标。此外，还包括以下几点：

(1) 大型基础设施、公用事业等关系社会公共利益、公众安全的项目；

(2) 全部或者部分使用国有资金投资或者国家融资的项目；

(3) 使用国际组织或者外国政府贷款、援助资金的项目。

2．强制招标的规模标准

针对招标范围内的各类工程建设项目，包括项目的勘察、设计、施工、监理以及与工程建设有关的重要设备、材料等的采购，达到表 10.1 所示的合同标准之一的，必须进行招标。

表 10.1　合同标准表

序号	内　　容	价　　格
1	施工单项合同估算价	200 万元人民币以上
2	重要设备、材料等货物的采购	单项合同估算价在 100 万元人民币以上
3	勘察、设计、监理等服务的采购	单项合同估算价在 50 万元人民币以上
4	单项合同估算价低于第 1、2、3 项规定	项目总投资额在 3000 万元人民币以上

10.1.3　工程招标的方式

工程招标的方式在国际上通行的是公开招标、邀请招标和议标。

1．公开招标

(1) 定义。公开招标又称为无限竞争招标，是由招标单位通过报刊等媒体发布招标公告，有投标意向的承包商均可参加投标资格审查，审查合格的承包商可购买或领取招标文件。

(2) 公开招标的优缺点。公开招标方式的优点：投标的承包商多，竞争范围大，使业主有较大的选择余地，有利于降低工程造价，提高工程质量和缩短工期。

公开招标方式的缺点：由于投标的承包商多，招标工作量大，组织工作复杂，需投入较多的人力、物力，招标过程所需时间较长，因此该类招标方式主要适用于投资额度大，工艺、结构复杂的较大型工程建设项目。

2. 邀请招标

(1) 定义。邀请招标又称为有限竞争性招标。这种方式不发布公告，业主向符合其工程承包资质要求的承包商发出投标邀请书，收到邀请书的单位有权利选择是否参加投标。

(2) 邀请招标的优缺点。邀请招标方式的优点：参加竞争的投标商数目可由招标单位控制，目标集中，招标的组织工作较容易，工作量比较小。

邀请招标方式的缺点：由于参加的投标单位相对较少，竞争性范围较小，使招标单位对投标单位的选择余地也较少。

3. 邀请招标和公开招标的区别

邀请招标和公开招标的区别如表 10.2 所示。

表 10.2　邀请招标和公开招标的区别

序号	内　容	邀请招标	公开招标
1	程序上	简单	复杂
2	竞争力	弱	强
3	招标参加人数	3~10 个	不限
4	时间	少	多
5	费用	少	多

4. 议标

(1) 定义。议标又称为协议招标、协商议标，是一种以议标文件或拟议的合同草案为基础，直接通过谈判方式，分别与若干家承包商进行协商，选择自己满意的一家，签订承包合同的招标方式。议标通常用于涉及国家安全的工程或军事保密的工程，或紧急抢险救灾工程及小型工程。

(2) 议标的特点。议标是一种特殊的招标方式，是公开招标、邀请招标的例外情况。一个规范、完整的议标需同时具备以下四个基本要点：

① 议标只适用于保密性要求或者专业性、技术性较高的特殊工程。

② 可直接进入谈判并通过谈判确定中标人，参加投标者为两家以上，一家不中标再寻找下一家，直到达成协议为止。

③ 程序的随意性大且缺乏透明度，竞争性相对更弱。

④ 议标是公开招标或者邀请招标失败后的选择方式，按照原招标文件或者评标定标办法中有关招标失败的条款选择议标投标人，不另行确定评标标准。

10.2   工程招投标的程序

招投标的流程图如图 10.1 所示。需要注意的是：

(1) 招标准备阶段：工作由招标人单独完成，投标人不参与。

(2) 招标阶段：对于公开招标，是从发布招标公告开始到投标截止日期为止的期间；如果是邀请招标，则是从发出投标邀请函开始到投标截止日期为止的期间。

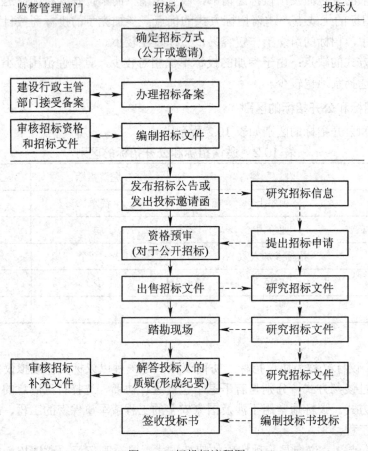

图 10.1   招投标流程图

10.2.1   招标准备工作

1．项目立项

(1) 提交的项目建议书主要内容包含：投资项目提出的必要性，拟建规模和建设地点的初步设想，资源情况、建设条件、协作关系的初步分析，投资估算和资金筹措设想，项目大体进度安排，经济效益和社会效益的初步评价等。

(2) 编制项目预可行性研究、可行性研究报告并提交。报告的主要内容有：国家、地方相应政策；单位的现有建设条件及建设需求；项目实施的可行性及必要性；市场发展前景；技术上的可行性；财务分析的可行性；效益分析(经济、社会、环境)等。

以上内容需要用到第 6 章工程经济学的知识。

2．项目报建

招标人持立项批文向负责工程交易的建设部门登记报建。

3．招标资格

(1) 有从事招标代理业务的营业场所和相应资金。

(2) 有能够编制招标文件和组织评标的相应专业力量。

(3) 发包人拥有与招标项目规模和复杂程度相适应的技术、经济等方面的专业人员。发包人具有编制招标文件和组织评标能力时，可以自行办理招标事宜。若不具备相应能力，须委托招标代理机构负责招标工作的有关事宜。

10.2.2 编制资格预审、招标文件

1．编制资格预审文件

资格预审文件内容包含：资格预审申请函、法定代表人身份证明、授权委托书、申请人基本情况表、近年财务状况表、近年完成的类似项目情况表、正在施工的和新承接的项目情况表、近年发生的诉讼及仲裁情况、其他材料。

2．编制招标文件

招标文件内容包含：招标公告、投标邀请书、投标人须知、评标办法、合同条款及格式、工程量清单、图纸、技术标准及要求、投标文件格式。

3．投标文件的编制要求

投标文件的编制内容包括：投标函及投标函附录、法定代表人身份证明或授权委托书、投标保证金、已标价工程量清单、施工组织设计、项目管理机构、其他材料、资格审查资料。

4．投标有效期

招标文件根据项目的情况明确投标有效期。

5．投标文件的密封递交

(1) 投标人按招标文件的要求进行密封和递交。

(2) 投标人保证密封完好并加盖投标人单位印章及法人代表印章，以便开标前对文件密封情况进行检查。

6．废标

属于以下情形者作废标处理：

(1) 投标文件送达时间已超过规定投标截止时间；

(2) 投标文件未按要求装订、密封；

(3) 未加盖投标人公章及法人代表、授权代表的印章，未提供法人代表授权书；

(4) 未提交投标保证金或金额不足，投标保证金形式不符合招标文件要求以及保证金、汇出行与投标人开户行不一致；

(5) 投标有效期不足；

(6) 资格证明文件不全；

(7) 超出经营范围投标的；

(8) 投标货物不是投标人自己生产的且未提供制造厂家的授权和证明文件；

(9) 采用联合投标时，未提供联合各方的责任和义务证明文件；

(10) 不满足技术规格中主要参数和超出偏差范围的发布招标公告等。

10.2.3 发布招标文件

1. 发布资格预审公告

(1) 资格预审公告的内容包括：招标条件、项目概况与招标范围、资格预审、投标文件的递交、招标文件的获取、投标人资格要求等。

(2) 发布招标公告，招标公告在媒体或网站发布的有效时间为 5 个工作日。

2. 资格预审

(1) 出售资格预审文件；

(2) 接受投标单位资格预审申请；

(3) 对潜在投标人进行资格预审。

3. 发售招标文件及答疑、补遗

(1) 出售招标文件。

向资格审查合格的投标人出售招标文件、图纸、工程量清单等材料。自出售招标文件、图纸、工程量清单等资料之日起至停止出售之日止，为 5 个工作日。招标人给予投标人编制投标文件所需的合理时间，最短不得少于 20 日。

(2) 开标前工程项目现场勘察和标前会议。

① 组织各投标单位共同现场踏勘。

② 对所有投标人对招标文件和现场踏勘的过程中存在的疑问在标前会议中进行答疑。

(3) 招标人对已发出的招标文件进行必要的澄清和补遗。

招标人对已发出的招标文件进行必要的澄清或者修改时，在招标文件要求提交投标文件截止时间至少 15 日前，以书面形式通知投标人，解答的内容为招标文件组成部分。

4. 接收投标文件

接收投标人的投标文件及投标保证金，保证投标文件的密封性。

5. 抽取评标专家

开标前在相应的专业专家库随机抽取评标专家，另外招标人派出代表参与评标。

6. 开标

(1) 时间、地点：招标文件中载明的时间、地点。

(2) 参会人员签到：招标人、投标人、公证处、监督单位、纪检部门等与会人员签到。

(3) 投标文件密封性检查：开标时，由投标人或者其推选的代表检查投标文件的密封情况，也可以由招标人委托的公证机构检查并公证。

(4) 主持唱标。

(5) 开标过程记录，并存档备查。

7. 投标文件评审

(1) 组建评标委员会；

(2) 准备评标；

(3) 初步评审；

(4) 详细评审。

8. 评标报告

(1) 评标报告内容主要有基本情况和数据表、评标委员会成员名单、开标记录、符合要求的投标一览表、废标情况说明、评标标准、评标方法或者评标因素一览表、评分比较一览表、经评审的投标人排序以及澄清说明补正事项纪要等。

(2) 评标报告由评标委员会成员签字。

(3) 提交书面评标报告。

(4) 举荐中标候选人。

评标委员会推荐的中标候选人限定在 1～3 人，并标明排序。

9. 定标

评标结果进行公示，公示时间不得少于 3 个工作日。

10. 发出中标通知书

发出中标通知书并进行谈判准备。

11. 签约前合同谈判及签约

(1) 签约前合同谈判。

在约定地点进行谈判。

(2) 签约。

招标人与中标人在中标通知书发出 30 个工作日之内签订合同，并缴纳履约担保金。

12. 退还投标保证金

招标人与中标人签订合同后 5 个工作日内，向中标人和未中标人的投标人退还投标保证金。

10.2.4　招投标过程中主要业务的工作流程

以下内容为招标过程中各业务的工作流程。

1. 确定采购方式

确定采购方式的工作流程如图 10.2 所示。

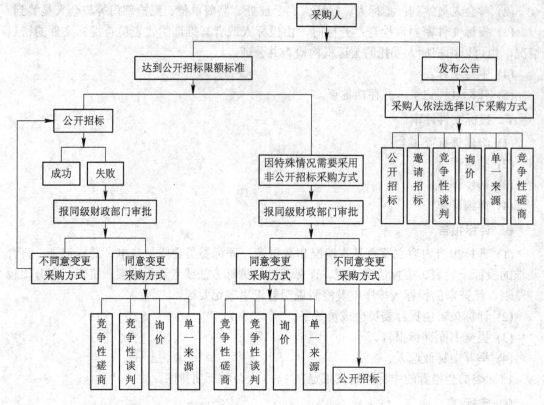

图 10.2　确定采购方式的工作流程

2. 采购公告发布

采购公告发布的工作流程如图 10.3 所示。

图 10.3　采购公告发布的工作流程

3. 选择代理机构

选择代理机构的工作流程如图 10.4 所示。

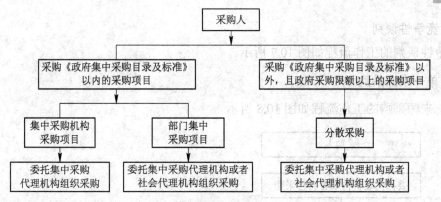

图 10.4   选择代理机构的工作流程

4. 邀请招标

邀请招标的工作流程如图 10.5 所示。

5. 公开招标

公开招标的工作流程如图 10.6 所示。

图 10.5   邀请招标的工作流程   图 10.6   公开招标的工作流程

6. 竞争性谈判

竞争性谈判的工作流程如图 10.7 所示。

7. 单一来源采购

单一来源采购的工作流程如图 10.8 所示。

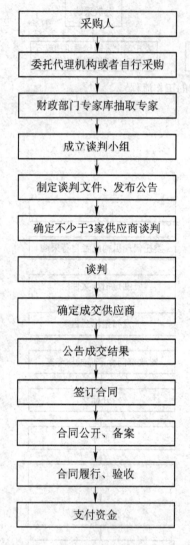

图 10.7　竞争性谈判的工作流程

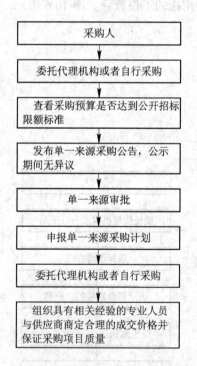

图 10.8　单一来源采购的工作流程

8. 竞争性磋商

竞争性磋商的工作流程如图 10.9 所示。

9. 询价方式

询价方式的工作流程如图 10.10 所示。

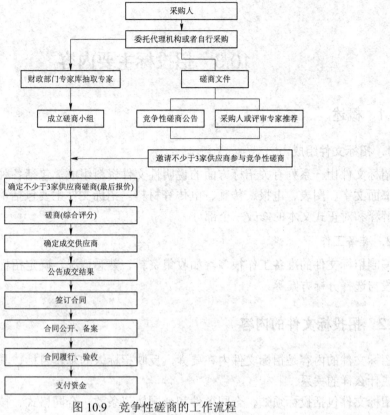

图 10.9 竞争性磋商的工作流程

图 10.10 询价方式的工作流程

10.3　招投标主要内容

10.3.1　概述

1. 招标文件组成

招标文件由一系列有关招标方面的说明性文件资料组成，包括各种旨在阐述招标人目的的书面文字、图表、电报、传真、电传等材料。招标文件主要包括正式文本、对正式文本的解释和对正式文本的修改三个部分。

2. 准备工作

编制招标文件的准备工作很多，如收集资料、熟悉情况、确定招标发包承包方式、划分标段与选择分标方案等。

10.3.2　招投标文件的内容

招标文件的内容是招标文件内在要素，反映招标人的基本目标、具体要求和愿与投标人达成什么样的关系。

招标文件包括投标须知、合同条件和合同协议条款、合同格式、技术规范、图纸、技术资料及附件投标文件的参考格式等内容。这里重点讲解投标须知包含的内容。

投标须知正文的内容主要包括对总则、招标文件、投标文件、开标、评标、授予合同等诸方面的说明和要求。

1. 总则

投标须知的总则通常包括工程说明、资金来源、资质要求与合格条件、投标费用。总则内容如表 10.3 所示。

表 10.3　总　则　内　容

序号	名称	内　　容
1	工程说明	工程的名称、位置、合同名称等情况
2	资金来源	招标项目的资金来源和支付使用的限制条件
3	资质要求与合格条件	投标人参加投标的资格要求，主要说明签订和履行合同的目的，投标人单独或联合投标时至少必须满足的资质条件
4	投标费用	投标人承担其编制、递交投标文件所涉及的一切费用

2. 招标文件

投标须知中对招标文件本身的组成、格式、解释、修改等问题所作的说明。

3. 投标文件

投标须知中对投标文件各项要求的阐述，主要包括：

(1) 投标文件的语言。投标文件及投标人和招标人之间与投标有关的来往通知、函件和文件均应使用一种官方主导语言。

(2) 投标文件的组成。投标人的投标文件由下列文件组成：

① 投标书；

② 投标书附录；

③ 投标保证金；

④ 法定代表人资格证明书；

⑤ 授权委托书；

⑥ 具有标价的工程量清单与报价表；

⑦ 辅助资料表；

⑧ 资格审查表；

⑨ 按本须知规定提交的其他资料。

投标人必须使用招标文件提供的表格格式，投标保证金、履约保证金的方式按投标须知有关条款的规定进行选择。

(3) 投标报价。投标报价是对投标价格的构成、采用方式和投标货币等问题的说明。投标价格可设置两种方式以供选择：固定价格和调整价格。投标价格需要与合同一致。

(4) 投标有效期。投标文件在投标须知规定的投标截止日期所列的日历日内有效。

(5) 投标保证金。投标人提供不少于规定数额的投标保证金，此投标保证金是投标文件的一个组成部分。

(6) 投标预备会。澄清、解答投标人提出的问题并组织投标人踏勘现场，了解情况。

(7) 投标文件的份数和签署。投标人按投标须知的规定，编制一份投标文件"正本"和前附表所述份数的"副本"，并明确标明"投标文件正本"和"投标文件副本"。

(8) 投标文件的密封与标志。投标人将投标文件的正本和每份副本密封在内层包封，再密封在一个外层包封中，并在内包封上正确标明"投标文件正本"和"投标文件副本"。

(9) 投标截止期。投标人在前附表规定的日期内将投标文件递交给招标人。

(10) 投标文件的修改与撤回。投标人可以在递交投标文件以后，在规定的投标截止时间之前，采用书面形式向招标人递交补充、修改或撤回其投标文件的通知。

4. 开标

投标须知包含的对开标的说明。

5. 评标

投标须知包含的对评标的阐释。

6. 授予合同

授予合同主要包含合同授予标准、中标通知书、合同的签署、履约担保。授予合同具体内容如表 10.4 所示。

表 10.4　授予合同具体内容

序号	内容	具 体 工 作
1	合同授予标准	招标人将把合同授予其投标文件在实质上响应招标文件要求和按投标须知规定评选出的投标人,确定为中标的投标人必须具有实施合同的能力和资源
2	中标通知书	确定中标人后,在投标有效期截止前,招标人将在招标投标管理机构认同下,以书面形式通知中标的投标人其投标被接受
3	合同的签署	中标人按中标通知书中规定的时间和地点,由法定代表人或其授权代表前往与招标人代表进行合同签订
4	履约担保	中标人按规定向招标人提交履约担保

10.4　评标主要内容

投标文件评审是一项原则性很强的工作,招标人必须严格按照法规政策组建评标组织,并依法进行评标。所采用的评标方法必须是招标文件所规定的,并经过主管部门的严格审定,要做到公正性、平等性、科学性、合理性、择优性、可操作性。

评标办法必须符合有关法律、法规和政策,体现公开、公正、平等竞争和择优的原则;评标组织的组成人员要符合条件和要求;评标方法适当,分值分配恰当,打分标准科学合理,打分规则清楚等;评标的程序和日程安排妥当等。

10.4.1　评标原则

评标遵循公平、公正、科学、择优的原则。评标活动依法进行,任何单位和个人不得非法干预或者影响评标过程和结果,在评标过程中采用招标文件中规定的评标办法,用统一标准衡量,保证投标人能平等地参加竞争。对投标人来说,评标定标办法是客观的。

对投标文件的评价、比较和分析要客观公正,不以主观好恶为标准,不带成见,真正在投标文件的响应性、技术性、经济性等方面作出客观的评价。在充分考虑招标项目的具体特征和招标人的合理意愿的基础上,选用合适的评标定标方法,对评审指标的设置和评分标准进行具体划分,需要避免和减少人为的因素,做到科学合理。

10.4.2　评标组织的形式

1. 评标活动组织

评标由招标人依法组建的评标委员会负责,即由招标人按照法律的规定,挑选符合条件的人员组成评标委员会,负责对各投标文件的评审工作。招标人组建的评标委员会按照招标文件中规定的评标标准和方法进行评标工作,从投标竞争者中评选出最符合招标文件各项要求的投标者,最大限度地实现招标人的利益。

2. 对评标委员会的要求

(1) 评标委员会须由下列人员组成:招标人代表、相关技术方面的专家、经济方面的专家、其他方面的专家。

(2) 评标委员会成员人数及专家人数要求。评标委员会由招标人或其委托的招标代理机构熟悉相关业务的代表以及有关技术、经济等方面的专家组成，成员人数为单数，以便于在各成员评审意见不一致时，可按照多数通过的原则产生评标委员会的评审结论，推荐中标候选人或直接确定中标人。

10.4.3 投标文件评审内容

1. 初步评审

初步评审主要包括检验投标文件的符合性和核对投标报价，确保投标文件响应招标文件的要求。初步评审的具体内容主要包括下列四项：

(1) 投标书的有效性。审查投标人是否与资格预审名单一致；递交的投标保函(即招投标中招标人为保证投标人不得撤销投标文件以及防止其中标后不签订合同，而要求投标人提供的由银行出具的书面担保)的金额和有效期是否符合招标文件的规定；如果以标底衡量有效标时，投标报价是否在规定的标底上下百分比幅度范围内。

(2) 投标书的完整性。投标书是否包括了招标文件规定递交的全部文件。若有缺少项内容，则无法进行客观公正的评价，该投标书只能按废标处理。

(3) 投标书与招标文件的一致性。根据实质性要求和条件，投标书必须严格地对招标文件作出回答，不得有任何修改或附带条件。如果投标人对任何栏目的规定有说明要求时，只能在原标书完全应答的基础上，以投标致函(即另外对投标书所作出的更为详细、必要的说明)的方式另行提出自己的建议。对原标书私自作任何修改或用括号注明条件，都将与项目业主的招标要求不一致或相违背，也按废标对待。

(4) 标价计算的正确性。初步评审仅审核计算统计是否有错误。若出现的错误在规定的允许范围内，则可由评标委员会予以改正，并请投标人签字确认。若投标人拒绝改正，不仅按废标处理，而且按投标人违约对待。当错误值超过允许范围时，按废标对待。

2. 详细评审

详细评审的内容一般包括以下五个方面：

(1) 价格分析。价格分析不仅要对各标书的报价数额进行比较，还要对主要工作内容和主要工程量的单价进行分析，并对价格组成各部分比例的合理性进行评价。分析投标价的目的在于鉴定各投标价的合理性。

价格分析部分会用到第 6 章工程经济学和第 7 章通信建设工程概预算相关知识。

(2) 技术评审。技术评审主要对投标人的实施方案进行评定，包括以下几个方面：实施总体布置、实施进度计划、实施方法和技术措施、材料和设备、技术建议和替代方案。

(3) 管理和技术能力的评价。管理和技术能力的评价重点放在实施具体组织机构和实施的保障措施方面。管理和技术能力的评价主要对施工方法、施工设备以及施工进度进行评审，对所列设备清单进行审核，并审查投标人拟投入到项目的设备数是否符合施工进度要求，施工方法是否先进、合理以及是否满足招标文件的要求，重点审查投标人所提出的质量保证体系的方案、措施等是否能满足本工程的要求。

本部分会用到第 9 章工程项目管理的知识。

(4) 对拟派该项目主要管理人员和技术人员的评价。投标人要拥有一定数量有资质、有丰富工作经验的管理人员和技术人员。至于投标人的经历和财力，在资格预审时已通过，一般不作为评比条件。

(5) 商务法律评审。这部分是对招标文件的响应性检查，主要包括：

① 投标书与招标文件是否有重大实质性偏离。投标人是否愿意承担合同条既定的全部义务。

② 合同文件某些条款修改建议的采用价值。

③ 审查商务优惠条件的实用价值。

在评标过程中，如果发现投标人在投标文件中存在没有阐述清楚的地方，一般可召开澄清会议，由评标委员会提出问题，要求投标人提交书面正式答复。澄清问题的书面文件不允许对原投标书作出实质上的修改，也不允许变更。

如果出现下列情况，评标委员会可以要求投标人作出书面说明并提供相关材料。

(1) 设有标底的，投标报价低于标底合理幅度的。

(2) 不设标底的，投标报价明显低于其他投标报价，有可能低于成本的。经评标委员会论证，认定该投标人的报价低于成本的，不能推荐为中标候选人或者中标人。

10.4.4　评标方法

1. 最低投标价法

最低投标价法是以评审价格作为衡量标准，选取最低评标价者作为推荐中标人。评标价并非投标价，它是将一些因素(不含投标文件的技术部分)折算为价格，然后再计算其评标价。评标价的折算因素主要包括：

(1) 预期的提前量；

(2) 标书中的优惠及其幅度；

(3) 技术建议导致的经济效益。

2. 综合评估法

综合评估法是对价格、组织设计(或施工方案)、项目经理的资历和业绩、质量、工期、信誉和业绩等因素进行综合评价，从而确定最大限度地满足招标文件中规定的各项综合评价标准的投标人为中标人的评标定标方法。它是适用最广泛的评标定标方法。

综合评估法按其具体分析方式可分为定性综合评估法和定量综合评估法。

10.5　定标主要内容

10.5.1　定标原则与中标人的评选

1. 定标原则

定标的主要原则包括标价合理，工期适当，方案科学合理，技术先进，质量、工期、安全保证措施切实可行，有良好的业绩和社会信誉。

2. 中标人的评选

《招投标法》规定，中标人的投标符合能够最大限度地满足招标文件中规定的各项综合评价标准或是能够满足招标文件的实质性要求，并且经评审的投标价格最低(但是投标价格低于成本的除外)才能中标。在确定中标人之前，招标人不得与投标人就投标价格、投标方案等实质性内容进行谈判。

评标委员会完成评标后，向招标人提出书面评标报告，阐明评标委员会对各投标文件的评审和比较意见，并按照招标文件中规定的评标方法，推荐不超过 3 名有排序的合格的中标候选人。招标人根据评标委员会提出的书面评标报告和推荐的中标候选人确定中标人。招标人也可以授权评标委员会直接确定中标人。

10.5.2　定标的流程

1. 招标人确定中标人

招标人可以授权评标委员会直接确定中标人，招标人也可根据评标委员会推荐的中标候选人确定中标人，一般选择排名第一的候选人为中标人，若排名第一的中标候选人因自身原因放弃中标或因不可抗力不能履行合同，或未按招标文件的要求提交履约保证金而不能与招标人签订合同的，招标人可以确定排名第二的中标候选人为中标人。

2. 招标人发出中标通知书

中标人确定后，招标人向中标人发出中标通知书，同时将中标结果通知其他未中标的投标人。中标通知书相当于招标人对中标的投标人所作的承诺，对招标人和中标人具有法律效力，中标后招标人改变中标结果的，或者中标人放弃中标项目，都要承担法律责任。

3. 招标人提交招投标情况书面报告

招标人确定中标人后 15 日内，向监管部门提交招投标情况的书面报告。

4. 招标失败的处理

在评标过程中，如发现有下列情形之一不能产生定标结果的，可宣布招标失败：

(1) 所有投标报价高于或低于招标文件所规定的幅度的；

(2) 所有投标人的投标文件均不符合招标文件的要求，被评标委员会否决的。

招标失败后招标人重新审查招标文件及标底，做出合理修改并重新招标，招标方式可采用原招标方式，也可改用其他招标方式。比如在重新招标时，原采用公开招标方式的，仍可继续采用公开招标方式，也可改用邀请招标方式；原采用邀请招标方式的，仍可继续采用邀请招标方式，也可改用议标方式；原采用议标方式的，仍可继续采用议标方式。

5. 废标的规定

(1) 评标委员会发现投标人的报价明显低于其他投标报价或者在设有标底时明显低于标底，使得其投标报价可能低于其个别成本的，并且投标人不能合理说明或者不能提供相关证明材料的，由评标委员会认定该投标人以低于成本报价竞标。

(2) 投标人资格条件不符合国家有关规定和招标文件要求的，或者拒不按照要求对投标文件进行澄清、说明或者补正的。

(3) 未对招标文件提出的所有实质性要求和条件作出响应的。

思 考 题

1. 工程招投标的原则和范围是什么？
2. 工程招标工作的程序是什么？
3. 招标文件由哪些内容组成？
4. 招标资格审查有哪些内容？

参 考 文 献

[1]　张传福. WCDMA 通信网络规划与设计[M]. 北京：人民邮电出版社，2007.

[2]　马华兴. 大话移动通信网络规划[M]. 北京：人民邮电出版社，2011.

[3]　张业荣. 蜂窝移动通信网络规划与优化[M]. 北京：电子工业出版社，2003.

[4]　杨光，马敏，杜庆波. 通信工程勘察设计与概预算[M]. 北京：人民邮电出版社，2013.

[5]　战英，于海斌. 通信工程建设项目特点及其发展优势[J]. 知识经济，2013(14)：117-117.

[6]　杨丰瑞，刘辉，张勇. 通信网络规划[M]. 北京：人民邮电出版社，2005.

[7]　刘彦舫，褚建立. 网络工程方案设计与实施[M]. 北京：中国铁道出版社，2011.

[8]　杨闯. 网络规划与实现[M]. 北京：高等教育出版社，2004.

[9]　李立高. 信息通信建设工程概预算编制[M]. 北京：北京邮电大学出版社，2018.

[10]　张金生. 通信工程建设与概预算[M]. 北京：北京师范大学出版社，2012.

[11]　王国才，施荣华. 通信工程专业导论[M]. 北京：中国铁道出版社，2016.

[12]　乔桂红，辛富国，等. 光纤通信[M]. 3 版. 北京：人民邮电出版社，2014.

[13]　孙学康，张金菊，等. 光纤通信技术基础[M]. 北京：人民邮电出版社，2017.

[14]　沈建华，陈健，等. 光纤通信系统[M]. 3 版. 北京：机械工业出版社，2015.

[15]　胡庆，刘鸿，等. 光纤通信系统与网络[M]. 4 版. 北京：电子工业出版社，2019.

[16]　于正永，钱建波，等. 通信工程制图及实训[M]. 大连：大连理工大学出版社，2014.

[17]　黄艳华，冯友谊. 现代通信工程制图与概预算[M]. 3 版. 北京：电子工业出版社，2017.

[18]　汪应洛. 工程管理概论[M]. 西安：西安交通大学出版社，2013.

[19]　全国咨询工程师(师资)职业资格考试参考教材编写委员会. 项目组织与管理[M]. 北京：中国计划出版社，2016.

[20]　王家彬，牛义周，等. 项目管理简明读本[M]. 北京：社会科学文献出版社，2018.

[21]　李南. 工程经济学[M]. 5 版. 北京：科学出版社，2018.

[22]　刘卫星，刘颖春，等. 工程经济学[M]. 武汉：武汉大学出版社，2019.

[23]　彭麟，蒋叶，等. 工程招投标与合同管理[M]. 武汉：华中科技大学出版社，2018.

[24]　刘兵，龚健冲，等. 工程招投标与合同管理[M]. 成都：电子科技大学出版社，2016.

[25]　许焕兴，赵莹华，等. 工程招投标管理[M]. 大连：东北财经大学出版社，2015.

[26]　李文娟. 通信与信息专业概论[M]. 北京：人民邮电出版社，2014.

[27]　张毅. 通信工程(专业)概论[M]. 武汉：武汉理工大学出版社，2007.

[28]　郭娟. 现代通信网[M]. 西安：西安电子科技大学出版社，2016.

[29]　赵瑞玉. 现代交换原理与技术[M]. 西安：西安电子科技大学出版社，2015.

[30]　强世锦. 通信网概论[M]. 2 版. 西安：西安电子科技大学出版社，2014.

[31]　余晓玫，赖小龙，等. 移动通信原理与技术[M]. 北京：机械工业出版社，2017.

[32]　陈威兵. 移动通信原理[M]. 北京：清华大学出版社，2016.

[33]　宋拯. 移动通信技术[M]. 北京：北京理工大学出版社，2017.